徹底入門
解析学

梅田 亨
Tôru UMEDA

日本評論社

まえがき

本書は，解析学に関する三つの話題からなる．どれも『数学セミナー』誌上に連載したもので，第1部『「微分のことは微分でせよ」とは／謎とその解明』(2004年1月号—3月号)，第2部『徹底入門 測度と積分／有界収束定理をめぐって』(2002年11月号—2003年4月号)，第3部『徹底入門 Fourier 級数／δの変容』(2008年7月号—2009年6月号)がそれぞれの初出である．収録に当たって，最小限の加筆と変更(特に注)はあるが，タイトルも含めて，基本的に連載そのままである．ただ，第1部は，連載に従った章立てにせず，ひとまとめにした．これは元々，連載自体，長さの関係で，一篇の原稿を分割したという事情があるので，本来の形に戻したのである．

内容については，特徴的な副題がついているので，絞ったテーマが自ずと浮き上がるだろう．連載回数は，3回，6回，12回と幾何数列的にキリがいいが，発表の時間的順序は，第2部，第1部，第3部である．互換でひねった配列は，読みやすさを考慮した．それは，長さだけでなく，数学的な内容にも関係するが，もちろんそれぞれの話題は独立して読むことができる．ただ，ところどころ相互に引用があるので，発表の時期を思い起こしてもらうのがいいかもしれない．

さて，本書の基本的な姿勢は，タイトルの一部にもある「徹底入門」である．つまり，一つの主題をできるだけ深く掘り起こし，大学の授業・講義で扱う程度の「上っ面」では満足できない読者に，さまざまな視点からのアプローチを提供しようという意図の下に書かれた．思う存分時間をかける贅沢を味わってほしいと思う．

「徹底入門」という切り口は，何度か使いたいスローガンだと思って，著者の最初の連載の冠に用いたが，それが実際の第2部だ．そこでは，今，普通に積分論の定理として知られる「有界収束定理」の原型の「Arzelà の定理」に迫るのが中心テーマとなっている．Riemann 積分と Lebesgue 積分を滑らかにつなぐ架け橋がここにある．実際には，原典の Arzelà の論文を見るより随分まえに，この再構成(一種の追体験)を得ていたのであって，原論文を忠実になぞったわけではない．

実際，イタリア語の論文はなかなか探し出せなかったのでもある．

「徹底入門」のスローガンはもう一度，Fourier 級数を扱った第 3 部で踏襲したが，ここでは中心に位置する「Fourier の公式」のさまざまな見方を通じて，解析学の手法の一端を紹介した．特に「思想」と「技法」の二面性，「代数」と「解析」の二項対立，などに焦点を当てた．Fourier 的野生が，函数の枠組みを超えて世界を拡げていく様子も見どころである．

「徹底入門」の枠ではなかったが，第 1 部では，有名なダジャレの真相を追求するとともに，高木貞治の『解析概論』の或る秘密にも迫った．詳しいことは本文で楽しんでほしい．

連載の時期からすると，今回の単行本化は，少し時間がかかり過ぎているようにも思える．確かに，自分の書く記事でも，これらのやや古い連載記事を引用する際に，抵抗感も次第に増してきた．また，有り難いことに，何人かの友人からも，単行本化を望む声があった．ただ，一冊の本としてまとまりをつけるにはどのような形がいいのか，大幅な加筆をした方がいいのではないかという考えもあって，具体的なところまで行かなかったのである．結局，時間的余裕がなく，この形に踏み切った．少し悔やまれるが，いずれ何らかの形で，補える機会があることを望んでいる．

『数学セミナー』連載に当たっても，また，単行本化に当たっても，日本評論社の大賀雅美さんには，ひとかたならぬお世話になった．通り一遍の謝辞では，感謝の言葉の代わりにはならないが，ここに深くお礼申し上げたい．

2016. 11　著者識

目次

第1部

「微分のことは微分でせよ」とは

謎とその解明

1◉……伝説のはじまり

標記の「微分のことは微分でせよ」は，数学に関する駄洒落[注1]として最も有名なものの一つであろう．いささか手垢にまみれ，使い古された感のある言葉ですらある．高木貞治(1875–1960)によるとされるが，実際我々の目に触れるのは引用の孫引き・曾孫引きの形が多い．記憶によると，私が目にしたのはエッセー集『数学むだばなし』(矢野健太郎，新潮社，1960)の中である(p. 36)：

> ところが，私が大学院で勉強していたころ，高木先生が書かれた一つの論文のなかで，先生はつぎのようなことを言っておられました．
>
> みなさんは，微分学と，積分学というのをご存じだと思いますが，いまここに，微分学の定理であるのに，積分学の定理をつかわないと旨く証明できない定理があったのです．
>
> 先生はこれを残念なことだとお思いになって，この微分学の定理の，微分学だけを使った証明を発見されて，これを日本語である雑誌に発表されたわけです．
>
> ところがこの文章を先生が，昔からいうではありませんか，ビブンのことはビブンでせよ，と結んでおられたのには，私は手を打って感心しました．

「数学者」と題された一文で，初出は「随想三夜」とある．発表年は不明である．読んだのは小学校か中学の時だと思う．このエピソードは，とかく気難しく近寄りがたいイメージを覆し，数学者に対する親しみを与える材料としてお気に入りだったのであろう．同じ話は，矢野の他の本にも登場する(例えば『数学をきずいた人々』講談社現代新書，1966，p. 213)．

このような「気の利いた」文章がおそらく伝説のはじまりなのだ．『数学セミナー』の連載記事[注2]がまとまって『微分学＋積分学』(赤攝也，数学セミナーリーディングス，1973)[*1]となった際の「まえがき」

にも

> ことさらに〈微分学〉を〈積分学〉から全く分離し，〈微分学積分学〉と題したのも，一にこの分野の理論構造をよりあきらかにしようと思ったからにほかならない．〈ビブンのことはビブンでせよ〉というのは高木貞治先生の名警句であるが，私は，これを進んでそっくり頂くことにしたのである．

とある．これら引用文を見ると，高木貞治は，

（1） 微分学の定理はできるなら，微分学だけで証明するのが望ましい，と考え

（2） 或る微分学の定理に対し，微分だけ使う証明を自ら工夫した，

ように見える．上の引用は，もちろんこれを肯定的にとらえているが，陰では逆に「高木貞治は解析学者でなく，代数学者だからそんなセンスの悪いことをやったのだ」というアンチ高木の評価をしたり顔で述べる人もいる．解析学のセンスがこれで論じられるか否かは別として，たしかに『代数的整数論』(岩波書店)のなかでは，方法の純粋性について何度も言及しているのだから，(1)の態度もあながち不自然ではないかもしれない[注3]．

2 微分学の定理

では，問題となっている微分学の定理とは一体何なのだろうか．そして，そもそも原典は何なのか．はじめに読んだのが小学校か中学校では，そんな詮索とは無縁だったし，第一，知らないでいても何の害もない．しかし，何かのきっかけで気になると，知りたくなるのも人情である．

どこで見聞きしたのか記憶に残っていないが，その「微分学の定理」とは微積分でならう「項別微分の定理」(微分と極限の順序交換の定理)らしいと知った．なるほどたしかに，この定理は通常「微分積分学の基本公式」を使って証明するので，可能性は高い．しかし，これを微分の範囲だけで証明する必要は当面なかったし，そうと判ってみれ

ば，或いは，そうと判ってみても，「微分のことは微分でせよ」の原典追究に至る強い動機とはならない．そんな知識を蒐集する趣味はないのだ．

ところが，去年，関連する講義をしているうちに，「項別微分の定理」は案外簡単に微分の範囲内で証明できると気づいてしまった．しかも1変数函数と限らずにできる．講義では，多変数の微分を扱っていたから，1変数の「微分積分学の基本公式」を用いない証明を考えるのは自然である．それでも，講義でその紹介はしなかった．1変数については，既に普通の「微分積分学の基本公式」経由の証明を強調していたし，なによりその方が自然である．私は「平均値の定理」無用論者である．もちろん，「有限増分不等式」を直接証明するのであるが，それはできるだけ早く「微分積分学の基本公式」に至るのが王道だと考えるからである．なお「平均値の定理」と違って「有限増分不等式」ならばベクトル値でも成立するし，直接証明も並行にできる[注4]．

これをきっかけにちょっと調べてみると，実は手近に「微分のことを微分で」している有名な本があった．ブルバキ『実一変数関数 1』(原著初版 1949；邦訳 東京図書)である．ここの原始函数の存在証明は，まさにこれだ．但し，ブルバキは可算箇の例外点を許す定式化なので，ごたごたして読みにくい．証明自体もスッキリしていない．

だが，待てよ．どうしてブルバキがそんなことを知っているのだ．だって高木貞治は「微分のことを微分でする」論文を日本語で書いて発表したのだろう．英語でも ── ダジャレは抜いたとしても ── 論文を書いたのだろうか．何しろ，高木は有名な「至るところ微分不可能な連続函数」の例を，ヨーロッパの数学者に遥か先んじて発表していたくらいだ[注5]．小さなノートくらい書いていてもおかしくない．

そう思って“*Collected Papers of Teiji Takagi*”(岩波書店，1973)を見たが，当該の論文は発見できない．また，これには日本語の論文等は収録されていない．

3 ● 原典はなにか

しっくりこないものを抱えながら，今年は大学初年の微積分の講義である．理論をきっちりやっていると，例を扱うのに苦労する．例をやらないのは非教育的である．だからといって，個別の例を，そのとき限りのテクニックで述べるのは不自然であり，輪をかけて非教育的になる可能性もある．こんなとき「項別微分の定理」を微分だけの範囲で導入できればジレンマもやや解消される．

こう思ってみると「微分のことは微分で」の動機が身近になる．純粋を重んじたというのは，本当の理由ではないのではないか．今度は，本気で原典を追究する気が沸いてきた．

探索の経緯は省くが，つぎのようなことが判った．

（I） 一松信『解析学序説 上』(裳華房，1962)の連続函数に対する原始函数の存在の箇所(p. 49)に

上の基本定理を，定積分の概念に依存せず，微分法の範囲だけで証明することも，まったく不可能ではない．*) しかしそれにはかえって不自然な技巧が必要なので，ここには採用しない．

とあって，脚注に

---

*) かつて高木貞治先生が‘ビブンのことはビブンでせよ’という有名なシャレをとばしたものである．(数学の自由性，考え方研究社，1949，p. 32；同所に書かれた高木先生の意見には含蓄が多い．)

とある．出典まで明確だ．ただし「基本定理」とは，原始函数の存在定理である．もっとも，この『解析学序説』は 1981 年に大幅に改訂されて新版となった際，上の部分も変更になって，脚注の情報も消えた．その代わり項別微分の定理のあとの注意(p. 192)に

高木先生の有名な言葉‘ビブンのことはビブンでせよ’は元来この定理に対するものであった．

とある．場所と形は変えているが，ダジャレは残った．「この定理」とは，項別微分の定理である．上でブルバキに言及した箇所で判るように，「原始函数の存在」と「項別微分」に密接な関係があるのは当然なのだが，「ビブンのことは…」の引用の箇所と仕方が微妙に変わった点には，何となくひっかかる．

（Ⅱ） 高木没後20年を記念して編まれた『追想 高木貞治先生』(高木貞治先生生誕百年記念会，1986)には，さまざまな寄稿と，追悼文の再録，そして日本語の随録をも含んだ高木の著作目録が収められている．ここには矢野健太郎の寄稿『草履を拾っていただいた話』もあって，「ビブンのことは…」も出てくる(pp. 130-131)：

それからこれはあまりにも有名な話であるが，高木先生の『高数研究』にのせられた原稿に関して落としてはならないので是非ここに書きとめておこう．

高木先生はあるとき，それまでは微分学の定理であるのに，その証明には積分学を使って証明していたある定理に関して，微分学のみを用いる一つの見事な証明を見出して，これを『高数研究』に発表された．

ここまでは何の変てつもない話であるが，この原稿の最後に先生は先生らしく次の一句をつけ加えられた．すなわち「昔から言うではありませんか．微分のことは微分でせよ，と」

冒頭の引用と似た書き方だが，ここには雑誌名が記されている．その『高数研究』という雑誌についても，この寄稿のなかに説明があるが，名前は当時の高等学校以上の数学を高等数学とよんでいたのに由来する．少し違うかもしれないが，今で言えば『数学セミナー』のようなところのある雑誌であろう[注6]．上記『追想』所収の著作目録には，この『高数研究』への寄稿が14篇ほど記録されており，そのうちの11篇は，『数学の自由性』に再録されたと説明がある．上の一松『解析学序説』脚注にあった書物である．

しかし，多くの思い出話の寄稿があるなか「微分のことは…」に触れているのは，この矢野のものだけである．「有名な」話だったら，他に誰かが言及してもおかしくないのに．

（III） 先に言及した高木貞治の"*Collected Papers*"の増補第二版がSpringerより1990年に出ている．ここには業績紹介文がいくつかつけ加えられ，また日本語の書物『数の概念』が英訳されて収録された．著作目録も上の『追想 高木貞治先生』と同様，学術論文に限らず充実させられた．しかし「微分のこと」の英訳は見あたらない．上の(I)，(II)で出典がはっきりしたので，もうよいようなものだが，そんなに重要な論文なら英訳してもおかしくないのでは，と思う．実際，矢野の『数学をきずいた人々』のなかでは

> あるとき博士は，微分学の定理であるのに，それまでは証明に積分学を使っていたものに対して，微分学だけを用いるうまい証明を寄稿されました．これは一種の学術論文です．ところがその学術論文の最後に，博士はつぎのような言葉をつけ加えられました．（以下略）

と「学術論文」だとはっきり書いている．先のブルバキがらみの謎もあるので，何ともすっきりしないのだ．

4●……高木「論文」

さて，「微分のことは微分でせよ」というダジャレを巡っていくつかの疑問に出会った．しかし，いずれも原典に当たれば解消できる問題であろう．ただ，この原典である雑誌『高数研究』も『数学の自由性』も京大にはない(三高時代の蔵書として残っていて当然だと思うのだが)．最終的には，学術情報センター(NACSIS)で調べ，東大数理での所蔵が判ったので，図書室を通じてコピーが入手できた．実はこの検索の段階で，あとから思えばバカバカしい苦労をした．原典への接近が困難かと思った時は，追究の意欲も幾分鈍りかけた[*2]．

ともかく，『数学の自由性』の当該箇所(pp. 30-39)が手元にやってき

た．タイトルは『微積の体系といったようなこと』である．『追想 高木貞治先生』の目録によると『高数研究』2-3(1937. 12)，pp. 1-4 が初出のようである．

一読して唖然とした．話が違うぞ!!

何が違うって，**すべてが違う**．矢野健太郎も書いているとおり，高木による『高数研究』の記事のスタイルはＮとＯという二人の掛け合いの会話が主体である．『微積の体系といったようなこと』も例外ではなかったのだ(どこが学術論文なんだ)．ちょっとした状況説明のイントロのあと，この二人の会話になる．話は Hermann Schmidt という人の短い論文(Math. Zeits. 40)を巡ってはじまる．この論文は，連続函数に関する原始函数の存在を問題とする．つまり，

(A) 与えられた連続函数 $f(x)$ に対して，微分可能な函数 $F(x)$ を見出して $F'(x) = f(x)$ とできる，

ということである．以下，原文を少し引用してみよう．(原文は「分かち書き」を採用しているが，冗長になるので原則として通常の書き方にした．また，漢字・仮名遣いは，現代のものに改める．)

> 何の変哲もないようだが，Ｓ君はそこに変哲を発見したのだ．Ｓ曰く，(A)は問題としては微分学(！)の問題だ．(中略) 然るに，この微分学の問題を解くのに，現今はリイマン積分の可能性というような積分学の定理を用いて大迂回しているのが心持が悪い，とＳは言うのだ．ビ分のことはビ分でせよ，と小学校で教わったではないか！ そこで，Ｓ氏は某年某学期に初級生の為の講義に於て，定理(A)を微分学で説明したそうである．

これで判るが，微分学の定理を微分で証明したのは高木ではない．そして例のダジャレは最後の締めではなく，いきなりはじめに登場する．明らかに話は違うのである．しかし，矢野健太郎の文章をよく読むと(前節で三つ引用したのはそのためだ)，高木自身が証明したとは書いてはいない．証明を「発見」または「見出し」(といっても，ドイツの雑誌の中からなのだが)，雑誌『高数研究』に寄稿した(他人の証

明をネタにだけれど)のも事実ではある．そんなインチキな，そんなのアリか．この脚色は――脚色だとしても――限りなく黒に近い灰色だとは思うが，どちらにせよ長年に亘って騙されてきた自分に気づくのである[注7].

さて，話は(A)の証明に関することだ．それに項別微分の定理(以下(B)と引用)を援用するという．先の『解析学序説』の旧版と新版で「ビブンのことは」のダジャレの引用箇所が変化したが，それはこの(A)と(B)の差である．しかし，(B)の方はLandauの『微分・積分学の手引』では「本書中最難」と銘打たれた定理だということで，導函数の連続性を仮定したとしてもうまい方法があるのか，と一旦行き詰まる．

なんだ，項別微分の定理を証明するのではないのか，と思うと，話は一転して積分なしに(A)に到る方法があるという．別の手段に切り替わるのである．つまり，リーマン積分そのものでなく，**リーマン上積分**を用いても原始函数が得られるというアイディアが述べられる．

そうか，そうだったのか．私にとっては，別の疑問が氷解した瞬間である．

5◉………『解析概論』の謎

「微分のことは…」のダジャレの追究をしてきた筈だったが，ここで思いがけず，高木貞治『解析概論』(第一版 1938)の或る謎が明らかにされる．『数学セミナー』誌上でも紹介したことがあるが[注8]，『解析概論』の積分(1変数)の箇所では，連続函数のリーマン積分可能性に一様連続性を用いないのである．この議論は誤りではなく，「連続函数のリーマン可積分性には一様連続性が必要」だという固定観念を覆す点で，類書にないユニークさがある．

ちょっと横道に逸れるが，こんな「大事」な事実なのに，殆ど話題に上らないというのも謎ではある．SSS同人が『数学の歩み』で何か書いていないか調べてみたが，大所高所の議論はあっても，こういう細かい話は見いだせない[注9].

さて，このような議論が高木の創案であったとすると，それこそどこかに論文を書いていてもおかしくないし，多少の自慢をしてもよいところである．また，多変数では，さすがに「うっかり」1変数と同様とはしないだろう．なのに現在に至るも，それほど広く知られていない，ということは全くの創意ではなく「元ネタ」がどこかにあるのだろうと思われる訳だ．それがどこなのか知りたい．これが私のかねてより抱いていた疑問であった．

その疑問に対する答えは，この『微積の体系といったようなこと』で，まさに本人の口から語られる．

N．その下限と最大値だけで，原始函数を出すというのは，誰が考えたのですか．

O．それは知らないね．SはLandauの「手引き」に出て居るという．Lの「手引き」にはPaliに聞いたと書いてある．Paliは分からないが，出典調べにも及ぶまい．既にValee-Poussinの解析教程などにも出て居る．あの爺さんなんか，平気なものだ．連続函数の積分を定義する方法は，いくらもあるが，最も手近なのは，例の和 即ち$\sum\mu_i(x_i-x_{i-1})$の下限であろう．極限もくそもない，それを積分と名づけよう，といった調子で，心地よく，ドライヴ・ウェーをドライヴして居る．（中略） Lさんなんか，あれで存外センチなところがあるから，平等連続性なしで(A)が得られるのが有り難いというているよ．

やはり「元ネタ」はあったのだ．しかも高木は『微積の体系といったようなこと』のネタであるSchmidtの論文を読んで，この方法に出会ったのだ．但し，上のPaliは誤記か誤植のようである．Landau "Einführung in die Differentialrechnung und Integralrechnung"(1934)にはPoliとある(p. 254)．Landauの「手引き」とはこの本のことだ．

『解析概論』が単行本となったのは1938年であるが，実はその前1933-1935年に同名の書物が岩波講座の一篇として刊行されている．『追想 高木貞治先生』の年譜に拠ると，その基となった講義は1932年から始まっていて，『追想』の幾つかの寄稿には『講座』の校正刷りを手に講義する高木の姿も思い出として記録されている．さて，この講座版『解析概論』を見ると，のちに単行本化されたものと，章立てや編成が異なるところがある．そして，問題の連続函数の積分可能性については，やはり「一様連続性」を用いる「普通の」証明である．この講座(1933-35)と単行本(1938)の間に『微積の体系といったようなこと』(1937)があって，工夫を加えたのだろう．年代的にもピタリと合う．

6◉……高木は何を主張したのか

『微積の体系といったようなこと』の数学的本体であるNとOの掛け合い部分は，上に引いたところでほぼ終わっている．そのあとには高木自身のことばによる「締め括り」がある．少し引用してみよう．まずは「名前」についてである：

> Differential calculus, integral calculus を微分法，積分法というのは明治以来の定訳で落ちついていたのだが，いつのまにか，何のさかしらか，微分学・積分学というのが流行になった．例の昇格であろう．幾何学・代数学などに対して微分法・積分法では肩身が狭く思われるのであろう．しかし法を何と心得ているのであろうか．法こそは学の基本である．（中略）
>
> 微分・積分を総合して単に calculus と呼ぶことは英米では今でも行なわれているようだが，明治時代には日本でもそうであった．この略称を正式にしたのが infinitesimal calculus，直訳すれば微小算法であろうが，そんなに改まらなくても微分積分法或は略して微積でも沢山ではあるまいか．

高木はこのように，まず名前について「苦言」する．誰が相手なのか判らないが，ともかくそういう風潮に対して文句をつけているのである．そもそも『微積の体系といったようなこと』というタイトル自体を見たとき，「微積」とはずいぶんクダケテいると感じたが，それも高木の主張のうちであったのだ．これは，しかし，軽いジャブである．本当の主題が次に現われる：

名目の詮議ももはや沢山であろう．本話の目標は微積分の体制ということであった．この場合 体制はおかしいが，つまり初学者に微分積分への手引きをするのにどういう仕組みにしたらばよかろうかというのだ．要約すれば，微分と積分とを切り離し又は対立させて，「微分のことは微分でする」というような考え方は不適切であろうというのだ．両手ですれば具合よくできることを強いて片手でしてみたり，両足でらくに歩けるのを片足で跳ねて行くというようなことは，特別の理由がない限り，無益な難行苦行というものであろう．

何と，高木は「ビブンのことをビブンでせよ」には真っ向から反対なのだ．この意味でも冒頭に引用した「伝説」は，高木の考えとは全くの逆を伝えている．もっともらしい話ではあったが，これほどまでに実際と違うとは．もちろん，「高木貞治のセンスの悪さ」云々はここで根拠を失う．かりそめにも噂をもとに他人を貶めるのは人道に外れる業である．軽率な評価をして恥をかきたくないものである．

7◉……高木と微積分

高木貞治『微積の体系といったようなこと』の主張は今少し続く：

上に述べた定理(B)は通例無限級数の微分法のところで証明されるのであるが，それが不定積分の存在証明に利用できることを指摘したことがS氏の自慢らしいが，S氏の講義を聴かされた初級生は困ったであろう．S氏の指摘したことはたしかに面白い．微分学の先生を喜ばせるに十分であろう．喜ぶのはよいが，それを直に教養学部の講義でやってみるというのは行き過ぎというものだ．

このように，題材であるSchmidtの論文には批判的だ．返す刀でLandauも斬られる：

Landauの「手引き」も微分積分対立主義らしい．あの本の題名を無論Einführung in die Differential-und Integral-rechnungだろうと思って上にそう書いておいたが，よく見ると意外にもEinführung in die Differentialrechnung und Integralrechnungと書き分けてあるには驚いた．無限級数の微積分もむつかしい微分の方は前の方に出て本書中最難と銘が打ってあり積分の方は遠く離れて後ろに出ている．若しもSの「発見」が「手引き」の出版前であったならばL君は不定積分(原始函数)の存在証明のところで，定理(B)によって明瞭と書いたかもしれない．しかし例の「Paliの方法」も面白い——簡易化のために面白いのではなく自分が後から聞いて知ったから面白い——のだから，先生取捨に迷ったかもしれない．

これが『微積の体系といったようなこと』の締め括りである．最後に，まさしく「微積の体系」についての意見が盛り込まれているのだ．一様収束の場合の順序交換(連続性，積分，微分)については『解析概論』では一つの定理の三つの小項目の形にまとめられている．これはLandauとは全く対照的である．私は高木の述べ方も極端で，学生に誤解を与えると思うが，よく見るとつまりは「微分のことは微分でせよ」の逆の態度の表明でもあったのだ．Schmidtに「批判的」とは言っても，紹介するくらいだから「面白い」ことは認めている．そしてその結果は，形を変え「謎」の部分となって『解析概論』に忍び込んだのだ．

以上が「微分のことは微分でせよ」に関する追究である．その過程では高木自身の『解析概論』という題の講演記録(大阪帝国大学数学講演集Ｉ『過渡期の数学』所収)にも再会した(昔，古書店で見つけた)．講演は1934年11月6日．『微積の体系といったようなこと』中に見える1937年11月5日からは，丁度3年前，岩波講座刊行中のことだ．ここには，或る基本的な考えが述べられているので，ついでに紹介しよう(引用ではやはり現代の漢字・仮名遣いに改める)：

解析概論と云うのは仮にそんな名前をつけた．私は解析学をよく知らないが講義をする必要上若干の書物を読んだのですが色々な事実が沢山ある．それをすっかり書いてしまえばわけなく行くが狭いところには沢山入れるわけには行かない．（中略）そこで私は一定の建物が与えられたとして其処へ何を入れるかを問題にしたのであるが，その時一番邪魔になるのは伝統に引き摺られると云う事です．（中略）昨日も云った様にこの頃は数学の状勢が変わりつつある時で解析の本もいろいろ出るが不思議に云い合わした様に同じ内容のものばかりである．皆伝統によって書かれておるのではないかと思われる程一致しておる様に思えた．（中略）無闇に伝統を破るのはよくないが，それぱかりで行くといつまでも同じ様なものが続く様なことになりはしないか？

このように高木は伝統への盲従を戒める．自身の『解析概論』がその後の日本の伝統を築いたのは皮肉だが，それを予知し危惧したのかのようでもある．それでいながらダジャレとウラハラに『解析概論』に忍び込んだ「一様連続性を使わない技巧」は，伝統の流れの中で殆ど注意を払われない．「微積の体系」はいろいろな意味で面白い題材なのだ．

8●……結論

結局，ダジャレの面では高木が「ビブンのことはビブンでせよ」の出所であった．が，その内容の「項別微分の定理」については，高木自身が微分を使わない証明を考えたのでもなく，紹介したのでもない．新機軸は，むしろ連続函数の「原始函数」の存在の方である．その結果，一様連続性を使わない方法が『解析概論』に忍び込んだ．高木が話のネタとしたSchmidtの論文はたった2ページのものだ．しかし，丁度講座本『解析概論』刊行と時期が重なり，高木をして「微積の体系」を考えさせる恰好の材料を提供した．ダジャレは『解析概論』の舞台裏にも通底していたのだ．

私個人の興味と動機であった「項別微分の定理」についての収穫は，

結局 Landau などの文献を知る程度にとどまる[注10]．その定理も，導函数の連続性を仮定しない形なら，積分を使うわけにはいかないし，証明は有限増分不等式を使うだけだから，「積分を使わない」云々を大袈裟に言う意味はない．さほど難しい定理ではないという認識も必要だろう．高木は Landau の「本書中最難」の言葉につられて，この点にこだわったようだが，むしろ健全な判断だったと思う．導函数の連続性を仮定しない形の「項別微分の定理」が『解析概論』に出ていたら，それが伝統として標準的な微積分の講義に採り入れられ，19 世紀的数学の感覚が広まる結果となったであろう．高木の「essential と trivial を区別せよ」のモットーは，この点に生きている．それと正反対の「伝説」が流布したのも，まことに奇妙なことだが，興味深い事実として記憶したい．

注

［注 1］ 敢えてダジャレに説明をつける愚を冒すと「自分のことは自分でせよ」がモト．しかし本当は「義務教育やナイんやからね，ワカラン人ほっときますよ」(Ⓒテント)と言いたいところ．このごろの「客観基準」の風潮は，こんな「野暮」こそ正しいとの主張にも聞こえる．

［注 2］ 『数学セミナー』創刊号(1962 年 4 月)から 38 回にわたっての連載．時に類書に見られない証明が光るが，さりげなく書いてあるので，あまり認識されていない．一種の隠れた名著かもしれない．但し，ベキ級数に関する項別微分は扱うものの，本来の「微分のことは微分で」の定理は載っていない．

［注 3］ 高木貞治『代数的整数論』p. 19，p. 26，p. 86，p. 288.

［注 4］ 伝統的な「平均値定理」を経由すると，「最大値の定理」「ロルの定理」を含めて 3 つの定理の証明を要する．これに比べて「有限増分不等式」の直接証明に必要なのは，微分の定義と上限だけだからずっと短く済む．「最大値の定理」自体は有用だが，「平均値定理」**だけ**が独立して必要となる場面は稀だから，伝統的な証明に固執する理由は見あたらない．

なお，附録で，有限増分不等式の直接証明がどれくらいのものかを実際に書き下してみたので，参照していただきたい．

［注 5］ 吉田耕作『ポテンシャル論を扱えないか』(『追想 高木貞治先生』p. 75)に引かれた末綱恕一の文に —— ランダウの著書第五章に“到る所微分

不可能な連続函数の最も簡単な例" として(式・略)を挙げ，近頃ヴァン・デル・ヴェルデンが得たものなどと書いてあるが，高木先生が 31 年前に『日本数学物理学会記事』(欧文)第一巻に発表されたことを L 氏，W 氏ともに知らないのであろう．――とある．

［注 6］ 『数学セミナー』1982 年 4 月号には，創刊 20 周年の記念の座談会があって，昔の数学雑誌に関する話題，特に『高数研究』などのことも出てきている．

［注 7］ 原稿完成後(2004 年)，矢野健太郎『数学者としゃれ』という一文を見る機会があった(『数学のおくりもの』(旺文社文庫，1980)；元は『数学ずいひつ』(新潮社，1969)に収録のもの)．それによると「あるとき先生は…ついに微分学だけを用いて証明することに成功された．」とあるから，紛れもなく矢野自身は高木貞治その人が証明したと信じていたことが判る．一度信じた話なので，確認のために原典を見ることなく，確信をもって再生産していたのであろう．同書に収録の『数学者の逸話』には，パスカルの発見(パスカルの定理)について「夢のなかに現われた神様から教わった」と話を作って，或る先生からおこられた話が書いてある．罪の意識はあまりないようだ．

［注 8］ 『数学セミナー』2002 年 12 月号，pp. 74-75，及び同誌 1999 年 8 月号，pp. 14-15.

［注 9］ 例えば，森毅「微積分の七不思議」(『数学の歩み』5-4(1957)，60-64&59)，森毅の書評「N. Bourbaki: *Fonctions d'une variable réelle*」(『数学の歩み』**8**-1(1960), 48-55)．また，N という署名の「微積分について(その I)」(『数学の歩み』**6**-5(1959)，17-18)の提言とそれを承けての会合「微積分を通して数学を語る会」の記録(『数学の歩み』**8**-4(1961)，24-29)もある．

SSS(新数学人集団)については『数学セミナー』1972 年 6 月号，1984 年 1 月号，1993 年 12 月号，1997 年 2 月号に関連する記事がある．

SSS とは別だが，『解析概論』以降の微積分の書物のなかで，高木のやり方を踏襲し，多変数にまで適用しようとしたように見えるのが，亀谷俊司『初等解析学 I, II』(岩波全書，1953，1958)である．高木式に多変数の連続函数の積分可能性を議論するのはマズイのだが，『解析概論』第 8 章ではうっかり 1 変数の時と同様と片づけてしまっている．推測でしかないが，亀谷はこれに正面から取り組んだのかもしれない．但し，多変数では一様連続性を使っているから，亀谷に「一様連続性」を使う・使わないの問題意識があったかどうかは不明である．本人の『追想 高木貞治先生』中の寄稿にも関連する記述は残されていない．

［注 10］ 導函数の連続性を仮定しない「項別微分の定理」は，邦書では藤原松三郎『微分積分学 1』(内田老鶴圃，1937)にある．この本は高木の『解

析概論』にない定理をいろいろ収める．フランス流の「解析教程」をめざしたものだが，予告されていた「第二篇」が完成しなかったのは残念である．

（単行本化に当たっての追記）　なお，最近(2016.11)この本の「改訂新編」が出版された．私は本文カタカナが好きで読みやすかったのだが，少数派に違いない．現代の読者には改訂新版の方が親しみやすいだろう．

［*1］　2014年に『微分学』『積分学』に分冊出版された(日本評論社)．

［*2］　現在は，高木貞治『数学の自由性』(ちくま学芸文庫，2010年)が出版されたので，誰でも容易に原典に接することができる．

A0. 有限増分定理

やや粗いが，最も簡単な評価式を出そう．

▶補題

有限区間 $[a,b]$ で連続な実数値函数 f が $[a,b]$ を含む開区間で微分可能で，かつ導函数 f' について評価式

$$f'(x) < M \qquad x \in [a,b]$$

を満たすならば

$$f(b)-f(a) \leqq M(b-a)$$

が成り立つ．

証明：次の集合 E を考える：

$$E = \{x \in [a,b]\,;\, f(x)-f(a) \leqq M(x-a)\}.$$

これは空ではない $(a \in E)$．この上限 $p = \sup E$ をとる．f の連続性から

（1）　$f(p)-f(a) \leqq M(p-a)$

が成り立つ．したがって $p=b$ ならば，それで終わり．そこで $p<b$ だとする．仮定 $f'(p)<M$ より，$p<q<b$ なる q が存在して

（2）　$f(q)-f(p) < M(q-p)$

が成り立つ．式(1)と(2)を加えれば

$$f(q)-f(a) < M(q-a)$$

が成り立って，$p=\sup E$ に反する．（証明終）

これから普通の有限増分不等式を導くのはやさしい．

▶定理0（有限増分不等式）

区間 I 上の連続函数 f が，I を含む開区間で微分可能ならば，$x, a \in I$ に対して

$$|f(x)-f(a)| \leqq |x-a| \cdot \sup_{t\in I} |f'(t)|$$

が成り立つ．

▶**系**

上と同じ仮定の下

$$|f(x)-f(a)-f'(a)(x-a)| \leqq |x-a|\cdot\sup_{t\in I}|f'(t)-f'(a)|$$

が成り立つ.

系は定理で f の代わりに $f(x)-f'(a)(x-a)$ を考えればよい. 上では一応実数値函数としたが, ベクトル値の場合は, 凸開集合 D をとって

$$f'(x)\in D \qquad x\in[a,b]$$

ならば

$$f(b)-f(a)\in\overline{D}(b-a)$$

という形にしておけばよい. 但し $\overline{D}$ は D の閉包を表わす. 定式化によっては, D の凸性は必ずしも要らないが, つけておくと簡単だし安全である.

A1. 項別微分の定理

普通の形の定理をまず述べよう. つまり導函数の連続性を仮定に入れる.

▶**定理 1**

f_n $(n=0,1,2,\cdots)$ を区間 (a,b) 上の連続的微分可能な函数の列とする. これについて,

(i) 導函数の列 f_n' が函数 g に (a,b) で一様収束し,

(ii) 函数の列 f_n が函数 f に (a,b) で一様収束する,

としよう. このとき f は (a,b) で微分可能であり, かつ $f'=g$ が成り立つ.

証明：微分可能性を 1 次式で近似できることと捉えるなら, f_n の $c\in(a,b)$ での微分可能性は

(1) $\quad f_n(x)-f_n(c)=f_n'(c)(x-c)+\varphi_n(x)$

と書いたとき $\varphi_n=o(x-c)$, 即ち

$$\lim_{x\to c}\frac{\varphi_n(x)}{x-c}=0$$

と言い換えられる．式(1)で $n\to\infty$ とすると f_n, f_n' が一様収束するのだから，それらを用いて書ける φ_n も一様収束する．その収束先を φ と書くと，(1)より

$$f(x)-f(c)=g(c)(x-c)+\varphi(x)$$

となる．これより，$\varphi=o(x-c)$ が言えれば，f の $c\in(a,b)$ での微分可能性と $f'(c)=g(c)$ とが同時に判る．

有限増分不等式(系の形)を φ_n に用いると，I_x を c と x を含む最小の閉区間として

(2)　$$|\varphi_n(x)|\leqq|x-c|\cdot\sup_{t\in I_x}|f_n'(t)-f_n'(c)|$$

が成り立つ．ここで $n\to\infty$ とすると

(3)　$$|\varphi(x)|\leqq|x-c|\cdot\sup_{t\in I_x}|g(t)-g(c)|$$

となる．ところで g は，連続な f_n' の一様収束極限として連続である．従って，(3)より $\varphi=o(x-c)$ が言えて証明は終わる．

（証明終）

上で(2)から(3)への極限移行が，一瞬見えにくいが，次の形の補題を用意しておけば明らかになる．

▶補題

集合 X 上の函数 Φ に対して，X 上の一様ノルムを

$$\|\Phi\|=\sup_{x\in X}|\Phi(x)|$$

と置く．このとき三角不等式

(1)　$$\|\Phi+\Psi\|\leqq\|\Phi\|+\|\Psi\|$$

および

(2)　$$\big|\|\Phi\|-\|\Psi\|\big|\leqq\|\Phi-\Psi\|$$

が成り立つ．

(2)は(1)からすぐに出るし，(1)もよく知られたことだから証明は

略す．(2)を使えば，Φ_n が Φ に X 上一様収束するとき，その一様ノルムについても $\|\Phi_n\| \to \|\Phi\|$ であることが判る．

A2. 定理の精密化

実際は上の定理で(ii)の仮定は強すぎる．一点での収束だけで(ii)は出る．これは導函数の連続性があれば，通常のように積分表示してやればよい．実は導函数の連続性の仮定は不要である．

▶定理 2

---

f_n $(n=0,1,2,\cdots)$ を有界区間 (a,b) 上の微分可能な函数の列とする．これについて，

（i） 導函数の列 f_n' が (a,b) 上函数 g に一様収束し，

（ii°） 一点 $c \in (a,b)$ において $f_n(c)$ が収束する，

と仮定する．このとき函数列 f_n は区間 (a,b) で，ある函数 f に一様収束する．

証明：有限増分不等式を函数 $f_n - f_m$ に対して用いれば

$$|f_n(x)-f_m(x)-f_n(c)+f_m(c)| \leqq |x-c| \cdot \|f_n'-f_m'\|.$$

但し $\|\Phi\|$ は (a,b) 上の一様ノルムを表わす．よって

$$\begin{aligned}
&|f_n(x)-f_m(x)| \\
&\quad \leqq |f_n(c)-f_m(c)|+|f_n(x)-f_m(x)-f_n(c)+f_m(c)| \\
&\quad \leqq |f_n(c)-f_m(c)|+|x-c| \cdot \|f_n'-f_m'\|.
\end{aligned}$$

従って，数列 $f_n(c)$ の収束することと，函数列 f_n' の一様収束性とから，$x \in (a,b)$ を固定するごとに数列 $f_n(x)$ はCauchy列となる．その収束先を $f(x)$ と書けば函数列 f_n は f に各点収束する．

この f に函数列 f_n が一様収束することを示す．$L=b-a$ と置く．任意の $x,c \in (a,b)$ に対し $|x-c| \leqq L$ であるので，上の不等式から

$$|f_n(x)-f_m(x)| \leqq |f_n(c)-f_m(c)|+L \cdot \|f_n'-f_m'\|$$

が得られ，$x \in (a,b)$ についての上限をとって

$$\|f_n-f_m\| \leqq |f_n(c)-f_m(c)|+L \cdot \|f_n'-f_m'\|$$

となる．ここで $m \to \infty$ とすると

$$\|f_n - f\| \leqq |f_n(c) - f(c)| + L \cdot \|f_n' - g\|.$$

これより f_n は f に一様収束する．最後の不等式の極限移行では先ほどの補題を用いている．（証明終）

同じような考えで，前節の項別微分の定理に於いても，導函数の連続性の仮定をはずすことができる．上の定理2から条件の(ii)はより弱い(ii°)で置き換えてもよい．

▶定理 3

---

f_n $(n = 0, 1, 2, \cdots)$ を区間 (a, b) 上の微分可能な函数の列とする．これについて，

（i）導函数の列 f_n' が函数 g に (a, b) で一様収束し，

（ii）函数の列 f_n が函数 f に (a, b) で一様収束する，

としよう．このとき f は (a, b) で微分可能であり，かつ $f' = g$ が成り立つ．

証明：定理1の証明と同様に考えればよい．記号も同じとして，$\varphi = o(x-c)$ を示せばよい．有限増分不等式の系を $\varphi_n - \varphi_m$ に用いると

$$|\varphi_n(x) - \varphi_m(x)| \leqq |x-c| \cdot \|f_n' - f_m' - f_n'(c) + f_m'(c)\|$$
$$\leqq |x-c| \cdot (\|f_n' - f_m'\| + |f_n'(c) - f_m'(c)|).$$

ここで $m \to \infty$ とすると

$$\|\varphi_n - \varphi\| \leqq |x-c| \cdot (\|f_n' - g\| + |f_n'(c) - g(c)|)$$

が得られる．f_n' が g に一様収束するので，任意の正数 ε に対して n が存在して

$$\|f_n' - g\| + |f_n'(c) - g(c)| \leqq \varepsilon$$

となる．従って

$$\|\varphi_n - \varphi\| \leqq \varepsilon |x-c|$$

である．一方，その n について $\varphi_n = o(x-c)$ だから x が充分 c に近いとき

$$|\varphi_n(x)| \leqq \varepsilon |x-c|.$$

よって，そのような x に対し

$$|\varphi(x)| \leqq |\varphi_n(x)| + \|\varphi_n - \varphi\| \leqq 2\varepsilon|x-c|.$$

即ち $\varphi = o(x-c)$ が言える.　　　　　　　　　　　　　　　（証明終）

通常，積分を使うといっても，最終的には不等式評価を導くためであったのだから，それを有限増分不等式で置き換えることは原理的に可能である．それが上の定理1, 2, 3の証明の仕組みである．尤も，背景では積分を使って考えた方が直観的には判りやすいことは言うまでもない．

第2部

徹底入門 測度と積分

有界収束定理をめぐって

第1章

素朴な面積からの出発

0●……はじめに

数学をまなぶ過程で，広く一般に通ずる原理の働きを感じることが多々ある．特に《既知のものから未知のものを如何にして獲得するか》という点に目を向けると，数学の方法の明晰さがはっきりしてくる．明らかなものを明らかに捉えることは一見トートロジーのように思え，時としてまどろっこしく感じる．しかし，そこにとどまるのではなく，次へのステップが控えていることを知れば，退屈さはむしろ確実さへの喜びへと転化していく．線型代数のことを，一次方程式の理論にすぎないなどと高を括ってしまっては，その威力の御利益にはあずかれないのである．

ここでは，ひとつの定理について，いわば初発の地点から再構成することで，それが成り立つ過程を読者とともに追体験してみたい．

1●……面積を反省する

「積分」を人に説明する際，それを「面積」で代用すると，そこそこの理解が得られるだろう．「面積」概念は小学校以来なじみのものだからだ．しかし，翻って図形の面積とは何かと考えるとき，どの程度明瞭に言えるものだろうか．わかったつもりの事柄でも，反省してみると，大抵は混乱が生じるものである．

まず「図形」が何を意味するかを反省しないといけない．平面の中で考えるとして，その平面の部分集合として定義されるべきだろう．しかし，かってな部分集合を図形だとまで言い切るには勇気がいる．

トンデモない部分集合だってある筈だし，厄介なものまで抱え込むのは厭だ．思えば心配になる．かと言って，熟慮の上で，安全な図形を過不足なく取り出すには，相当の時間をかけた考察を要するにちがいない．楽天的と悲観的，双方の両立は難しい．数学の**常套手段**は割り切って「(平面)図形とは，平面の部分集合である」とする．定義は短い．まずは楽天的に一歩を踏み出し，都合の悪いモノは切り捨てればよい．このように，取り敢えず上から(内包的に)規定し，考える範囲を限定することから始めるのである．これは，また，定義が一種の作業仮設であることも意味している．

そうしておいて，次に考えるのは，よくわかった図形とは何か，ということである．内側から外延的に既知のものを拡大していく．今の場合，我々は面積を考えるのであるから，長方形が基本である．図形としてより基本的なのは三角形ではないか，と思われるかもしれない．しかし小学校に戻って少し考えてみれば，長方形の面積の「タテ掛けるヨコ」が基礎であることが素直に納得できるだろう．

出発すべき「よくわかった図形」はもっと限定してもいい．いや，むしろ限定すべきである．平面に座標が入っているとして，長方形の辺はそれらの座標軸に平行なものだけに限る方が安心である．図形を回転させても面積は変わらない，というのはアタリマエのようだが，いざ証明しろと言われると，なにがしか考えなくてはいけない．我々は出発の足場を固めているだけなのだから，本格的な証明が要ることに関わるのはまだ早い[注1]．

長方形(しかも辺の向きが揃ったもの)は確かによくわかるが，それだけでは如何にも実用に足りない．では次に何を考えるか．三角形か？　一見当然なのだが，我々が考えるのは，単に「簡単な」図形ではなくて，「面積」が考えやすい図形であることを忘れてはいけない．再び小学校に戻ってみれば，三角形の面積の公式は，図形の移動(合同)による面積の不変性を使っていることがわかるだろう．三角形はまだまだ高級すぎる．——この言葉に異和感をもつなら，3次元ではどうかと考えることをお奨めする．三角錐の体積は，そんなに簡単にわかる代物ではない．——

三角形でないとすると，一体何を考えるのか．長方形の有限箇の合併になら，自然に面積が定義できるだろう．これをよくわかった出発点にとることは可能である．数学的にきちんと書いてみよう．

2 よくわかった図形とその面積

何事にも名前がないのは不便である．名前をつけつつ定義をしよう．上で，2次元で話をはじめたのは，基本的な1次元では簡単すぎて説得力の薄れるのをおそれたからである．動機を得るには却って適度の複雑さが必要なのだ．その逆に，定義は基本からはじめるのが順序である．1次元で長方形に当たるものは区間である．区間と言っても，閉区間，開区間，半開区間などいろいろある．しかしこだわらず，どれも区間の仲間に入れよう．つまり，$a \leqq b$のとき

$$[a, b] = \{x\,;\, a \leqq x \leqq b\},$$
$$[a, b) = \{x\,;\, a \leqq x < b\},$$
$$(a, b] = \{x\,;\, a < x \leqq b\},$$
$$(a, b) = \{x\,;\, a < x < b\}$$

をすべて区間とよぶ[注2]．例外を嫌って$a = b$も許したが，そのときは，区間は一点からなる集合または空集合になる．便宜上それも区間として扱う．その一方，ここでは当面，区間はすべて有限区間とする．つまりa, bは$\pm\infty$を含まぬ普通の(!)実数に限り，長さが無限大になるのを避ける．不等号$<, \leqq$を区別したくないとき，ここだけの記号$\lesssim$を使うことにしよう．すると区間とは$a \leqq b$に対し

$$I = \{x\,;\, a \lesssim x \lesssim b\}$$

という形の集合として定義できる．その長さ(＝1次元的面積!)は$b-a$で与えられる．記号で$|I| = b-a$と書こう．端の点が区間に入っているかどうかは長さに影響を与えない．常識的な長さの定義である[注3]．また$a \leqq b$に限っているのは，長さを負にしたくないからである．

次に考えるのは区間の有限箇の合併である．それらを**区間塊**と呼ぼう．そのようなものに「長さ」を定義するのは簡単に思える．区間塊Jが

$$J = I_1 \cup I_2 \cup \cdots \cup I_n$$

と区間 I_k の合併で書けていて，どの二つの区間も交わりをもたない（$I_p \cap I_q \neq \emptyset$ ならば $I_p = I_q$）とき，

$$|J| = |I_1| + |I_2| + \cdots + |I_n|$$

とすればよい．後のため，このような分割の状況を，区間塊 J は区間 I_k ($1 \leqq k \leqq n$) の**互いに疎な合併**（英語で disjoint union）であると言うことにする．

ここでしかし，区間塊の長さが定義されているかどうか，まだ完全に明らかとはいえない．何故か？　区間塊の区間への分割の方法は幾通りもあるわけだから，定義が分割の仕方に依存しては困るわけだ．つまり，上の定義が**定義になっている**（well-defined）ことを確かめないといけない．

区間塊の互いに疎な区間への分割が二通りあったとする．例えばそれが

$$\begin{aligned} J &= I_1 \cup I_2 \cup \cdots \cup I_n \\ &= I'_1 \cup I'_2 \cup \cdots \cup I'_m \end{aligned}$$

だとすると，

$$J = \bigcup_{\substack{1 \leqq p \leqq n \\ 1 \leqq q \leqq m}} (I_p \cap I'_q)$$

である．区間の共通部分はまた区間（空集合も許す）であり，nm 箇の区間 $I_p \cap I'_q$ ($1 \leqq p \leqq n$, $1 \leqq q \leqq m$) が互いに共通部分をもたないのも明らかであるから，これもまた区間塊の互いに疎な区間への分割である．ところで，ここでは元の分割を構成している各区間は更に小さな区間に分かれている（分割が「細分」されている）．つまり例えば

$$I_p = \bigcup_{1 \leqq q \leqq m} (I_p \cap I'_q)$$

のように疎な分割になっている．従って，長さが整合的に定義されているなら，まずこのように区間の場合が問題であるが，もしその場合が OK で

$$|I_p| = \sum_{1 \leqq q \leqq m} |I_p \cap I'_q|$$

であるなら，これを足しあわせることによって区間塊の長さが矛盾なく定義される．焦点は，このように「区間」自身を「区間塊」と看做

すときにも，定義した「長さ」が変わらないという点に集約される．そしてそれ自体は，区間の長さの定義に戻れば容易に確かめられることである(読者自ら確認されたい)．

証明の要点を繰り返しておくと，

（１）「区間」に対し定義されていた「長さ」の定義を「区間塊」にまで拡げようとするとき，区間自体には「区間」としての長さ(旧)と「区間塊」としての長さ(新)の二通りが考えられるが，それら新旧の定義が一致すること．

（２）上の(1)は「定義拡張」の整合性として必要であるが，実はそれさえ確かめられれば分割の「細分」を考えることにより，一般の「区間塊」に矛盾なく「長さ」が拡張される．

という訳である．これは「長さ」に限らず，数学の多くの場面に現われる「定義拡張」のパターンである．特に(1)は「延長のための足場固め」として普遍性をもつ要である．

3◉……面積の定式化

上では１次元について説明したが，２次元以上で同様のことが考えられる．例えば２次元で，区間の対応物としては，区間の直積(2次元区間！)

$$I_1 \times I_2 = \{(x,y) \in \mathbb{R}^2\,;\, x \in I_1,\ \ y \in I_2\}$$

をとって，その面積として

$$|I_1 \times I_2| = |I_1| \times |I_2|$$

とするのである．これはつまり，長方形を基礎にとり，その面積を「タテ掛けるヨコ」としたものである．次元によって名前を変えるのは面倒なので，２次元でもこれらの有限箇の合併を(2次元)区間塊と呼ぼう．すると，前節で述べた「定義拡張」の手続き(1)(2)を踏襲することで区間塊にまで面積が定義できる．少しだけ微妙な１次元との違いは(1)である．というのは長方形を小さな長方形の合併に分けるとき，タテヨコの区切りが揃っているとは限らないからである．しかし，分割に現われるx座標・y座標ともに分点を増やした細分を作ってやれば，大きな長方形を賽の目に切ったようにできるわけであるから，最終的に足し算の順序交換と掛け算の分配法則に話は帰着される．(気になる読者は是非自分で確かめてみて欲しい．)

このようにして，はじめに予告した「よく判った」図形とその面積の定義の第一歩が踏み出された．ここまで来るのは簡単であるが，それなりに確かめるべき点もあったわけである．とは言っても，それで終わりなら，数学の厳密さを大袈裟に反省して見せたにすぎず，ツマラナイことこの上ない．次のステップがあるからこそ少し用心深くやってきたのである．

より一般の図形に面積を拡張するときの指導原理は「図形の近似」である．そのために図形の面積が満たすべき性質を今一度書き出してみよう．図形に面積が定義されているという状況は，単に一つ一つの図形ごと勝手に面積を決めているのではない．総体として整合的に成り立って欲しい性質がある．面積の決められる図形全体を仮に想定して$\mathscr{E}$と書き，その元(＝図形) $L \in \mathscr{E}$ に対し面積を $|L|$ と書くことにする．まず面積については

(a)　$0 \leqq |L| < \infty$

(b)　$L_1, L_2 \in \mathscr{E}$ で $L_1 \subset L_2$ なら $|L_1| \leqq |L_2|$

くらいは当然のこととして要請したい．面積の値として無限大を許すかどうかは微妙であるが，確実さを旨とする我々の立場から，とりあえず排除しておく．無限大を扱うなら，いずれにせよ，しかるべき手続きののちである．

要請(a)(b)は，図形の大小を「数」の大小にかえただけであって，「数値化」という本来の利点が充分生きていない．より本質的で重要なのは「面積」の**加法性**，つまり，図形を併せたとき面積が足し合わせられるという性質である．その一つの定式化は

(c)　$L_1, L_2 \in \mathscr{E}$ で $L_1 \cap L_2 = \emptyset$ なら $|L_1 \cup L_2| = |L_1| + |L_2|$

であろうが，そのためには $L_1 \cup L_2$ 自身に面積が決められている(つまり$\mathscr{E}$に属する)必要がある．より一般に，共通部分があるときには

(d)　$|L_1 \cup L_2| + |L_1 \cap L_2| = |L_1| + |L_2|$

となるべきであるが，今度は $L_1 \cap L_2$ が$\mathscr{E}$の元でないといけない．つまり「面積」を整合的に決める過程では，集合族$\mathscr{E}$に対する要請も必然検討の対象となる．これと関係して，形式的なことだが，(c)で空集

合$\emptyset$が$\mathscr{E}$の元であるとして(当然の要求なので最終的には認めることになるが)，$L_1 = L_2 = \emptyset$とすると

（e）　$|\emptyset| = 0$

が導出される．逆に(e)の下では(d)から(c)が従う．

このあたりをいろいろと論理的に分析することもできるが，初歩の段階で余り煩わしいことをすると，実質的な核心に行くのが遅れるので，ちょっと天下り的に面積の定式化を書き下してみよう．

まず「面積」を決めるべき集合の族$\mathscr{E}$については

(E0)　$\emptyset \in \mathscr{E}$

(E1)　$L_1, L_2 \in \mathscr{E}$なら$L_1 \cup L_2 \in \mathscr{E}$

(E2)　$L_1, L_2 \in \mathscr{E}$なら$L_1 \cap L_2 \in \mathscr{E}$

(E3)　$L_1, L_2 \in \mathscr{E}$なら$L_1 \cap L_2^C \in \mathscr{E}$

を要請しよう．最後の(E3)でL^CはLの補集合を表わす記号である．(E1)(E2)はそれぞれ集合の合併と共通部分をとる操作で$\mathscr{E}$が閉じていることを意味している．(E3)は相対的な補集合をとる操作で閉じていることの要請である．相対的な補集合でなく，「補集合で閉じている」という要請の方が簡潔でいいのだが，全体集合の「面積」が無限大になる可能性を考えて(我々の考えている平面$\mathbb{R}^2$は実際そんな状況にある)，手控えたのである[注4]．集合族$\mathscr{E}$が，(E0)から(E3)を満たすとき**有限加法的集合環**であるということもある．この名前はそれほど重要ではない．

「面積」自体の性質については，既に上で見たものを要請すればいいが，論理的重複を省き，(a)(c)の二つを基礎にする．「加法性」は(c)で代表される．残りの(b)(d)(e)が導かれることは容易である．例えば(b)を出すには，(E3)で保証されている相対的な補集合をとればよい．加法性(d)は一般の合併が

$$L_1 \cup L_2 = (L_1 \cap L_2^C) \cup (L_1 \cap L_2) \cup (L_1^C \cap L_2)$$

と疎な合併に書けることに注意すれば，(c)から直ちに従う．名前については，より一般の状況で「面積」ではヘンなので**有限加法的測度**と呼んだりする．

このように定式化したのはよいが，そもそも我々が区間(または長方形)から定義を拡張した区間塊の長さや面積について，上の要請を

満たしているかどうか確かめる必要がある.

まず区間塊全体が(E0)から(E3)を満たすことだが，(E0)は明らかとして，区間塊の定義「区間の有限箇の合併」から(E1)も当然である.次に区間自体が明らかに共通部分をとる操作で閉じていることに注意する．すると(E2)は集合算に関する分配法則

$$\left(\bigcup_p A_p\right)\cap\left(\bigcup_q B_q\right)=\bigcup_{p,q}(A_p\cap B_q)$$

から従う．(E3)は，まず，区間の補集合が，区間の合併(但し，ここでは無限区間を許して)になっていることに注意する．それは1次元なら明らかである[注5]．すると区間 I, I' に対し $I\cap I'^C$ は区間塊とわかるから，集合算の分配法則(すぐ上で見た等式と同様)から(E3)が出る.

今の議論では殆どの部分が次元に関係ないが，1次元の区間から長方形など高次元の区間に移行する箇所では，集合の直積について

$$(A\times B)\cap(A'\times B')=(A\cap A')\times(B\cap B')$$

とか

$$A\times(B\cup B')=(A\times B)\cup(A\times B')$$

などに注意するとよい.

一旦，区間塊のこれらの基礎的性質がわかったら，「面積」の加法性(c)は定義から明らかである．尤も，その定義の整合性については前節で見たとおり，やや注意を要するのであった.

4◉……面積の拡張

基礎の確認に手間をかけたが，いよいよこれを元に，少し一般の図形に面積(1次元なら長さ)を拡張する．但し，ここはまだ常識的な範囲であって Jordan 式測度と呼ばれるものである．(全体のテーマである Lebesgue 式測度も追々自然な形で導入される.)

面積を拡張する有力な方法は，既知のものによる図形の近似である.近似にも内からと外からの二方向が考えられるが，その双方が一致するときには，疑う余地のない「面積」が得られるであろうというわけである．根拠は上で見た(b)というアタリマエの性質にある．古くアルキメデスが用いた「ユードクソスの取り尽くし法」そのものである.

我々の既知とする有限加法的な族$\mathscr{E}$とその上に定義された有限加法的測度(「面積」)があるとき，一般の集合Aについて，$K, L \in \mathscr{E}$で内からと外から

$$K \subset A \subset L$$

と挟み打ちされて，$|K|$と$|L|$の値がいくらでも近くできるなら，それを以てAの測度(「面積」)としようという訳だ．もちろん勝手な集合がそのように近似できるとの主張ではなく，それが可能な場合に確定した「面積」が付与できるというのである．

内からと外からの近似について数学的に定式化する一つの方法を述べよう．まず

$$|A|_* = \sup_{K \in \mathscr{E}}\{|K|\,;\,K \subset A\},$$

$$|A|^* = \inf_{L \in \mathscr{E}}\{|L|\,;\,A \subset L\}$$

と(Jordan 式)「内面積」$|A|_*$と「外面積」$|A|^*$をそれぞれ定義する．集合Aに含まれる区間塊の面積の上限(supremum)と，Aを覆う区間塊の面積の下限(infimum)を用い，内と外からの近似値のギリギリをとったのだ．これらは不可欠とはいえないが，独立した概念を用意しておくと便利である．上限・下限が一つの値として確定するのは，実数の連続性(= 順序完備性)の御利益である．定義から明らかなように，任意の集合Aについて

(∗)　$|A|_* \leqq |A|^*$

が成り立つが，「面積確定」とは，特にこれらが有限で$|A|_* = |A|^*$と一致するとき言う[注6]．即ち，我々の出発点$\mathscr{E}$とその上の有限加法的測度$|L|$から

$$\tilde{\mathscr{E}} = \{A\,;\,|A|_* = |A|^* < \infty\}$$

と定め，$A \in \tilde{\mathscr{E}}$については，測度$|A|$を共通の値$|A|_* = |A|^*$として延長するわけである．

これが「面積」を拡張していると主張するには，我々の定式化に照らして，少なくとも次の二つのことは確認しておく必要がある．

(I)　$\mathscr{E}$の元Lは$\tilde{\mathscr{E}}$に属し，このとき測度$|L|$は新旧の定義で一致する．

（Ⅱ）$\tilde{\mathscr{E}}$ は有限加法的集合環であり，その上で定義された $|A|$ は有限加法的測度である．つまり $\tilde{\mathscr{E}}$ と $|A|$ についても，前節の(E0)―(E3)と(a)(c)が成立する．

ここで(Ⅰ)は明らかである．実際，$K \in \mathscr{E}$ について，明白な包含関係 $K \subset K$ から $|K| \leqq |K|_*$ と $|K|^* \leqq |K|$ が成立し，一般的な不等式 $|K|_* \leqq |K|^*$ と併せて $|K|_* = |K| = |K|^*$ が得られる[注7]．

(Ⅱ)のために次の補題を用意しておこう．

▶**補題**

（１） 次の不等式が成り立つ：

$$|A_1 \cup A_2|_* + |A_1 \cap A_2|_* \geqq |A_1|_* + |A_2|_*,$$

$$|A_1 \cup A_2|^* + |A_1 \cap A_2|^* \leqq |A_1|^* + |A_2|^*.$$

（２） $A = B \cup B'$, $B \cap B' = \emptyset$ のとき次の不等式が成り立つ：

$$|A|_* \leqq |B|^* + |B'|_* \leqq |A|^*.$$

補題の(1)の「内面積」「外面積」に関する不等式は，それぞれ**優加法性**，**劣加法性**と呼ばれる．

さて，一般的不等式(*)から不等式

$$|A_1 \cup A_2|_* + |A_1 \cap A_2|_* \leqq |A_1 \cup A_2|^* + |A_1 \cap A_2|^*$$

が成り立つが，補題(1)を認めると，$A_1, A_2 \in \tilde{\mathscr{E}}$ ならば，これが上と下から同時に共通の値 $|A_1| + |A_2|$ で挟まれることになる．よって，この不等式は等式でなくてはならず，更に再び不等式(*)を考慮すると，この和の各項についても等式

$$|A_1 \cup A_2|_* = |A_1 \cup A_2|^*, \qquad |A_1 \cap A_2|_* = |A_1 \cap A_2|^*$$

が成り立たなくてはならない．これは，$A_1, A_2 \in \tilde{\mathscr{E}}$ が $A_1 \cup A_2 \in \tilde{\mathscr{E}}$, $A_1 \cap A_2 \in \tilde{\mathscr{E}}$ を導くこと，即ち(E1)(E2)が $\tilde{\mathscr{E}}$ に対して成り立つことを意味している．また，これは同時に $\tilde{\mathscr{E}}$ に延長された「面積」$|A|$ が「加法的」であること，即ち(d)も示している．

補題(2)では B と B' について対称だから，入れ替えた不等式も成り立つ．すると，直ぐ上で見たのと同じ論法で，$A, B \in \tilde{\mathscr{E}}$ なら $B' \in \tilde{\mathscr{E}}$ が判る．これは「相対的補集合」に関する(E3)の成立を導く．

補題の証明の詳細は練習問題として読者に委ねたい．ヒントを兼ね

て概略を述べておこう．補題(1)だが，劣加法性も並行なので優加法性のみ見る．まず$K_i \in \mathscr{E}$を$K_i \subset A_i\ (i=1,2)$なるものとすると

$$K_1 \cap K_2 \subset A_1 \cap A_2,\ \ K_1 \cup K_2 \subset A_1 \cup A_2$$

ゆえ

$$|K_1 \cap K_2| \leqq |A_1 \cap A_2|_*, \qquad |K_1 \cup K_2| \leqq |A_1 \cup A_2|_*$$

これらを加えて

$$|K_1 \cap K_2| + |K_1 \cup K_2| \leqq |A_1 \cap A_2|_* + |A_1 \cup A_2|_*$$

が得られるが，左辺は加法性から$|K_1|+|K_2|$に等しい．従って，

$$|K_1|+|K_2| \leqq |A_1 \cap A_2|_* + |A_1 \cup A_2|_*.$$

定義から$K_i \in \mathscr{E}$は$|K_i|$が$|A_i|_*$にいくらでも近くなるよう選べる．これから優加法性が従う．

補題(2)の左の式$|A|_* \leqq |B|^* + |B'|_*$を見よう．

$$K \subset A, \qquad B \subset L$$

なる$K, L \in \mathscr{E}$をとると$K \cap L^c \subset A \cap B^c = B'$ゆえ$|K \cap L^c| \leqq |B'|_*$である．ここで$(K \cap L^c) \cup L \supset K$に注意すると$|K \cap L^c| + |L| \geqq |K|$なので

$$|K| \leqq |L| + |B'|_*.$$

定義から$|K|, |L|$はそれぞれ$|A|_*, |B|^*$にいくらでも近くとれるから$|A|_* \leqq |B|^* + |B'|_*$が判る．もう一方の不等式も(ちょっとだけ易しい)同様の議論で証明される．

因みに上でも注意したが，「面積確定」自体は「内面積」「外面積」に拠らず内と外からの近似で直接定義可能である．拡張に際して確認した性質(I)(II)を，その定義に従って導くことも易しい．ただ，「内(外)面積」の概念と性質(補題)は標準的であり，後の展開に便利なので登場させておいたのである．

注

［注1］ より一般的立場からだと，合同変換で不変とは限らないもの(測度)だって考えたいわけだから，アプリオリに条件をつけたくはない．

［注2］ Bourbaki式だと開区間は$]a, b[$などと書く．この方が合理的だが，一般に流布している記号で書いた．

［注3］ 注1とも関係するが，より一般の測度（Stieltjes 式測度）を考えるなら，この端の扱いは注意すべきである．そのときは，例えば区間にしても半開の $[a, b)$ だけを採用し出発するが，普通の長さでは，そのような細かな注意をする意味はないから，区間も大らかに選んでいる．

［注4］「補集合で閉じている」簡潔さを重んじるなら，全体集合として一つの有限区間を固定して考えてもいい．

［注5］ 例えば $[a, b]^C = (-\infty, a) \cup (b, \infty)$ など．

［注6］ このままの定義では inf, sup の値自体は一般に ∞ を許さざるを得ない．例えば A が有界でないときは，集合 $\{L \in \mathscr{E}\,;\, A \subset L\}$ は空になる．空集合の下限 (inf) は ∞ と規約するのが普通である．このような規約がいやなら，はじめから考える対象を有界なものに限定しておくという手もある．

　なお，ここでは通常の直感を重んじて，2次元の「面積」をわざと使ったが，一般的には「内(外)面積」「面積確定」の各用語はそれぞれ**Jordan 内(外)測度**，**Jordan 可測**という．

［注7］ 特に，殆ど明らかな部分であるが，空集合に関する(E0)と(e)も成り立っていることがわかる．

第2章

積分と一様収束

1◉……面積から積分へ

前章では「面積」(1次元なら「長さ」だが)について，単純な基礎の図形「長方形」の「タテ掛けるヨコ」から出発し，それらの有限箇の合併である「区間塊」を基準に，内と外からの近似で「面積」を定義する手続きについて概観した．しかしながら，この定義で，どの程度の範囲に「面積」のある図形が拡がったのか，例えば「三角形」や「円」には本当に「面積」があるのか，或いは逆に，「面積」の定義できない図形にはどんなものがあるのか，などの疑問が当然浮かぶ．

これらに簡単に答えて前章の補足としよう．「面積確定」とは，内と外の「面積」差がいくらでも小さくできることだから，言い換えれば，図形の「境界」の「外面積」ゼロが条件となる．「三角形」や「円」は「境界」が素直なので「面積確定」とわかる．「面積」の定義できない図形としては，一つの長方形の中の有理点(座標が有理数であるもの)全体のように，やや人工的な例が簡単に挙げられるが，曲線で囲まれた図形(開集合)で，境界が面積をもつものも存在する．最近ではフラクタルに関係して，複雑な境界の図形を目にする機会も多い．

具体例の考察は数学で最も興味あることだが，その分，丁寧な分析が必要である．対極には，個別の例を貫きつつ，しかもそれらを超えたものをも指し示す一般法則・原理が設定される．数学の理解の仕方にも内からと外からのアプローチが見られるのである．例えば，アルキメデスの精緻な研究が前者だとすると，微積分法は，個々の図形の特殊事情によらず，一般的に「面積」や「体積」を計算する原理である．我々のテーマは，この「積分」概念の理解にある．

そもそも前章で「面積」を反省するきっかけは「積分」であった．厳密に言えば「積分」と「面積」は概念そのものに違いもあるし，その類似性を強調しすぎると，積分の背後にある多様なイメージを狭めることになる．が，いずれにせよ，我々の「面積」の厳密な定義は「積分」定義の手掛かりとなる．

有界閉区間 $[a,b]$ で定義された有界函数の積分をしたい．有界性の仮定は，前章と同様，末節に気を使わないためである．平面図形の面積は長方形の面積の「タテ掛けるヨコ」が基礎だった．簡単に言えば，積分は，x 軸をヨコとする時，「タテ」である函数値が一般に正と限らないものを扱う．

積分をそのまま面積に帰着させる手も可能だが，よりよいのは根本の考えを移植することである．「積分」と「面積」が直接結びつくのは，函数 f が正値(即ち $f(x) \geqq 0\ (a \leqq x \leqq b)$)の場合である．このときは積分

$$\int_a^b f(x)dx$$

は $y = f(x)$ というグラフと x 軸とで囲まれた図形

$$\{(x,y)\ ;\ 0 \leqq y \leqq f(x),\ \ a \leqq x \leqq b\}$$

の面積を表わしていると考えられる．但し，面積をもたない図形に対応して，積分の定義されない函数も存在する．より一般に実数値函数 f の積分は，「面積」解釈に従うと，函数値の正負に応じて，「正」の部分から「負」の部分の面積を引くことになる．いちいち「正負」を分けるのは面倒である．便利な翻訳装置を導入したい．

面積の場合と同様，積分に際して最も簡単な函数がどんなものか考える．土台が1次元の場合「ヨコ」にあたる基礎の図形は，区間，或いは区間塊であった．これを函数にしたい．土台の「図形」を「函数」に読み替える標準的な方法がある．一般に，集合 X を固定し，X の中の「図形」を X の部分集合のことだとしよう(前章のはじめでは X は平面 $\mathbb{R}^2$ や直線 $\mathbb{R}$ だった)．すると「図形」$A \subset X$ から「函数」

$$1_A(x) = \begin{cases} 1 & (x \in A) \\ 0 & (x \notin A) \end{cases}$$

が作れる．これは集合 A の示性函数とか特性函数，定義函数などと

呼ばれる．逆に，X 上の函数 φ が値を 1 と 0 しかとらないとすると，それは

$$A = \{x \in X\ ;\ \varphi(x) = 1\}$$

という集合の示性函数となる．

図形を函数と看做す御利益は，それらの線型結合が考えられる点にある．示性函数を通じて図形を函数にする時，図形の「面積」や「長さ」をその示性函数に与えることができる．このとき，積分とは「線型性」を用いて自然に土台の図形の「面積」や「長さ」を函数のレベルに延長したものである．函数の和や定数倍の積分が，それぞれ積分の和や定数倍になることが「線型性」である．線型性の観点からは，一般に函数を実数値と限る必要はない．今は深入りしないが，複素数値，ベクトル値などの設定も可能である．

集合算と函数の演算の関係(翻訳)はいろいろある．ここでは次の基礎的なものに注意しておこう：

$$1_{A \cup B}(x) + 1_{A \cap B}(x) = 1_A(x) + 1_B(x),$$
$$1_{A^c}(x) = 1 - 1_A(x),$$
$$1_{A \cap B}(x) = 1_A(x) 1_B(x).$$

はじめの式は前章の「面積」の加法性と類似している．これが積分の定義を支えているのである．

2◉……階段函数の積分

話を限定して，土台は 1 次元とする．示性函数の「積分」は土台の図形の長さである．これは「面積」でいえば「長方形の面積」にあたるが，ついで「区間塊とその面積」の段階が要る．正確に述べるために記号を導入する．有界閉区間 $I = [a, b]$ に含まれる区間塊全体を $\mathscr{E}$ とし，$\mathscr{S}$ をその区間塊の示性函数の線型結合全体とする．即ち，$\mathscr{S}$ の元とは，$E_p \in \mathscr{E}$ に対し

$$\varphi(x) = \sum_{p=1}^{r} c_p \cdot 1_{E_p}(x)$$

という形の函数である．名前を付けて**階段函数**と呼ぶ．係数 c_p は複素数でよいが，さしあたり実数としておく．階段函数は，平面図形で

いえば，2次元の区間塊に当たる．その積分を

$$\int_I \varphi(x)dx = \sum_{p=1}^{r} c_p \cdot |E_p|$$

と定義したい．確かめたいのは，次の(1)(2)である：

（1） この式で定義になっている(well-defined)．即ち，「積分値」が線型結合の表示によらない．

（2） 積分は$\mathscr{S}$上線型である．即ち，

$$\int_I (\varphi_1(x)+\varphi_2(x))dx = \int_I \varphi_1(x)dx + \int_I \varphi_2(x)dx,$$

$$\int_I c\varphi(x)dx = c\int_I \varphi(x)dx \qquad (c \in \mathbb{R}).$$

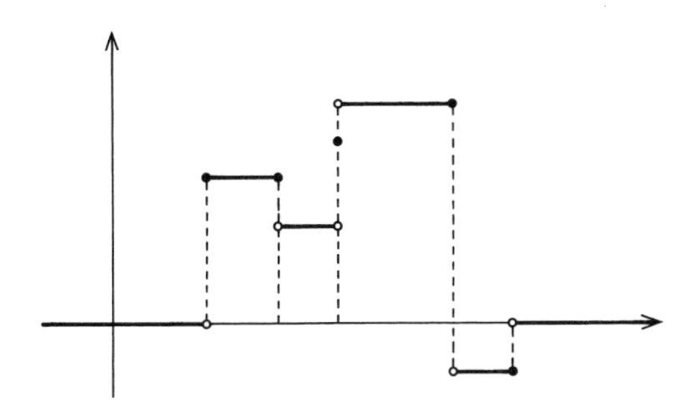

階段函数

基本的なのは(1)で，(2)は定義と(1)から直ちに従う．(1)は2次元の区間塊に面積が定義できることに対応するが，前回その証明を一部サボったので，少しきちんと書いてみよう．階段函数の表示として，示性函数の線型結合というだけでは見にくい．各点での値がはっきりするように書き直す．各集合E_pの示性函数の函数値への寄与分は$I = E_p \cup E_p^C$というIの分割から読みとれる．但し補集合E_p^CはIの中でとっている．点を含むか含まないかの二分法をすべてのE_pで同時に考えると，互いに疎な分解

$$I = \bigcup_{\lambda} E^{\lambda}\,; \quad E^{\lambda} = \bigcap_{1 \leq p \leq r} E_p^{\lambda_p}$$

を得る．但し，$\lambda = (\lambda_1, \lambda_2, \cdots, \lambda_r)$ は1かCからなる長さrの列で(従って全部で2^r箇ある)，記号は

$$E_p^{\lambda_p} = \begin{cases} E_p & (\lambda_p = 1) \\ E_p^C & (\lambda_p = C) \end{cases}$$

を表わすものとする．つまりλは点がE_pたちのどれに入っているかを記述する記号である．全体の分解から，各E_pについても互いに疎な分解

$$E_p = \bigcup_{\lambda_p = 1} E^\lambda$$

が得られ，したがって，その長さについて

$$\text{(E)} \qquad |E_p| = \sum_{\lambda_p = 1} |E^\lambda|$$

と和に分かれるが，同時に示性函数も

$$\text{(F)} \qquad 1_{E_p} = \sum_{\lambda_p = 1} 1_{E^\lambda}$$

と分解される．ここで

$$c_\lambda = \sum_{\lambda_p = 1} c_p$$

と置くと，(F)から

$$\sum_p c_p \cdot 1_{E_p} = \sum_{\lambda_p = 1} c_p \cdot 1_{E^\lambda} = \sum_\lambda c_\lambda \cdot 1_{E^\lambda}$$

と書き直される．並行して(E)より

$$\sum_p c_p \cdot |E_p| = \sum_{\lambda_p = 1} c_p \cdot |E^\lambda| = \sum_\lambda c_\lambda \cdot |E^\lambda|$$

が得られる．これが確立すると，(1)の証明は直ちにわかる．まず，函数値について，右辺の表示から$x \in E^\lambda$に於ける階段函数の値はc_λと読みとれ，特に，函数として0であるとは，空でないE^λに対する係数c_λがすべて0となることである．そのとき，もちろん右辺の表示から定義される「積分値」は0であるから，上に確立した関係式から，どのような表示に対しても「積分値」は0とわかる．一般の場合は，一つの階段函数が区間塊の示性函数の線型結合として二通りの表示をもつとして，その差をとれば，0という函数の表示が得られる．この「積分値」は，今見たとおり，表示によらず0であるので，二つの表示から定義される「積分値」の差は0，即ち，もとの階段函数の「積分値」が表示によらないことがわかる．

3●……Riemann積分

単純な階段函数の積分が確立したので，それを用いてより一般の函数に積分を定義したい．その方法・考えは一つではないし，目的なしに一般化しても仕方がない．しかし，とりあえず前回の「面積確定」に対応する積分の定義を行なってみる．設定は，土台を有界閉区間 $I=[a,b]$ として，その上の有界函数 f を考えるのであった．函数は実数値函数としよう．面積における内と外からの挟み打ちは，函数の場合は下と上からの挟み打ちである．そのために階段函数の積分について，重要な性質を一つ確認しておく．「積分」の**正値性**である．記号で $\psi(x) \leqq \varphi(x)$ $(x \in I)$ のことを簡単に $\psi \leqq \varphi$ と書くことにすると，定義から明らかに

$$0 \leqq \varphi \Longrightarrow 0 \leqq \int_I \varphi(x)dx$$

が成り立ち，線型性から

$$\psi \leqq \varphi \Longrightarrow \int_I \psi(x)dx \leqq \int_I \varphi(x)dx$$

がわかる．つまり積分は大小の順序を保つ．これを基礎に，（実数値）函数 f が階段函数 ψ, φ によって $\psi \leqq f \leqq \varphi$ と挟み打ちされ，ψ, φ の積分の差がいくらでも小さくできるなら，上下からの共通の極限値として f の積分が定義できる．これが **Riemann 積分**である．前回の「面積」と同様「上積分」「下積分」による定義も可能だが，繰り返しの感を免れないので省略しよう．このようにして延長された Riemann 積分についても，線型性，正値性が成り立つ．演習問題として読者自ら確かめられたい．

Riemann 積分については，普通の微積分の教科書に書かれているから，詳しく解説することはしない．ここでは基本的な注意だけをつけ加えておく．

積分の定義では，階段函数を独立させず，函数 f 自体から近似和を作る方法もある．区間 $[a,b]$ の分割

$$\Delta : a = x_0 < x_1 < \cdots < x_{N-1} < x_N = b$$

と各小区間の $\xi_k \in \Delta_k = [x_k, x_{k+1}]$ を任意に選んで

$$\sum_{k=0}^{N-1} f(\xi_k)(x_{k+1}-x_k)$$

という和(Riemann 和)を作り，分割をどんどん細かくするとき，ξ_k のとりかたによらず，或る値に収束するなら，f は Riemann 積分可能であるとする．この方法では，函数に即して

$$f_\Delta = \sum_{k=0}^{N-1} f(\xi_k)\cdot 1_{\Delta_k}$$

という階段函数を考えている．Riemann 和とはその積分である．これだと函数値を実数に限る必要はない．

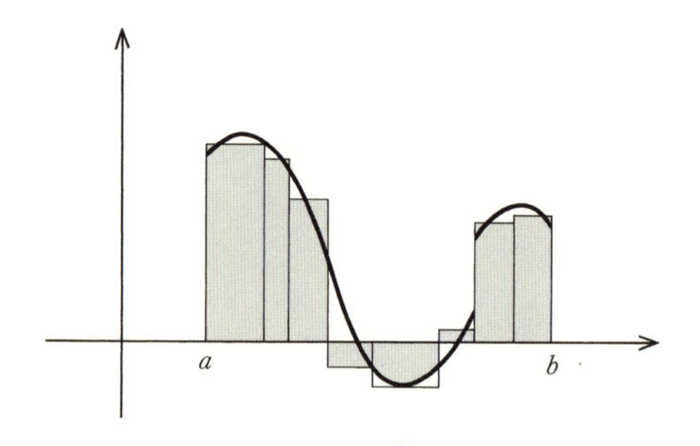

Riemann 和

いずれにせよ，函数を「何らかの」意味で階段函数で近似し，階段函数の積分が一定の値に近づく時，その値で積分とする．後者では，函数に即した利点と引き替えに，近似自体は「挟み打ち」より捉え難いが，実は，近似の程度が Riemann 上積分で測られているのである[注1]．今回の冒頭,「面積確定」が境界の「外面積ゼロ」と言い換えられたのと並行である．

この段階では想像しにくいが，Riemann 積分の役割は過渡的にとどまる．それ故，歴史的興味を別とすれば，行き届いた整備を求めてこの範囲に踏み泥むのは得なことではない[注2]．結局「近似」概念が中途半端だったのだ．しかし，これはその後の数学，特に「測度と積分」の出発点となる．定義は飽くまで作業仮設なのである．

4 ◉……函数の収束と積分

「面積」も「積分」も，既知から未知へと延長していく基本は「近似」である．その考えが有効なのは，既知のものの範囲で，図形や積分が近似された時，その面積や積分も近似される，という事実に根拠をもつ．図形の面積や実数値函数の積分の場合，利用したのは，図形や函数の大小が面積や積分の大小を導くことである．ここに関係するのは「順序構造」であるが，正確に言えば「値」の確定には実数の「順序完備性」を用いている．「内(外)面積」・「下(上)積分」の定義にはそれが端的に表われた．

それに対して，函数値が実数以外の設定では，値の順序構造は利用できない．大小関係に依存しない「近似」を考えてみよう．

まず階段函数で容易に確かめられる不等式

$$\left|\int_I \varphi(x)dx\right| \leqq \int_I |\varphi(x)|dx$$

に注意しよう．これは三角不等式

$$\left|\sum_{p=1}^{r} c_p \cdot |E_p|\right| \leqq \sum_{p=1}^{r} |c_p| \cdot |E_p|$$

に他ならない．もちろん複素数係数でも構わない．一方，函数の絶対値の上限(**一様ノルム**)

$$\|\varphi\|_\infty = \sup_{x \in I} |\varphi(x)|$$

を導入し，さきほど見た積分の正値性を，函数の絶対値と定数値函数の比較 $|\varphi| \leqq \|\varphi\|_\infty$ に用いれば

$$\int_I |\varphi(x)|dx \leqq \int_I \|\varphi\|_\infty dx = \|\varphi\|_\infty |I|$$

という評価が得られ，あわせて

(U) $$\left|\int_I \varphi(x)dx\right| \leqq \|\varphi\|_\infty |I|$$

となる．すると函数の次のような近似が，積分の近似をもたらすことがわかる：

$$\|\varphi - \psi\|_\infty \leqq \varepsilon \Longrightarrow \left|\int_I \varphi(x)dx - \int_I \psi(x)dx\right| \leqq \varepsilon |I|.$$

名前が示すように，φ と ψ が一様ノルムで ε 程度に近いとは，I のすべての点での函数値が**一様に** ε 程度で近い，ということであり，函数の収束として

$$\lim_{n\to\infty}\|\varphi_n-f\|_\infty=0$$

とは，函数列 $\{\varphi_n\}$ が f に**一様収束**するということである．(慣れない読者は，エプシロン・デルタ式の言い換えで確かめられたい．)

このように基本的性質として，積分の近似が函数の一様近似から導かれる．これを用いて積分の定義範囲を拡大することができる．つまり，もし既知の階段函数の列 $\{\varphi_n\}$ が(必ずしも階段函数ではない)函数 f に一様収束したなら，函数列 $\{\varphi_n\}$ は一様ノルムの意味で Cauchy 列となり，評価式(U)から積分値の列

$$\int_I \varphi_n(x)dx$$

も Cauchy 列となる．従って，実数の(距離に関する)完備性から，この積分値の列は収束する．その値を以て函数 f の積分値とすればよい．積分値が f を近似する函数列の取り方に拠らないことは，差を取って評価式(U)を用いればすぐわかる．線型性などの基本的な性質も容易である．

一様収束によって函数を拡張した場合は，近似の仕方が，積分概念と独立である[注3]．階段函数の一様極限として得られる函数を**方正**函数(英語で regulated function)と呼ぶことがある．重要なのは，連続函数がここに含まれることである．この点は後で触れる．また1次元の場合は，簡単な局所的な条件で特徴付けられる．

ところで，この方正函数の積分と Riemann 積分の関係はどうなっているだろうか．容易に想像できるように，方正函数は強い近似で得られているので，拡張としては狭い．もちろん積分値に関しては一致するだろう．このことは一般に次の定理からわかる．

▶定理

Riemann 積分可能な函数の列 $\{f_n\}$ が函数 f に I 上で一様収束したとする．この時，f も Riemann 積分可能で，かつ

$$\lim_{n\to\infty}\int_I f_n(x)dx = \int_I f(x)dx$$

が成り立つ．

証明の概略：区間 I の分割 Δ と各小区間の点 ξ_k に対応して階段函数を作る．この時 $\|f_{n\Delta}-f_\Delta\|_\infty \leqq 2\|f_n-f\|_\infty$ に注意する[注4]．分割 Δ, Δ' に対し，対応する Riemann 和の差は，「遠回りの原理」によって

$$\begin{aligned}\left|\int f_\Delta - \int f_{\Delta'}\right| &\leqq \left|\int f_\Delta - \int f_{n\Delta}\right| + \left|\int f_{n\Delta} - \int f_{n\Delta'}\right| + \left|\int f_{n\Delta'} - \int f_{\Delta'}\right| \\ &\leqq \left|\int f_{n\Delta} - \int f_{n\Delta'}\right| + 4\|f_n - f\|_\infty |I|\end{aligned}$$

と評価される．ここで n を充分大きく取り，分割 Δ, Δ' を細かくすると，f_n の Riemann 可積分性から右辺は任意に小さくできる．即ち f の Riemann 和は "Cauchy 列" となって収束するので，f は Riemann 積分可能とわかる．正確には，分割による添数付けは "列" ではないが，然るべく定式化してやれば大丈夫である．

積分値の収束については，評価式(U)が成り立てばすぐわかる．実際は上の証明でも次のような基本的性質を使っている．

（証明終）

▶練習問題

Riemann 積分について，次の三つの基本的性質を証明せよ：

（1） 正値性，即ち $f \geqq 0$ ならば $\int_I f(x)dx \geqq 0$.

（2） f が Riemann 積分可能なら，その絶対値函数 $|f|$ も Riemann 積分可能である．

（3） 評価式(U)は Riemann 積分可能な函数についても成り立つ．

ヒント：いずれも定義に戻れば難しくない．(2)は絶対値に関する不等式 $||a|-|b|| \leqq |a-b|$ に注意する．

5◉……連続函数と方正函数

今までは専ら「積分」の観点から，既知の「階段函数」を拡張する方向で話をすすめてきた．一方，普通に「よく知っている」のは連続函数だろう．連続性は各点の近傍で定義される局所的な概念であり，積分とは違う原理によって支配されている．従って，連続函数が積分できるかどうかは論理的に明らかではない．尤も，難しいのは「一般の」連続函数の話であって，実用上「単調函数」に帰着される場合などはやさしい．内包的定義と外延的定義の差は案外大きいのである．

Riemann 積分は，歴史的には不連続函数を視野に入れた積分として世に現われたが，一般の連続函数が積分可能なことは，実数の基本的性格である「有界閉区間はコンパクト」の認識を待たなくてはならなかった．つまり，その帰結である「有界閉区間で定義された連続函数は一様連続」という基本的定理(Heine の定理)が必要だった[注5]．実際，この一様連続性は「連続函数は方正」という事実を導くので，前節の議論から連続函数の積分が確立しているとも言える．

連続性とはエプシロン・デルタ式で言えば，

$$\forall\varepsilon>0\ \ \exists\delta>0,\ |x-a|<\delta\Longrightarrow|f(x)-f(a)|<\varepsilon$$

だが，これは点 $x=a$ の近傍においては，函数 f が定数函数 $f(a)\cdot 1$ で近似されるという内容である．コンパクト性があれば，局所的な性質を(有限的に)全体に拡げられるので，函数を局所的な定数函数(特に階段函数)で近似でき，方正だとわかるわけである．因みに，この論理式で文字の限定部分を取り出して比較すると，任意の点での連続性とは

$$\forall a\ \ \forall\varepsilon>0\ \ \exists\delta>0\ \ \forall x$$

だが，一様連続性とは

$$\forall\varepsilon>0\ \ \exists\delta>0\ \ \forall a\ \ \forall x$$

であり，$\forall a\ \exists\delta$ の順番が $\exists\delta\ \forall a$ と変わることで主張が強くなっていることにも注意しよう．

連続函数の Riemann 積分可能性は，殆どの微積分教科書で，当然のように一様連続性を使う．ところが何と，多くの教科書が参照している筈(！)の高木貞治『解析概論』(岩波書店)では１次元の場合，このよ

うな議論をしない．高木は上積分と下積分の一致を「区間において導函数が 0 ならば，その区間で定数」という定理によって示す．この定理自体，局所的なものを大局的につなぐ原理を使うわけだから，どこにも抜け穴はない．ただ，このユニークな論法は余り気づかれていないようなので，ちょっと注意しておいた[注6]．

方正函数は 1 次元の場合，各点で左右の極限

$$f(a-0)=\lim_{\substack{\varepsilon\to 0\\ \varepsilon>0}} f(a-\varepsilon),\qquad f(a+0)=\lim_{\substack{\varepsilon\to 0\\ \varepsilon>0}} f(a+\varepsilon)$$

が存在することである．つまり，不連続であっても，この程度のもの（第一種の不連続点）だというのが方正函数の特徴付けとなる．或る意味で連続函数とさほど違わない．一方，不続性が強く，方正でない

$$f(x)=\begin{cases}\sin\left(\dfrac{1}{x}\right) & (x\neq 0)\\ 0 & (x=0)\end{cases}$$

は任意の有限区間で Riemann 可積分である．

方正函数は次元が上がっても性質がよいので，重積分を逐次積分に帰着する定理なども うまく定式化される．実際，定義から 2 変数の $f(x,y)$ が方正の時，片方の変数を止めた $x\mapsto f(x,y)$ も常に方正だとすぐわかる．Riemann 積分一般だと，このような制限が駄目になる．例えば 2 次元の集合 A で，面積確定なのに，$y=b$ での切り口

$$A(b)=\{(x,b)\in A\}$$

が稠密な b に対し「長さ」がない（Jordan 可測でない）ような例も簡単に作れる[注7]．

最後に積分の拡張について一言注意する．方正函数の積分は階段函数から出発した．これは区間の示性函数の線型結合だった．それに対し，Jordan 可測（「長さ」のある）集合の示性函数の線型結合から出発しても同様で，更にそのような函数の一様極限にも積分が延長される．自然に思い至る方法である．この拡張にしても，さきほどの定理から Riemann 可積分な範囲は越えないが，方正函数よりは真に拡がる．実はこれで Riemann 積分可能な（有界）函数がすべて得られる．（証明は多分そんなに簡単ではない．） 定義を変えても重積分に関しての不都合等，内容が修正されるはずはないが，ベクトル値函数の積分の定義

などは明瞭になるだろう．歴史が少し変わっていれば，この定義が流布したかもしれない．

注

［注 1］『シュヴァルツ解析学 3』(東京図書)p. 7 参照．ベクトル値 Riemann 積分をキッチリ定式化している．

［注 2］特に Riemann 積分では逐次積分に関して不完全な定理しか述べられないという欠点がある．微積分の教科書で Riemann 積分が普通に導入されるものの，連続函数の積分及び，図形の「面積」「体積」以外に，概念と定義が本当に必要となるのは稀である．他の中途半端さは，この連載でも，次第に感じられるようになるだろう．

［注 3］この観点から言えば，Riemann 積分可能性は「近似」の定義自身に積分概念が使われており，そのため一種自己言及的な部分を含む．

［注 4］因子 2 は非本質的．分割の小区間 Δ_k を閉区間としたため端が重なる．はじめから半開区間にしてもよいが，どこかに些末なしわ寄せがくるのなら，一番どうでもいい場所に犠牲を強いる．

［注 5］Heine の定理は「被覆コンパクト性」の端緒．但し「点列コンパクト性」(Bolzano-Weierstrass の定理)はそれに先行する．

［注 6］この論法に元ネタはあるのだろうか．尤も，多変数の積分も「同様」では困る．(『数学セミナー』1999 年 8 月号 pp. 14-15.) また，Stieltjes 積分の箇所では，高木も一様連続性を用いる．

（単行本化に当たっての追記） これについては本書の第 1 部で謎が解明されている．

［注 7］たとえば実数の中の有理数の多さ程度の例が作れる．一方，後に定式化される Lebesgue 積分を使って「量的」に見ると，例外の b はあっても「測度 0」になる．Riemann 積分の欠点は，自ら もたらした例外を自身の中で処理できない所にある．小林昭七『続 微分積分読本』(裳華房)p. 83ff は，逐次積分に関する難点を避ける面白い定式化だが，このような例を思い浮かべつつ注意深く読む必要がある．

［ * ］本章に関係する Riemann 積分について，その後，かなり詳しい分析を書く機会を得た：『森毅の主題による変奏曲』積分篇(1)—(6)(『数学セミナー』2014. 3—7)．特に，そのうち積分篇(3)には Fubini 型定理に関わる具体的な反例などもある．また，ベクトル値の Riemann 積分については，積分篇(5)で定義に関する詳しい検討をしている．

第3章

有界収束と積分

1◉……広義一様収束と積分

積分の定義には異なる方法もあるが，いずれも函数の近似という考えが不可欠である．前章では，二つの典型的な近似として，順序によるものと一様収束によるものがでてきた．特に，一様収束・一様近似は最も重要な概念であり，自然でもあるが，各点の函数値のみで判断可能な「各点収束」と比べると，確かめるのに少しばかり手間が要る．慣れないあいだは面倒にも思える．しかし「各点収束」とは点ごと全くバラバラの収束であり，そこから何かマトモな結論を引き出す定理があれば，相当強力なものだと考えて間違いない．「有界収束定理」は，そのような定理の代表であり，この第2部で採り上げる中心テーマである．それがどのような機構で成立するのかを明らかにし，同時にLebesgue式積分導入の仕組みを解きほぐしたい．

積分と極限の順序交換について，一様収束ならOKだという根拠は

$$\text{(U)}\qquad \left|\int_I \varphi(x)\,dx\right| \leqq \|\varphi\|_\infty |I|$$

という評価式にある．注意として，(U)を使うには区間Iの長さの有限なことが重要である．無限区間では何の評価も得られないし，実際その場合は，函数列が一様収束しても積分値が収束しない例が簡単に作れる．無限遠方にしわ寄せできる点が，有限区間との大きな違いである．

一様収束を少しはずれた場合はどうだろうか．全体では一様収束ではないが，局所的に一様収束ということがある．広義一様収束というものだ．言葉遣いがいささか曖昧なので，この頃は，局所一様収束と

か，コンパクト集合上の一様収束など明確に言うのも好まれる．函数列の極限が函数の性質を保つかどうかについて，例えば連続性なら局所的な性質だから，収束の一様性が局所的であっても大丈夫である．それに反して，積分は全体に関わるもので，「広義」にした途端，無条件ではマズくなる．例として $\varphi_n = n \cdot 1_{\left(0,\frac{1}{n}\right)}$ や

$$\varphi_n(x) = \begin{cases} 4n^2 x & \left(0 \leqq x \leqq \dfrac{1}{2n}\right) \\ 4n(1-nx) & \left(\dfrac{1}{2n} \leqq x \leqq \dfrac{1}{n}\right) \\ 0 & \left(\dfrac{1}{n} \leqq x\right) \end{cases}$$

など(図 1)を考えると，函数列は開区間 $(0,1)$ で広義一様に 0 に収束するが，積分値の方は

$$\int_0^1 \varphi_n(x)dx = 1$$

だから 0 には近づかない．積分区間が無限の場合と同様，一様性の及ばない(左)端では，好き勝手できてしまうのである．

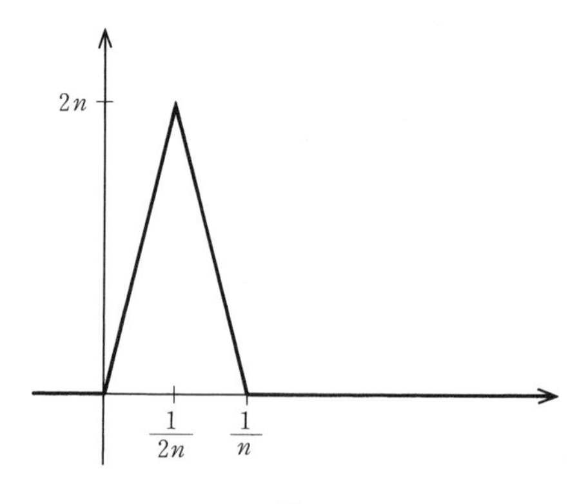

図 1

上の例は，広義一様収束でも，条件なしには積分と極限の順序が交換できないことを示す．一様性で縛られない端のあたりに注目すると，しわ寄せ部分が函数値に転嫁・噴出する様子が見える．区間の長さが有限の時，条件を課してそんな自由を許さないようにすれば，積分の順序交換も達成できるであろう．次の定理は簡単だが，実用的である．

▶**定理**

有限区間 $I=[a,b]$ 上の Riemann 積分可能な函数の列 $\{f_n\}$ が，次の条件(1)(2)を満たすとする：

（1） 函数列は一様有界，即ち，定数 $M>0$ が存在して，すべての n について $\|f_n\|_\infty \leqq M$ が成り立つ．

（2） 任意の $\delta>0$ に対し，f_n は $[a+\delta,b]$ 上一様に函数 f に収束する．

この時，f も Riemann 積分可能で，かつ

$$\lim_{n\to\infty}\int_I f_n(x)dx=\int_I f(x)dx.$$

証明：まず，条件(1)より $\|f\|_\infty \leqq M$ であることに注意する．前章の定理(p.46)と同様，区間 I の分割 Δ と各小区間の点 ξ_k から階段函数 f_Δ を作る．分割 Δ,Δ' に対し，対応する Riemann 和の差は，

$$\begin{aligned}\left|\int_a^b(f_\Delta-f_{\Delta'})\right| &\leqq \left|\int_a^{a+\delta}(f_\Delta-f_{\Delta'})\right|+\left|\int_{a+\delta}^b(f_\Delta-f_{\Delta'})\right| \\ &\leqq 2M\delta+\left|\int_{a+\delta}^b(f_\Delta-f_{\Delta'})\right|\end{aligned}$$

と評価される．右辺第一項は任意に小さくできる．また前章の定理から，f は $[a+\delta,b]$ で Riemann 可積分．よって第二項は，分割 Δ,Δ' を細かくすると，充分小さくなる．これは f の Riemann 可積分性を示す．

積分値についても同様に区間を分け，

$$\begin{aligned}\left|\int_a^b(f-f_n)\right| &\leqq \left|\int_a^{a+\delta}(f-f_n)\right|+\left|\int_{a+\delta}^b(f-f_n)\right| \\ &\leqq 2M\delta+\int_{a+\delta}^b|f-f_n|\end{aligned}$$

と評価すればよい．第一項は任意に小さく，第二項も $[a+\delta,b]$ での収束の一様性で評価できるので，積分値の収束もわかる．

（証明終）

定理は簡単でも，一般の「有界収束定理」のエッセンスを含んでいる．いわば有界収束定理の原始型である．積分と極限の順序交換を支

える基本は依然として収束の一様性だが，それで処理できない例外部分を「函数値の有界性」×「例外点の測度」で押さえるのである．

極限函数の Riemann 可積分性をとりあえず不問にすると，積分値の収束については，極限函数との差をとって，函数列が 0 に収束する場合に帰着される．その様子を画にすると，一様収束ならば文字どおり**一文字**の形で押さえることになる．この場合は一つの長方形で囲み，「タテ掛けるヨコ」で評価される．上の定理の収束は「δ だけの例外点」を許す有界収束である．今度は一つの長方形では囲めないが，「タテ掛けるヨコ」がそれぞれ「有界性の M と土台の δ」と「一様性の ε と土台の $|I|$」の二つの長方形で囲む．対比して形容すると**L字**の形で押さえるものである(図 2)．そんな言葉はないが，L 様収束という用語を作りたくなる．

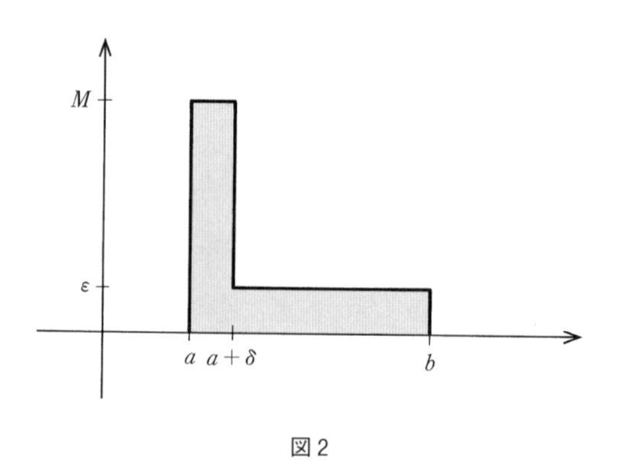

図 2

2 ● 定理の適用例

積分と極限の交換定理の基礎は，たしかに一様収束だが，それのみ後生大事に保持記憶するのでは，使える場面が限られる．前節の定理は，そこからほんの δ ほど踏み出したものである．実質は練習問題に過ぎないが，応用できる範囲はかなり広がる．(いくら積分論を学んだ後でも，この程度に「Lebesgue の有界収束定理」を適用するのでは，定理の理解の不充分さを露呈することになる．論理的に正しければ許されるというものではない．)

歴史的には Riemann 積分は，Fourier 級数を契機とする．Fourier

級数は「解析的」な式が不連続函数を表わし得るという現象を数学にもたらし,「実数」をはじめ,全ての道具に根本的な反省を強いた.ここは詳しい解説の場所ではないが,前節の定理の効果的な適用例として,Fourier 級数展開を採りあげる.

はじめは特殊な一例のように見えるが,次の等式を考える:

$$\text{(T)} \qquad x-\frac{1}{2} = -2\sum_{n=1}^{\infty}\frac{\sin 2\pi nx}{2\pi n} \qquad x\in(0,1).$$

級数の収束も自明とは言えないが,ともかく等式を認めると,右辺は x について周期 1 の函数を表わし,$x=0$ では右辺は 0 であるから,右辺の級数は次のようなグラフの函数が表示されていることになる(図 3).これは確かに「不連続」である.

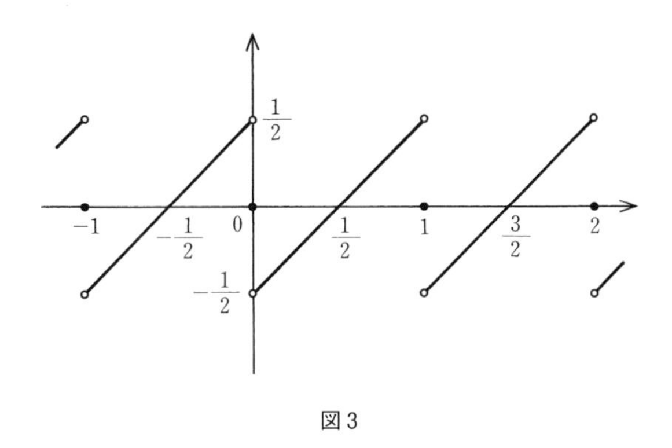

図 3

等式の証明はいろいろある.例えば,等比級数の和の公式

$$\sum_{k=-n}^{n} q^{2k} = \frac{q^{2n+1}-q^{-(2n+1)}}{q-q^{-1}}$$

を $q=e^{\pi i\theta}$ に適用した $(i=\sqrt{-1})$

$$1+2\sum_{k=1}^{n}\cos 2\pi k\theta = \frac{\sin(2n+1)\pi\theta}{\sin \pi\theta}$$

を一回積分 $\left(\int_{1/2}^{x} d\theta\right)$ すると

$$x-\frac{1}{2}+2\sum_{k=1}^{n}\frac{\sin 2\pi kx}{2\pi k} = \int_{\frac{1}{2}}^{x}\frac{\sin(2\pi+1)\pi\theta}{\sin \pi\theta}d\theta$$

がまず得られる.右辺は部分積分を用いると,任意の $\delta>0$ について $n\to\infty$ のとき $x\in[\delta,1-\delta]$ に対し一様に 0 に収束することがわかる.

一様収束は区間 $(0,1)$ を内側に少しだけ控えれば達成されるが，全体では無理である．何故なら，もし $[0,1]$ で一様なら，極限函数は連続になる筈だ．ところで，等式(T)を $1/2$ から 1 まで積分して，しかも項別積分(積分と無限和の交換)ができるとすると

$$\frac{1}{8}=2\sum_{n=1}^{\infty}\frac{1-(-1)^n}{4\pi^2n^2}=\frac{1}{\pi^2}\left(\frac{1}{1^2}+\frac{1}{3^2}+\frac{1}{5^2}+\cdots\right).$$

つまり，有名な $\zeta(2)=\pi^2/6$ という等式が得られる．或いは，項別積分が許されるなら，もっと一般に式(T)に，$[0,1]$ で一階連続的微分可能な(C^1 級)函数 f の導函数 f' を掛けて $[0,1]$ で積分し，級数の各項の積分で部分積分をすることで

$$\frac{f(0)+f(1)}{2}=\lim_{N\to\infty}\sum_{n=-N}^{N}c_n$$

が得られる．但し，

$$c_n=\int_0^1 f(t)e^{-2\pi int}dt$$

は f の第 n 番目の Fourier 係数である．この公式は実質，C^1 級函数の Fourier 級数展開，または別の言葉では Poisson の和公式，を表わしている．つまり，特殊な一例にしか見えない級数(T)は，実はそれ自体にかなりの一般性を秘めていたのである．但し，項別積分の保証が必要である．“L 様” 収束定理がここで役に立つ．

全体 $(0,1)$ では一様ではないが，内側の任意の閉区間で一様収束する級数なので，上の議論を正当化するには，級数(T)が一様有界であれば，“L 様” 収束定理が使える形になる．つまり，$M>0$ が存在して，任意の N と $x\in[0,1]$ に対し

$$\left|\sum_{n=1}^{N}\frac{\sin 2\pi nx}{2\pi n}\right|\leqq M$$

が成立すればよい．この証明もいろいろあるが，何のヒントもなく考えるとそれなりの演習問題である．一つのヒントは類似の積分

$$\int_0^A\frac{\sin x}{x}dx$$

が A に関して有界であることである．

先に述べたように Fourier 級数は大きなテーマである．簡単そうに見えても，収束の証明など微妙な議論を必要とする場面も多いので，

とかく小手先の技術に目が向きがちになる．定理の使い途だけ述べてはそのように伝わる可能性もあるが，一つのきっかけとして理解してほしい．この節は「鰻の蒲焼きの香りだけ」のような解説である．詳しい話は別の機会に譲る[*1]．

3 有界収束定理

はじめに述べたとおり，もし「各点収束」だけで極限と積分の順序が交換できるなら，結果として，話は楽である．無条件ではダメだとわかってはいるが，例えば「有界性」のように緩やかな条件の下で順序交換できる可能性は否定できない．そして実際，そのような定理が成立する．普通はこれを「Lebesgue の有界収束定理」として「測度と積分」の枠組みで定式化し証明する．能率を求めるなら，そこへの到達を直線的に目指せばいいのだが，第 2 部の目的は，教科書のようにでなく，できれば証明・定式化の動機などにも及んで道草を喰う「徹底」の追究である．とは言っても，定理「発見」の再現までは難しい．妥協は必要である．

モノの本によれば，「有界収束定理」は Lebesgue(1902)以前，既にイタリア学派の Arzelà(1885)によって Riemann 積分に関して得られている．即ち，

▶定理（Arzelà）

有限区間 $I = [a, b]$ 上の Riemann 積分可能な函数の列 $\{f_n\}$ が，I の各点で函数 f に収束し，次の条件(1)(2)を満たすとする：

（1） 函数列は一様有界．

（2） f は Riemann 積分可能．

この時，

$$\lim_{n\to\infty}\int_I f_n(x)dx = \int_I f(x)dx.$$

定理は「連続函数」に限っても自明さからはほど遠い．つまり，定理で「Riemann 積分可能」という条件を「連続」と置き換えても，難

しさは全く変わらない．Lebesgue の定理なら，「積分」の定義に行き着くまでに「慣れない」多くの定義の準備を含む体系を必要とするが，Riemann 積分なら定義は常識的な範囲で済む．有界収束定理の本質を捉えるに恰好の材料である．

一つ注意したいのは，上の“L 様”収束定理とは違い，各点収束では極限函数 f の Riemann 可積分性は保証されず，従って(2)の仮定をしなければならない点である．例えば，

$$f_n(x) = \begin{cases} 1 & \left(x = \dfrac{k}{2^n},\ k = 0, 1, \cdots, 2^n\right) \\ 0 & (\text{その他}) \end{cases}$$

について f_n は Riemann 可積分で各点収束するが，その極限函数は Riemann 可積分でない．この例では f_n の積分値は全て 0 で，当然 0 に収束しているが，その値が極限函数の積分に等しいかどうかという問い自体，Riemann 積分に限れば議論の範囲外になる．

この定理に言及した日本語の本も幾つかあるが，証明まで含んでいるのは，古い方から，藤原松三郎『微分積分学』(内田老鶴圃)，小松勇作『解析概論』(廣川書店)，小平邦彦『解析入門』(岩波書店)，などに限られる．しかもどれも Arzelà 自身の証明ではなく，Hausdorff (1927)のものを紹介している．短かく整理されている一方，その分，我々を鼓舞する力は減衰してしまうように思える．ようやく藤原の本だけが Arzelà 自身の証明と文献にごく僅かながら触れている．やはり古い本はいいものである．尤も Arzelà はイタリア人だから「あるぜら」でなく「あるつぇら(アルツェラ)」として欲しいところだが．

文献自体は『ブルバキ数学史』(東京図書)などで正確に知ることはできる(藤原ではページまで判らない)．しかし，古いイタリアの文献を探し出すのは意外と難しい．私は学生時代から興味があり，京大の書庫で探索は試みていたが，正しく文献に到達したのは数年前で，イタリア語に少し慣れたお蔭である．

私的な「史的」探求から言えば，折角手に入れた Arzelà の原論文なのに，まだ充分解読していない．ただ，この定理を理解するには，「数学史」としての正確さは必要ない．文献に触れる以前，定理の存在を知った時点で，想像力を駆使さえすれば定理に迫ることはできる．読

者も一度，証明を試みられるとよい．きっと収穫があるにちがいない．以下に述べるのは，多分 Arzelà の原証明に近いのではないかと思う．

4◉……予備的考察

いきなり定理の証明を目指すのではなく，状況を把握することからはじめよう．まず，条件(2)で極限関数 f の Riemann 可積分性が仮定されているから，関数列を f_n-f で置き換えて $f=0$ としてよい．もちろん，この置き換えでも一様有界性の仮定は保たれる．また，次の簡単な二つの観察から，関数をその絶対値関数で置き換えて証明できれば充分であり，正値な場合に帰着される：

$$f_n(x) \to 0 \Longrightarrow |f_n(x)| \to 0; \left|\int_I f_n(x)dx\right| \leqq \int_I |f_n(x)|dx.$$

さて，帰謬法で考えるとして，積分値の列が 0 に収束しないと仮定してみる．すると $\delta>0$ が存在して，部分列 n_k $(k=1,2,\cdots)$ で

$$\int_I |f_{n_k}(x)|dx \geqq \delta$$

となるものがある．もとの列をこの部分列で置き換えることにより，はじめから，この不等式がすべての n で成り立つと仮定してよい．

まとめると，定理の証明には，Riemann 可積分な関数列 $\{f_n\}$ について，すべての n と $x \in I$ について

(A)　　$|f_n(x)| \leqq M$

かつ，積分値について

(B)　　$\delta \leqq \int_I |f_n(x)|dx$

が，すべての n で成り立つとするなら，各点収束

(C)　　$\lim_{n\to\infty} f_n(x) = 0 \qquad (x \in I)$

と両立しないことを言えばよい．

まず(A)と(B)から何が言えるか見よう．もし収束が一様であれば，積分値は 0 に収束する．今はそれに反する仮定をしているのであるから，一様性の破れている点がある．一様収束との差を，そのような「破れ」で測ることを手掛かりにしよう．以下一般に，関数 h と $\varepsilon>0$

に対し，集合 $E(h,\varepsilon)$ を

$$E(h,\varepsilon)=\{x\in I\,;\,|h(x)|\geqq\varepsilon\}$$

と置くことにする．簡単のため $E_n=E(f_n,\varepsilon)$ とする．前の定理と同様，分割して評価する：

$$\begin{aligned}\int_I|f_n(x)|dx&=\int_{E_n}|f_n(x)|dx+\int_{E_n^C}|f_n(x)|dx\\&\leqq M|E_n|+\varepsilon|I|\end{aligned}$$

ここでは「有界性×土台」の部分の土台が区間とは限らない点が違うのである．すると(B)の評価とあわせて

(D)　　$\delta\leqq M|E_n|+\varepsilon|I|$

が得られる．特に，ε を小さく取って $\varepsilon|I|\leqq\delta/2$ なるようにすれば

(E)　　$\dfrac{\delta}{2M}\leqq|E_n|$

という評価が得られる．つまり(A)(B)の仮定の下では，一様収束の例外点の集合 E_n の「長さ」は一斉に下から押さえられる．これが重要な帰結である．

一方，この例外点 E_n の定義より，そこに属する点では函数の絶対値が正数 ε によって下から押さえられる．もし I の点に無限箇の E_n によって覆われるものが存在すれば，その点では f_n は0に収束せず，各点収束の仮定(C)に反することになる．これは大いにありそうな話で，有望な証明方針である．

発見的にはこれでよいのだが，一つ問題がある．集合 E_n の素性が全く知れないことである．仮に函数 f_n が連続函数だとすると少しはマシだ．実際，E_n は閉集合となる．しかし，それでも E_n の「長さ」は定義されていないかもしれない．「切り口」E_n の定義に含まれる不等号を $>$ に変え，開集合になるようにしたところで同じことである．「一般の」閉集合や開集合がJordan可測とは限らぬのだ[注1]．

議論を正当化するには，函数 $|f_n|$ の積分の定義に戻って，階段函数で近似してやればよい．階段函数についてなら，切り口の集合は区間塊だから，紛れなく「長さ」が定義できる．まず(正値)函数 $|f_n|$ がRiemann可積分だから，階段函数 φ_n があって

$$\varphi_n\leqq|f_n|$$

かつ,

$$\int_I (|f_n(x)|-\varphi_n(x))dx \leqq \frac{\delta}{2}$$

とできる．すると仮定(B)から

$$\int_I \varphi_n(x)dx \geqq \frac{\delta}{2}.$$

もちろん$\varphi_n \geqq 0$と仮定してよい(そうでなかったとしても0以上の部分をとればよい)ので，φ_n自体有界であり，また$|f_n|$で押さえられるから，この列$\{\varphi_n\}$は各点で0に収束する．従って，上の条件(A)(B)(C)は階段函数の列$\{\varphi_n\}$に対しても，δを$\delta/2$で置き換えれば満たされる．今度は$I_n = E(\varphi_n, \varepsilon)$とおけば区間塊となり，上に見た評価(D)(E)が正当化される．即ち，$\varepsilon|I| \leqq \delta/4$なる$\varepsilon$に対し

$$\frac{\delta}{4M} \leqq |I_n|$$

という評価式が成り立つ．

定理は，以上の予備的推論から，区間塊の列$\{I_n\}$に関する次の命題に帰着される[注2]．

▶定理(Arzelà-Youngの被覆定理)

有限区間$I = [a, b]$に含まれる区間塊の列$\{I_n\}$について，その長さが一様に下から$\alpha > 0$で押さえられるとする：

$$|I_n| \geqq \alpha.$$

この時，区間Iには，無限箇のI_nで覆われる点が存在する．即ち，$n_1 < n_2 < \cdots < n_k \to \infty$が存在して

$$\bigcap_{k \geqq 1} I_{n_k} \neq \emptyset.$$

それほど難しそうではないし，少し試みれば証明できそうな見かけをしている．有限の長さの区間Iの中に一定の長さをもった**区間塊**I_nを無限箇詰め込むのだから，どこかは無限回覆われるというのは直観的に正しそうだ．詰め込むI_nが区間なら簡単に言えるだろう．しかし，区間塊はドンドン細かく分かれてもいいのだから……．

この定理の証明は次章に．丁度よい機会だから，読者もそのページ

を開く前に考えてみられるとよい．

注

［注1］ 前章の(注7)にした注意と同じことであるが，事実は，Riemann 可積分函数に対して，上のような集合が Jordan 可測にならないような ε は「量的」には多くない．しかし，もちろんそれをここに使う訳にはいかない．証明を考えれば循環論法に近づいてしまう．しかも直ぐ下で見るように，これを避ける簡単な手だてがあるのだから，執着してはいけない．

ついでに Jordan 可測でないような閉集合の例は Cantor の三進集合の作り方をまねればできる．Cantor 集合自体は Jordan 外測度が 0 なので Jordan 可測になってしまうが，区間を取り去る比率を少しずつ変えれば，内点をもたないが Jordan 外測度が正となる閉集合の例が作れる．

［注2］ 定理に冠された名前(Arzelà-Young の定理)は，J. von Neumann "*Functional Operators*, vol. I: *Measures and Integrals*"(Annals of Math. Studies 21, Princeton Univ. Press) p. 32 にある．但し，その講義録では，測度が導入されたあとに出てくる．敢えて命題を独立させたのは「歴史」を重んじたのかもしれない．

［＊1］ 第3部で詳しく展開する．

第4章 測度への序章

1◉……Arzelà-Youngの被覆定理

前章ではRiemann積分での有界収束定理としてArzelàの定理を採りあげた．考察は，自然に区間塊の列に関するArzelà-Youngの被覆定理に移ったところである．念のため二つの定理を思い出しておこう．（そのプロセスも思い出していただけると有り難い．）

▶定理（Arzelà）

有限区間 $I=[a,b]$ 上のRiemann可積分で一様有界な函数列 $\{f_n\}$ がRiemann可積分な函数 f に I で各点収束するとき，積分と極限の順序交換ができる：

$$\lim_{n\to\infty}\int_I f_n(x)dx=\int_I f(x)dx.$$

これは次の被覆定理の形に帰着された：

▶定理（Arzelà-Youngの被覆定理）

有限区間 $I=[a,b]$ に含まれる区間塊の列 $\{I_n\}$ が，長さが下から一様に

$$|I_n|\geqq\alpha>0$$

と押さえられるならば，I には無限箇の I_n で覆われる点が存在する．即ち，$n_0<n_1<\cdots<n_k\to\infty$ が存在して

$$\bigcap_{k\geqq 0}I_{n_k}\neq\emptyset.$$

以下しばらく，この被覆定理の証明に話を絞る(既に読者は独自の証明を用意しているかもしれない．それはそれで貴重なものである)．まず直観的に考える．これらの区間塊が，互いに交わる部分が小さいとすると，基本的な関係式

$$|A\cup B|+|A\cap B|=|A|+|B|$$

からわかるように，「合併の長さ」はそれぞれの「長さの和」に近くなる．しかし，合併の長さは全体の長さ $|I|$ を越えられないから，交わりは，相応に大きくならないと矛盾する．この考えを組織的に使えば，交わりの大きい部分が取り出せるであろう．しかし，無限を扱うからには，そのような有限箇の交わりだけで話はすまない．この時，自然に思い浮かぶのは「実数論」でおなじみの，有限交叉性の定理である．無限を有限に帰着させる定理で，実際これは，有界閉集合がコンパクトであるという性質(被覆コンパクト性)の別の言い換えである：

▶定理

実数の有界閉集合の族 $\{K_\nu\}$ について，そのうちのどの有限箇の共通部分も空ではないとする．この時，全体の共通部分も空ではない：

$$\bigcap_\nu K_\nu \neq \emptyset.$$

この定理を直接適用するには，Arzelà-Young の被覆定理の区間塊は閉区間塊(区間塊であって閉集合)としたい．それは可能で，そうでなかったとしても，内側に少し削って閉にすればよい．以下そのように仮定する．すると，目的の被覆定理のためには，有界閉区間塊の列 $I_{n_0}, I_{n_1}, \cdots, I_{n_k}, \cdots$ を選び，任意の k に対して

$$I_{n_0}\cap I_{n_1}\cap\cdots\cap I_{n_k}\neq\emptyset$$

となるように取れればよい．実際，上の有限交叉性の定理から，この部分列に対する共通部分

$$\bigcap_k I_{n_k}$$

は空でないので，そこに属する点は区間塊の列 $\{I_n\}$ によって無限回覆われることになり，定理が言える．

まずはじめのI_{n_0}をどのように選ぶか．将来を見据えず選んではすぐに破綻する．一般に区間塊I_nの無限の未来にいたる状況をはかるのに，第一次近似として他の区間塊との共通部分の状態を見よう．我々の前提条件は区間塊の長さで与えられているので，極限

(L)　$\lim_{m\to\infty}|I_n \cap I_m|$

を考えてみる．論理的には二通りの可能性がある．

（イ）　極限(L)が存在して0になる：

（ロ）　極限(L)は存在するしないにかかわらず0には収束しない．

つまり(ロ)は単純に(イ)の否定である．ここで区間塊I_nについて状況が(ロ)だと仮定すると，0に収束することを否定して，正数δ_0と$m_0 < m_1 < \cdots < m_r \to \infty$が存在して，任意の$r$に対して

$$|I_n \cap I_{m_r}| \geqq \delta_0$$

が成り立つということになる．長さを下から押さえる定数は変わってはいるが，我々の出発点である，区間Iとその部分区間塊の列$\{I_n\}$に対する仮定を，区間塊I_nとその部分区間塊の列$\{I_n \cap I_{m_r}\}$に置き換えた状況に他ならない．すると，もし(ロ)を満たす区間塊I_nが存在することが一般的に言えれば，それをI_{n_0}として選び，ついで同じ論法を$I_{n_0} \cap I_{m_r}$に適用してI_{m_r}の中からI_{n_1}を選び，というように順次I_{n_k}が帰納的に選べて

$$|I_{n_0} \cap I_{n_1} \cap \cdots \cap I_{n_k}| \geqq \delta_k > 0$$

とできる．特にこのような$\{I_{n_k}\}$は有限交叉性をもつ．これで定理の証明が終わる．

よって焦点は(ロ)を満たすようなI_nの**存在**を言えばよいことになる．(ロ)の否定が(イ)であることを思い出せば，**すべての**I_nについて(イ)が成り立つと仮定すると矛盾が出ることを示せばよい．この仮定の下では，交わりの長さが小さい区間塊が選べるから，当初の直観的考察の方針どおり，合併の長さが長さの和に近くなる筈で，それができれば確かに矛盾である．以下，これを示そう．

証明：正数εを任意に固定しておく．どんなnに対しても

$$\lim_{m\to\infty}|I_n \cap I_m| = 0$$

なので，番号を充分離せば，区間塊の共通部分の長さをいくらでも小さくできる．従って帰納的に，次のような番号の列 $n_0 < n_1 < \cdots < n_r$ が選べる：

$$|I_{n_s} \cap I_{n_r}| \leqq \frac{\varepsilon}{r2^r} \qquad (0 \leqq s < r).$$

ここで簡単のため $J_r = I_{n_0} \cup \cdots \cup I_{n_r}$ と置く．すると

$$\begin{aligned}|J_{r-1} \cap I_{n_r}| &= |(I_{n_0} \cap I_{n_r}) \cup \cdots \cup (I_{n_{r-1}} \cap I_{n_r})| \\ &\leqq |I_{n_0} \cap I_{n_r}| + \cdots + |I_{n_{r-1}} \cap I_{n_r}| \\ &\leqq \frac{\varepsilon}{r2^r} + \cdots + \frac{\varepsilon}{r2^r} = \frac{\varepsilon}{2^r}.\end{aligned}$$

従って，

$$\begin{aligned}|J_r| = |J_{r-1} \cup I_{n_r}| &= |J_{r-1}| + |I_{n_r}| - |J_{r-1} \cap I_{n_r}| \\ &\geqq |J_{r-1}| + \alpha - \frac{\varepsilon}{2^r}\end{aligned}$$

となる．これらを $r = 1$ から $r = N$ まで加えると

$$\begin{aligned}|J_N| &\geqq |J_0| + N\alpha - \left(\frac{\varepsilon}{2} + \cdots + \frac{\varepsilon}{2^N}\right) \\ &\geqq |J_0| + N\alpha - \varepsilon\end{aligned}$$

が得られる．ここで N を大きくすると $|J_N|$ はいくらでも大きくなるが，もちろん $I \supset J_N$ なので $|J_N|$ は $|I|$ で押さえられる筈で矛盾．（証明終）

以上で Arzelà の定理の証明が済んだ．アイディアの説明も交えたので少々長くなったが，無駄を省いて書けばもっと短くなる．読者は復習を兼ねて整理してみるとよいだろう．証明から明らかだが，議論に土台の空間の次元は無関係なことを注意しておく．

2◉……分岐点に立って

これで一つのヤマを越えた．Riemann 積分版の有界収束定理というかなり強力な定理を手にしたので，それを用いて積分を拡張するこ

とも考えられる．たとえばRiemann積分可能な函数の列が有界で，或る函数に各点収束し，かつ積分値の列が収束しているとき，その値で以て極限函数の積分値とすることができる．この極限函数が必ずしもRiemann積分可能と限らないことは，前章で注意したとおりである．従って確かに積分の定義される函数の範囲は拡張される．このようにして積分が矛盾なく定義されること(つまり極限函数の積分値が，列の取り方によらないこと)の保証はArzelàの定理による．しかしこれでは，単に有界で各点収束した時，常に積分値が収束するのかどうかはわからない．積分値の収束を保証するわかりやすい条件としては，実数値函数について列が単調であればよいが，ともかくこれらを組み合わせて，積分の拡張をしていく工夫もできるだろう．我々は可能性の分岐点にいる．どの方向に次の一歩を踏み出したらよいであろうか．いろいろと「手を読む」のは愉しい．

一つの理論には，いろいろな構成法があるのが通常である．「積分論」に関しても，二分法で2^n通り体系があるとの説が，森毅『現代数学とブルバキ』(東京図書)にある．細かな選択は，それこそ数え切れない．本書は「徹底入門」と銘打っているが，その主旨は，たとえばその2^n通りを説明する，というのでも，どれか一つを一元的に選んで解説するというのでもない．誰かから目的地への「道順」を尋ねられたとき，大事なのは，すべて可能な道を列挙することでもないし，最短の近道を教えることでもない．間違いなくたどり着ける道順を示すのが，親切で適切というものである．積分論では，「教科書」は幹線道路だが，時に渋滞に巻き込まれたり，景色が単調になる危険性がある．我々は，むしろ，歩行者の利点を生かし，渋滞を回避しながら，無理なく目的地に到達する行程を選びたい．一度目的地に着けば，土地鑑が養われ，あとは2^nのどんな道でもすぐに慣れるものである．

せっかくのArzelàの定理ではあるが，これを事実としてだけ用いる「マニュアル的」効率は採らない．むしろその証明を反省すること，それが「徹底入門」の主旨である．結果にも増して重要なのは，その考え方である．

3◉……集合算

Arzelàの定理，或いはArzelà-Youngの被覆定理の証明で「無限回覆われる」というのは一つの鍵であった．ここでそれを正面から見てみよう．一般に集合 X の部分集合の列 $\{A_n\}$ に対し，これらによって無限回覆われる点**全体**を捉えたい．論理的に整理して書いてみると，$x \in X$ が $\{A_n\}$ によって無限回覆われるとは，

「**どんな** n をとっても，それ以上の番号 $p \geqq n$ が**存在**して $x \in A_p$」

と言える．すると，後半部の「番号 $p \geqq n$ が**存在**して $x \in A_p$」となる $x \in X$ の全体は

$$\bigcup_{p \geqq n} A_p$$

に他ならず，従って，それが「**どんな** n」でも成り立つ $x \in X$ の全体は

$$\bigcap_{n} \left(\bigcup_{p \geqq n} A_p \right)$$

と捉えられる．これを集合の列 $\{A_n\}$ の**上極限集合**といい，

$$\varlimsup_{n \to \infty} A_n$$

と書く．名前は，実数列 $\{a_n\}$ の上極限が

$$\varlimsup_{n \to \infty} a_n = \inf_{n} \left(\sup_{p \geqq n} a_p \right)$$

と与えられるのと並行である．これは単なる類似ではない．実数の「切断」のように，実数 a に集合

$$(-\infty, a] = \{x\,;\, x \leqq a\}$$

を対応させると，実数列 $\{a_n\}$ に対応する集合列の上極限集合は，その「切断」が定める実数として，数列の上極限 $\varlimsup_{n \to \infty} a_n$ を与える．そもそも「切断」による「順序完備化」は，集合束が包含関係の順序で完備であることに由来するのだから，対応は当然である．

因みに，集合列の**下極限集合**も

$$\varliminf_{n \to \infty} A_n = \bigcup_{n} \left(\bigcap_{p \geqq n} A_p \right)$$

と定義されるが，その意味は「有限箇の例外 n を除いた全ての A_n に属する点全体」となる．有限箇の例外は点ごとに異なってもよい．二

種類の極限集合は補集合に移って

$$\left(\varliminf_{n} A_n\right)^C = \varlimsup_{n} A_n^C$$

という関係にあることがすぐわかる．

このような極限集合を用いて，集合 X 上の函数列 $\{\varphi_n\}$ が函数 φ に各点収束するということを言い表わすことができる．正数 ε に対し

$$E_n(\varepsilon) = \{x\,;\,|\varphi_n(x) - \varphi(x)| \geqq \varepsilon\}$$

と置く．このとき，$\{\varphi_n\}$ が φ に各点収束するとは，任意の ε に対し

(PC) $\quad \varlimsup_{n\to\infty} E_n(\varepsilon) = \emptyset$

と書ける．ついでに，一様収束なら，任意の ε に対し，有限箇の n を除いて

(UC) $\quad E_n(\varepsilon) = \emptyset$

となる．

一様収束の方は直接的だが，各点収束の方は少しわかりにくいかもしれないので補足する．「数列の収束」が「有限箇の例外を除いて云々」の形式で書かれていることを読み替える．すると

$$\bigcap_{\varepsilon>0}\left(\varliminf_{n\to\infty} E_n(\varepsilon)^C\right)$$

が，$\{\varphi_n\}$ が φ に収束する点全体となる．各点収束するとは，これが全体 X に一致することであるから，補集合に移って(PC)がわかる．潜在的には，前章の Arzelà の定理の分析で既に用いている考えである．

各点収束と一様収束が，上の(PC)と(UC)のように対比されて表わせたので，ついでに，各点収束が一様収束を導く有名な Dini の定理について述べておこう．以下ではそのままの形をあからさまに用いないが，函数を中心にした定式化と構成法で，連続函数の(各点収束)極限函数を使って積分を拡張していく際に，一つの要になる定理である．

▶定理(Dini)

コンパクト空間 X 上の実数値連続函数の単調列 $\{\varphi_n\}$ が連続函数 φ に各点収束するならば，それは一様収束である．

単調とは単調増加または単調減少のことで，たとえば増加なら

$$\varphi_n(x) \leqq \varphi_{n+1}(x)$$

ということである．証明のため，上と同じく $E_n(\varepsilon)$ を定めると，φ_n も φ が連続だから，閉集合となる．また，単調列という仮定から集合列 $\{E_n(\varepsilon)\}$ は減少列となる．すると(PC)の左辺の上極限集合の定義で，内側の $\bigcup_{p \geqq n} E_p(\varepsilon)$ は $E_n(\varepsilon)$ になる．従って，(PC)は単純に

$$\bigcap_n E_n(\varepsilon) = \emptyset$$

と書ける．即ち「コンパクト空間の閉集合の減少列の共通部分が空」となるが，コンパクトの定義から，そのうちの有限箇を除いて空でなくてはならない．つまり(UC)がわかる．最後の部分は，実数の集合(X が有界閉集合)だったら，上で使った「有限交叉性」の定理に他ならない．

4●……測度に向けて

前節では，集合を用いて「各点収束すること」を言い表わす方法を述べた．一旦それがわかると，Arzelà-Young の被覆定理も，少し別の見方ができる．その中に出てきた区間塊 I_n は丁度 $E_n(\varepsilon)$ に当たるもので，もとの函数を階段函数で置き換えた場合にでてくる．前節で見たように，各点収束の仮定は

$$\varlimsup_{n\to\infty} I_n = \emptyset$$

となるが，これが $|I_n| \geqq \alpha > 0$ という仮定と相容れないことを示せばよいことになる．上極限集合の定義に戻ると

$$B_n = \bigcup_{p \geqq n} I_p$$

と置くとき，$\{B_n\}$ は減少列で

$$\varlimsup_{n\to\infty} I_n = \bigcap_n B_n$$

である．この時，$|I_n| \geqq \alpha > 0$ ならば B_n の定義から，その Jordan 内測度 $|B_n|_*$ は α 以上ある[注1]．すると直観的には，その減少列の共通部分の「大きさ」も α 以上あると期待される．それが示されれば，単に「空でない」という以上に「量的」な評価が得られ，より精密な言

明となる．その線で少し考えてみよう．先ほどの証明と比べると，「近似」の度合いを高めるという意識が入り，直観が効きやすくなる．

正数 ε を任意に固定する．Jordan 内測度 $|B_n|_*$ の定義から次のような区間塊 J_n が取れる：

$$B_n \supset J_n, \qquad |J_n| \geqq |B_n|_* - \frac{\varepsilon}{2^n}.$$

区間塊 J_n は閉区間塊だとしてよい．ここで

$$K_n = J_1 \cap J_2 \cap \cdots \cap J_n$$

と置けば，$\{K_n\}$ は区間塊の減少列となる．この時，

$$(*) \qquad |K_n| \geqq |B_n|_* - \left(1 - \frac{1}{2^n}\right)\varepsilon$$

が成り立つ[注2]．証明は n に関する帰納法でできる．整理のため，帰納法の一段階分を補題の形にまとめておこう．下の補題(1)を用いるのに $B = B_{n-1} \supset B' = B_n$ と $J = K_{n-1}$，$J' = J_n$ 及び $\delta' = (1/2^n)\varepsilon$ とし，帰納法の仮定 $\delta = (1-1/2^{n-1})\varepsilon$ に適用するのである．

▶補題

（1） 集合 $B \supset B'$ と，それぞれに含まれる区間塊 $B \supset J$ と $B' \supset J'$ について，内測度の差が

$$|J| \geqq |B|_* - \delta, \qquad |J'| \geqq |B'|_* - \delta'$$

と評価されるなら

$$|J \cap J'| \geqq |B'|_* - \delta - \delta'.$$

（2） 集合 $B \subset B'$ と，それぞれを含む区間塊 $B \subset J$ と $B' \subset J'$ について，外測度の差が

$$|J| \leqq |B|^* + \delta, \qquad |J'| \leqq |B'|^* + \delta'$$

と評価されるなら

$$|J \cup J'| \leqq |B'|^* + \delta + \delta'.$$

証明：(1)も(2)も同様だから(1)のみ示す．

$$|J \cap J'| + |J \cup J'| = |J| + |J'| \geqq |B|_* - \delta + |B'|_* - \delta'$$

で，左辺については

$$B = B \cup B' \supset J \cup J'$$

だから$|B|_* \geqq |J \cup J'|$に注意すればよい.　　(証明終)

Arzelà-Youngの被覆定理に戻って，$|I_n| \geqq \alpha > 0$の仮定の下では，(*)から$\bigcap_n B_n \neq \emptyset$が既に得られている．実際，

$$(**) \qquad \bigcap_n B_n \supset \bigcap_n K_n$$

で，(*)は

$$|K_n| \geqq \alpha - \varepsilon$$

を導き，εをαより小さくとっておけば，有界閉集合の減少列$\{K_n\}$がどれも空でないことを示す.

量的な結論も目と鼻の先にある．ここにでてきた(有界)閉区間塊の減少列$\{K_n\}$の共通部分を考える時，次の命題は定義から直ちに出るように思える.

▶定理 1

有界閉区間塊の減少列$\{K_n\}$について，その共通部分のJordan外測度は

$$\left|\bigcap_n K_n\right|^* = \lim_n |K_n| = \inf_n |K_n|$$

と与えられる.

実は，この命題は「アタリマエ」ではない.「定理」としたのは，あとでLebesgue測度を定義する際の要だからでもあるが，何故アタリマエでないのかは，よくよく考えないとわかりにくい．その説明と証明は少し後に廻すことにして，これと(*)から得られる「量的」な結論を先に述べておこう.

▶定理 2

有界集合の減少列$\{B_n\}$について，その共通部分のJordan外測度は，そのJordan内測度の極限で下から押さえられる：

$$\left|\bigcap_n B_n\right|^* \geqq \lim_n |B_n|_* = \inf_n |B_n|_*.$$

定理2の証明：今までの議論のように J_n, K_n をとる．右辺の極限を β と置くと(*)より

$$|K_n| \geqq \beta - \varepsilon$$

である．関係(**)から

$$\left|\bigcap_n B_n\right|^* \geqq \left|\bigcap_n K_n\right|^*$$

で定理1から，この右辺は $\lim_n |K_n|$ に等しいが，すぐ上で見たように $\beta-\varepsilon$ で下から押さえられる．正数 ε は任意だから，定理が得られる．（証明終）

ついでに言うと，定理2で，列の向きを逆にし，内測度と外測度を入れ替えても，同様な結論が得られる．また，定理2で考える集合がすべてJordan可測だとすると右辺の内測度は外測度と等しいから，逆向きの不等号も成り立つ．従って次の定理が得られる[注3]．形式的には定理1の拡張である．さらに定理3では，左辺の共通部分や合併がJordan可測の場合を考えると，Jordan測度の一種の「連続性」を示していると思えるし，またその時はArzelàの定理の特別な(集合の示性函数に対する)場合である．

▶定理3

（1） Jordan可測集合の減少列 $\{B_n\}$ について，その共通部分のJordan外測度は，測度の列の極限で与えられる：

$$\left|\bigcap_n B_n\right|^* = \lim_n |B_n| = \inf_n |B_n|.$$

（2） Jordan可測集合の増加列 $\{B_n\}$ について，その合併のJordan内測度は，測度の列の極限で与えられる：

$$\left|\bigcup_n B_n\right|_* = \lim_n |B_n| = \inf_n |B_n|.$$

さて，定理1だが，まず証明を先に片づけておこう．

定理1の証明：簡単のため $K = \bigcap_n K_n$ とおくと，$K \subset K_n$ だから

$$|K|^* \leqq \inf_n |K_n|$$

は明らか．逆が問題である．正数 ε を任意に取る．定義から，区間塊 U で

$$U \supset K, \qquad |K|^* + \varepsilon > |U|$$

となるものがある．ここで U は開区間塊としてよい．すると

$$U \supset K = \bigcap_n K_n$$

なので

$$\emptyset = U^c \cap \left(\bigcap_n K_n \right) = \bigcap_n (U^c \cap K_n).$$

即ち，有界閉集合の減少列 $\{U^c \cap K_n\}$ の共通部分が空となり，有限交叉性の定理(被覆コンパクト性)によって，そのうちの有限箇で既に空でなくてはならない．つまり，或る N で $U \supset K_N$ が成り立ち，これは

$$|K|^* + \varepsilon > |U| \geqq |K_N| \geqq \inf_n |K_n|$$

を導く．正数 ε は任意だから

$$|K|^* \geqq \inf_n |K_n|$$

で逆も示された． (証明終)

証明は，既に見たDiniの定理の証明そのものである．実際，連続函数で話をするか，対応する集合で話をするかの違いだけで，全く本質を共有する定理である．すべてはコンパクト性を中心に廻っている．

さて，定理1が自明でない点とはどこにあるか．上で，敢えて言及しなかったことだが，定理1，定理2の右辺の等式では，**実数の減少列** $\{a_n\}$ について

$$\lim_n a_n = \inf_n a_n$$

という一般的事実を用いている．同じ減少列でも，実数ならよくて集合なら明らかではない．この違いは，実数の集合が**全順序**であって，集合の包含関係の方はそうでない，という点にある．つまり，上で取った「関所」U は実数のように全順序なら，そこを通らずには目的地にたどり着けないが，全順序でない「包含関係」なら一般にいくらで

も抜け道があるということなのである．コンパクト性から，無限のものごとを有限に帰着させられ，U も関所の面目を保つことができる．各点収束と一様収束の違いを，もう一度反省してみるきっかけになるだろう．

本章は証明も多かったが，同じことをいろいろに言い換えている部分も多い．しかしながら，これで「測度」を定式化する基本的性質は実質でた．次章では，そこを整理して Lebesgue 測度の定義に入る．

注

［注 1］ Arzelà-Young の被覆定理の証明が終わった時点で注意したが，定理は次元に関わらず成り立つ．2 次元なら「内面積」と言うところだが，今は代わりに，一般的な「Jordan 内測度」を使う．1 次元に話を限って「内長」なんて見慣れない言葉は発明したくないところだ．

［注 2］ 厳密に言うため，帰納法を用いたが，直観的には次のように考えてもよい．差集合 $e_n = B_n \backslash J_n$ を考えると，この「誤差」e_n の「大きさ」は $|B_n|_* - |J_n|$ で表わされているだろう．分配法則から

$$
\begin{aligned}
B_n &= B_1 \cap B_2 \cap \cdots \cap B_n \\
&= (J_1 \cup e_1) \cap \cdots \cap (J_n \cup e_n) \\
&= (J_1 \cap \cdots \cap J_n) \cup (e_1 \cap \cdots) \cup \cdots \cup (e_n \cap \cdots) \\
&\subset (J_1 \cap \cdots \cap J_n) \cup (e_1 \cup \cdots \cup e_n)
\end{aligned}
$$

で B_n と $J_1 \cap \cdots \cap J_n$ の差が $e_1 \cup \cdots \cup e_n$ で評価される．

今は減少列であったが，増大列でも同様である(形式的には，よりやさしい)．但し，内(外)測度では，加法性が成り立っていないから，上の説明は厳密ではなく，飽くまで「感覚的」乃至は「発見的」理解である．

［注 3］ 次のような例は定理 2 や定理 3 に抵触しない．反例ではないから，混乱しないようにしたい．

$$
A_n = \left\{ \frac{k}{2^n} ; k = 0, 1, \cdots, 2^n \right\}, \qquad B_n = [0, 1] \backslash A_n
$$

とするとき

$$
|A_n| = 0, \qquad \left| \bigcup_n A_n \right|^* = 1;
$$

$$
|B_n| = 1, \qquad \left| \bigcap_n B_n \right|_* = 0.
$$

第 5 章

可測集合と測度

1●……近似手段の整備

前章までに Riemann 積分に関する有界収束定理である Arzelà の定理を証明した．その過程で集合の「大きさ」を示す Jordan 測度や Jordan 内(外)測度，及びその極限に関する振る舞いが自然な形で現われた．同じ「有界収束定理」の証明でも "L 様" 収束定理と Arzelà の定理(どちらも第 3 章)を比べると，前者が直接評価であったのに対し，後者は間接的な帰謬法という違いが見られる．基本的考えは同じなのに，この差は，後者では必要な集合の「大きさ」を測る手段が不足していたという点に集約されるだろう．本章ではいよいよ「集合の大きさ」を測る手段の整備，即ち「測度論」の入り口に到達する．

「測度論」にもいろいろな定式化があるが，実質上我々は必要部分を前回までにかなり済ませている．その意味では繰り返しの感が強いかもしれない．いずれにせよ，すべて今までの延長上に直接つながる．

初心に戻り，第 1 章の「面積」の定義を思い出す．区間塊による内と外からの近似で，双方が一致するとき「面積確定」とした．同じことを「区間塊」の代わりに「面積確定な図形」を用いて行なっても，測れる図形は「面積確定」の範囲を出ない(練習問題！)．そこで，内と外からの近似に用いる図形の範囲を拡げることを考える．より複雑な図形を用いれば，近似の度合いが増して，精密に測定できるだろうというのだ．でも具体的にはどうすればよいのだろうか．

前章の最後で「無限に覆われる」部分の「大きさ」の下からの評価に，**コンパクト集合の Jordan 外測度**が現われたことを思い出すと，一般に内からの測定をこれで行なうことが思い浮かぶ．外からは，内と外を反転して**開集合の Jordan 内測度**を用いる．何度も注意するが，一般のコンパクト集合や開集合は Jordan 可測とは限らないから，Jordan **外**測度や Jordan **内**測度に於いて，太字部分を落としては内や外からの「測定値」自体が定義できない．用いる「物差し」を開集合とコンパクト集合にすると，区間塊と比べ，如何にも細やかな測定ができそうだ．但し，うっかり，外から開集合の Jordan 外測度，内からコンパクト集合の Jordan 内測度などとしては Jordan 可測性から出ないことは言うまでもない．

測る手段の精密化の「理念」はわかったが，一体それでうまく行くのか．「実現」の保証はどこにあるのだろう．そもそも「区間塊」で測定する際は，その範囲で「有限加法的」であった．そこから出発したからこそ，内測度，外測度が，それぞれ優加法性，劣加法性をもち，Jordan 可測集合(「面積確定」な図形)に対し「有限加法的」な測度が延長された．今度は，弱い性質の内測度・外測度から出発するので，得られる性質がよいかどうか危い．疑問は尤もである．しかし，我々は近似に用いる図形を，コンパクト集合や開集合に限る．この点が鍵である．実際その限定の下，アタリマエでない性質を前章の最後あたりに定理 1 で見た．次の定理は本質的に同じものである．

▶定理 1

(1) Jordan 外測度はコンパクト集合の減小列に対し連続である．即ち，$\{K_n\}$ をコンパクト集合の減小列とすると，その共通部分の Jordan 外測度は

$$\left|\bigcap_n K_n\right|^* = \lim_n |K_n|^* = \inf_n |K_n|^*$$

と与えられる．

(2) Jordan 内測度は有界開集合の増大列に対し連続である．即ち，$\{U_n\}$ を有界開集合の増大列とすると，その合併の Jordan 内測度は

$$\left|\bigcup_n U_n\right|_* = \lim_n |U_n|_* = \sup_n |U_n|_*$$

と与えられる．

実際，定理の(1)の証明は前章の定理1そのままである．(2)も同様だが，念のため復習も兼ねて概略を述べると，$U=\bigcup_n U_n$ と置き $\sup_n |U_n|_* \geqq |U|_*$ を示せばよい(逆向きの不等号は明らかである)．正数 ε をとり，コンパクト区間塊 J で

$$U \supset J, \qquad |J| > |U|_* - \varepsilon$$

となるものをとる．ところが

$$\bigcup_n U_n = U \supset J$$

で，J はコンパクトだから，実は或る N で $U_N \supset J$．よって

$$\sup_n |U_n| \geqq |U_N| \geqq |J| > |U|_* - \varepsilon$$

で ε は任意だから

$$\sup_n |U_n| \geqq |U|_*.$$

証明はコンパクト性を利かせる点でも全く(1)と同じだし，もちろん直接関係づけようとすれば，補集合に移るという手もある．さて，これを使うとコンパクト集合の Jordan 外測度，また開集合の Jordan 内測度が次の形の「加法性」を持つことがわかる．

▶定理 2

コンパクト集合 K, L 及び，有界な開集合 U, V について次の等式が成り立つ．

(1) $|K \cup L|^* + |K \cap L|^* = |K|^* + |L|^*$,

(2) $|U \cup V|_* + |U \cap V|_* = |U|_* + |V|_*$.

証明：(1)も(2)も同様だから(2)のみ示す．開集合 U, V に対し，開区間塊の増大列 U_n, V_n をとって，

$$U = \bigcup_m U_m, \qquad V = \bigcup_n V_n$$

とできる．実際，開区間塊全体は開集合の基を成すことに注意すればよい(下の補題 A, B 参照)．このとき，

$$U \cup V = \bigcup_{m,n} (U_m \cup V_n),$$

$$U \cap V = \bigcup_{m,n} (U_m \cap V_n)$$

に注意しつつ，区間塊で成り立つ等式

$$|U_m \cup V_n|_* + |U_m \cap V_n|_* = |U_m|_* + |V_n|_*.$$

の $m, n \to \infty$ という極限をとれば，定理1(2)から，そのまま極限の等式に移行する．より細かく言うと，例えば2段階に分けて

$$\lim_{m \to \infty} |U_m \cup V_n|_* = |U \cup V_n|_*$$

$$\lim_{n \to \infty} |U \cup V_n|_* = |U \cup V|_*$$

などとしてやれば明確である．（証明終）

極限と上限や下限の違いが，等式と不等式の差となっていることに注意したい．さて，これで内と外の近似をコンパクト集合と開集合で行なう準備ができた．定理2の証明で使った区間塊での近似を一応きちんと述べておく[注1]．以下の補題A, Bを組み合わせれば，開集合は内から開区間塊で，コンパクト集合は外からコンパクト区間塊で，それぞれ単調列で近似できることがわかる．

▶補題 A

開集合 U とそれに含まれるコンパクト集合 K に対し，

$$U \supset J \supset K$$

なる区間塊 J がとれる．この区間塊 J は開にでもコンパクトにでもとれる．

証明の概略：「開区間塊全体は開集合の基を成すこと」から，開集合 U は，そのなかに含まれる開区間塊全体の合併であり，またコンパクト集合 K は，それを含むコンパクト区間塊全体の共通部分となる．この時，定理1と同じくコンパクト性を使うと，この内の或る開区間塊が K を覆い，また或るコンパクト区間塊が U の部分に入る．（証明終）

▶**補題 B**

距離空間では，閉集合はそれを含む可算箇の開集合の共通部分として書ける．同様に開集合はそれに含まれる可算箇の閉集合の合併として書ける．

証明の概略：二点 p, q の距離を $d(p, q)$ と書く．点 p と部分集合 S の距離 $d(p, S)$ を

$$d(p, S) = \inf_{s \in S} d(p, s)$$

で定義する．この時，距離に対する三角不等式から，

$$d(p, q) + d(q, S) \geqq d(p, S)$$

が成り立つ(練習問題！)．集合 S に対して

$$S_{(\varepsilon)} = \{p\ ;\ d(p, S) < \varepsilon\}$$

と置くと，上に見た三角不等式から $S_{(\varepsilon)}$ は開集合であることがわかる．ここで S の閉包を $\bar{S}$ と書くとき，

(Cl) $$\bigcap_{\varepsilon > 0} S_{(\varepsilon)} = \bar{S}$$

である．実際，点 p が左辺に属することは，p に任意に近い S の点があることだから，p が S の閉包に属することと同値である．この式で走る $\varepsilon > 0$ は $1/n$ $(n = 1, 2, \cdots)$ でも同じだから，補題の主張が閉集合に対して成り立つ．開集合の場合は補集合に移ればよい．　　　　（証明終）

距離函数の連続性から $S_{(\varepsilon)}$ の閉包は閉集合

$$S_{\varepsilon} = \{p\ ;\ d(p, S) \leqq \varepsilon\}$$

に含まれる．また，補題 B の証明から直ちにわかるように，

(Cl*) $$\bigcap_{\varepsilon > 0} S_{\varepsilon} = \bar{S}$$

でもある．

2◉……Lebesgue 可測集合の定義

以上の準備のもと，新たな近似手段を導入する．まずは，有界の場

合だけを済ませることにして，以下さしあたり集合は任意に固定された或る有界区間塊に含まれているものとする．形容詞「有界」はできるだけつけるが，くどい場合は落とすこともある．

有界集合 A に対し，既定の方針どおり

$$\mu_*(A) = \sup_{K:\text{コンパクト}} \{|K|^*; K \subset A\},$$

$$\mu^*(A) = \inf_{U:\text{開集合}} \{|U|_*; A \subset U\}$$

を考える．このように定義された $\mu_*(A), \mu^*(A)$ をそれぞれ A の **Lebesgue 内測度**，**Lebesgue 外測度**という．記号 μ は measure（測度）に因む．補題 A から，開集合 U と，それに含まれるコンパクト集合 K について，$|U|_* \geqq |K|^*$ がわかるから一般に

$$\mu^*(A) \geqq \mu_*(A)$$

が成り立つ．**有界**集合が **Lebesgue 可測**とは，等号 $\mu_*(A) = \mu^*(A)$ が成り立つときいう．この時，共通の値で A の **Lebesgue 測度**を定め，$\mu(A)$ と記す．以下しばしば単に**可測**とか**測度**と略する．Jordan 式との比較をすると，定義に用いられるコンパクト集合と開集合を，コンパクト区間塊と開区間塊に置き換えたものが，それぞれ Jordan 内測度，Jordan 外測度に他ならないから

(JL)　　$|A|^* \geqq \mu^*(A), \quad \mu_*(A) \geqq |A|_*$

である．つまり確かに Lebesgue 式の方が測定は精密になっており，特に，Jordan 可測なら Lebesgue 可測である．この内外の測度に対して，第 1 章の最後あたりで示したのと全く同様に，優加法性，劣加法性が成り立つ：

$$\mu_*(A_1 \cup A_2) + \mu_*(A_1 \cap A_2) \geqq \mu_*(A_1) + \mu_*(A_2),$$

$$\mu^*(A_1 \cup A_2) + \mu^*(A_1 \cap A_2) \leqq \mu^*(A_1) + \mu^*(A_2).$$

これらの根拠は定理 2 である．この優・劣加法性から，Lebesgue 可測集合 A_1, A_2 に対する測度の加法性

$$\mu(A_1 \cup A_2) + \mu(A_1 \cap A_2) = \mu(A_1) + \mu(A_2)$$

が言えるのは，やはり第 1 章で見たのと同じである．

幾つか基本的なことを確認する．まず，測定の基本となる有界な開集合 U 及びコンパクト集合 K については，自明な包含関係 $U \supset U$;

$K \supset K$ から

$$|U|_* \geqq \mu^*(U); \quad \mu_*(K) \geqq |K|^*$$

であり，不等式(JL)を併せると Lebesgue 可測性と，

$$|U|_* = \mu(U); \quad \mu(K) = |K|^*$$

がわかる．従って開集合とコンパクト集合には，今まで Jordan 内測度・外測度と言っていたものは，Lebesgue 測度そのものだと確認される．そう認識すると外と内の役割分担が生じた開集合やコンパクト集合は，集合の差を取る操作について閉じていないので，定理2だけでは何か足りないような不安もあったが，そこを補う等式

$$\text{(CO)} \qquad |U|_* = |U \cap K^c|_* + |K|^*$$

も測度の加法性から当然出る．但し，U は有界開集合で，K は U に含まれるコンパクト集合である．また，一般に有界集合 A と B, B' について $A = B \cup B'$, $B \cap B' = \emptyset$ となっている時

$$\mu^*(A) \geqq \mu^*(B) + \mu_*(B') \geqq \mu_*(A)$$

が成り立つ．これも第1章の補題と同じであるが，根拠はすぐ上に見た(CO)である．特に A が可測の場合は，この不等式で両端が等しくなるから等式となり，その部分集合 B の外測度と内測度の関係が

$$\mu^*(B) = \mu(A) - \mu_*(A \cap B^c)$$

と相補的になっていることがわかる．また，可測集合は(相対的)補集合についても閉じていることも同時にわかる．

次の性質は外測度の劣加法性と，相対的補集合に対する外測度・内測度の不等式から容易にわかる．(2)は Carathéodory 式の理論構成では可測性の定義として用いられる．

▶練習問題

（1） 有界集合 A が Jordan 可測であるための必要充分条件は，任意の有界集合 X に対し

$$|X|^* = |X \cap A|^* + |X \cap A^c|^*$$

が成り立つことである．

（2） 有界集合 A が Lebesgue 可測であるための必要充分条件は，任意の有界集合 X に対し

$$\mu^*(X) = \mu^*(X \cap A) + \mu^*(X \cap A^c)$$

が成り立つことである．

3 ◉ Lebesgue測度の性質

今までのところでは，まだ新しい測定法の利点は見えていない．定理1は，測定基準のコンパクト及び開集合の単調列に対する「測度の連続性」を述べているが，それを用いると，Lebesgue式の内測度・外測度の連続性が得られる[注2]．内測度と外測度は相補的なので，互いに他の性質を導き出す．それを踏まえて，以下では外測度についてのみ性質を述べる．

▶定理3

有界集合の増大列に対し，Lebesgue外測度は連続である．即ち，$\{B_n\}$ を有界集合の増大列で，その合併 B も有界とすると，その外測度は

$$\lim_n \mu^*(B_n) = \mu^*(B)$$

と与えられる．

証明：まず $B_n \subset B$ ゆえ $\lim_n \mu^*(B_n) \leqq \mu^*(B)$ は明らか．逆が問題．正数 ε をとって，開集合 U_n を

$$B_n \subset U_n, \qquad \mu(U_n) \leqq \mu^*(B_n) + \frac{\varepsilon}{2^n}$$

ととる．ここで $V_n = U_1 \cup U_2 \cup \cdots \cup U_n$ と置くと，これは開集合の増大列で，前回の補題と同様に

$$\mu(V_n) \leqq \mu^*(B_n) + \varepsilon$$

が成り立つ．極限をとると，定理1から

$$\mu\left(\bigcup_n V_n\right) = \lim_n \mu(V_n) \leqq \lim_n \mu^*(B_n) + \varepsilon$$

だが，$B_n \subset V_n$ 従って $B = \bigcup_n B_n \subset \bigcup_n V_n$ より

$$\mu^*(B) \leqq \mu\left(\bigcup_n V_n\right)$$

よって $\mu^*(B) \leqq \lim_n \mu^*(B_n) + \varepsilon$ が得られ，正数 ε は任意だから，

逆向きの不等式も成立.　(証明終)

▶定理 4

有界可測集合の増大列に対し，その合併が有界なら可測であり，また測度は連続である．即ち，$\{B_n\}$ を可測集合の増大列で，その合併 B も有界とすると，測度は

$$\lim_n \mu(B_n) = \mu(B)$$

と与えられる.

減小列についても同様である.

証明：定理 3 から $\lim_n \mu^*(B_n) = \mu^*(B)$ だが，可測性を使うと $\mu^*(B_n) = \mu_*(B_n) \leqq \mu_*(B)$，よって $\mu^*(B) \leqq \mu_*(B)$．逆向きの不等式は常に成り立つから，これは等号となり，B は可測.

(証明終)

有界性の仮定を常につけるのでは，たしかにうるさいので，一般の場合に可測性を定義しておく．集合 A が**可測**であるとは，任意の有界可測集合 B に対し $A \cap B$ が有界可測であるときいう．測度については

$$\mu(A) = \sup_{B：有界可測} \{\mu(B)\,;\, B \subset A\}$$

と定義する．この場合は値として ∞ を許さざるを得ない．また $\{A_n\}$ が有界可測集合の単調増大列で，合併が A となるものとすると

$$\lim_n \mu(A_n) = \mu(A)$$

が成り立つ．左辺 $\leqq$ 右辺，は明らかだから，逆を示す．実数 a を $\mu(A) > a$ に任意にとり，A に含まれる有界可測集合 B を $\mu(B) > a$ ととる．この時，定理 4 を用いると

$$\lim_n \mu(A_n) \geqq \lim_n \mu(A_n \cap B) = \mu(A \cap B) = \mu(B) > a$$

で a は任意だから，逆向きの不等号が言える.

従って定理 4 で，**増大列**なら有界性の仮定は必要ない．減小列につ

いては，可測性自体は同じことだが，

$$A_n = [n, \infty), \qquad \bigcap_n A_n = \emptyset$$

を見ればわかるように,「測度の連続性」は有界性を落としては無条件では成り立たない．Lebesgue 積分になると何でも成り立つように錯覚する人がいるが，無限に対して無神経になっていい筈がない．我々がはじめから「有限と無限」の区別を強調するのは，その差異を些細なものとして埋没させないためであった．

ともかくこれで，可測集合について，可算操作について閉じていることが示される．例えば可測集合の列 $\{A_n\}$ について

$$\bigcup_n A_n, \qquad \bigcap_n A_n;$$

$$\overline{\lim_{n\to\infty}} A_n = \bigcap_n \Bigl(\bigcup_{p \geqq n} A_p\Bigr), \qquad \underline{\lim_{n\to\infty}} A_n = \bigcup_n \Bigl(\bigcap_{p \geqq n} A_p\Bigr)$$

はすべて可測である．はじめの二つは単調列に書き換えられるのでよいし，それがわかれば残りの二つもわかる．また互いに疎な可測集合の列 $\{A_n\}$ については

$$\mu\Bigl(\bigcup_n A_n\Bigr) = \sum_n \mu(A_n)$$

が成り立つ．これは測度の**可算加法性**である．このような極限操作は Jordan 可測性では許されず，それが原因で Riemann 積分のさまざまな窮屈さと中途半端さを生み出している．逆に Lebesgue 可測まで至ると,「普通」の集合はすべて可測であり，非可測集合を見いだすには「選択公理」を使わねばならないほどである．

さて集合が測度ゼロの時，零集合(null set)という．零集合の例外を許して述べるのに,「殆どいたるところ」(almost everywhere)とか「殆どすべての」(almost all)などの言い廻しをする．便利な用語である．一点集合は零集合であり，零集合の可算箇の合併も零集合だから，測度正の可測集合は決して可算集合ではあり得ない．特に実数全体は可算ではない．この無限集合の濃度の差の例は G. Cantor によって発見された(1874)が，最初の証明は有名な「対角線論法」ではなくて，実数の連続性を直接使うものであった．実数の集合の多寡を測る方法としては，この「濃度」のほかに「位相」的な概念もあるし，ここで展開している「測度」もある．これら三つの重要な概念が Fourier 級数

の収束問題に深く関わって生まれた歴史にも注意したい[注3].

4◉……積分と可測函数

可測性の整備によって，土台の集合の方で融通性が増し，函数の積分についても世界はずっと広がった筈である．非有界の場合は後廻しとして，はじめは或る有界可測集合 E を固定し，そこで考えよう．第2章の最後に注意したが，階段函数の代わりに，(有界)可測集合の示性函数の線型結合を考え，それにまず積分を定義することが考えられる．この「段々畑」のような函数は単函数という名前がついている．単函数の積分は第2章で，階段函数に対して述べたことをそのまま移してくれればよい．復習すると，可測集合 B_p に対して

$$\varphi(x) = \sum_{p=1}^{r} c_p \cdot 1_{B_p}(x)$$

という形の函数が単函数であり，その積分を

$$\int_E \varphi(x)dx = \sum_{p=1}^{r} c_p \mu(B_p)$$

と定義する．さらに(有界)函数 f が単函数列 $\{\varphi_n\}$ の一様極限になっているなら，その単函数の積分の列は Cauchy 列になっているので，

$$\int_E f(x)dx = \lim_n \int_E \varphi_n(x)dx$$

と定義することができる．既知の単函数から外延的に積分を拡張するのは，これでよい．新しい方法を導入するまでもなく，今までと何ら変わることのない積分の拡張方法である[注4].

有界函数については，単函数の一様極限となっているものとして**可測函数**を定義してもいい．これは外延的定義である．しかし1次元での方正函数のときのように，内包的な特徴付けがあればより望ましい．そして函数の可測性は普通そのようになされる．

いきなり定義に行く前に，連続函数の定義を思い出そう．連続函数，或いは少し一般にして連続写像(内容は同じだが，「函数」と言うと「行き先」が「数」だという意識がある)には，まず「極限」を保つものだという定義法がある．例えば微積分で習うエプシロン・デルタ式の定義はその方式である．その一方，少し抽象化して，位相空間論で

用いる定義形式は「開集合の逆像が開集合」というのが一般的である．位相を「開集合」で定義するので，この形に安定感がある．

写像の可測性も「可測集合の逆像が可測集合」と定義するのが形式として好まれる．そのような話を体系的にするのには，「可測空間」「測度空間」の定式化をした方がよいが，そもそもは「有界収束定理」を中心に，測度と積分の入門をするのがここでの目的である．天下り的の定義はできるだけ排除したいし，形式的な話には深入りせずに済ませたい．そこで若干の注意をしつつ，定義の背景を解説したい．

先ほどは「写像」と「函数」は同じようなものとしたが，実は色々な違いがある．ここでは「積分」が主体だから「函数の積分ができる」ためには函数値はベクトル空間にとらなくてはならないだろう．スカラー倍と加法がちゃんと定義された空間でないと，例えば単函数の積分ですら定義できない．また，それだけでは足りず，極限操作もできないといけない．「数」はもちろんこれらを満たす「値」の空間である．では，一方の「写像」は，どのような文脈で話に入るかというと，「変数変換」のような場合である．つまり，

$$f : X \to V; \quad g : Y \to X$$

で V がベクトル空間(または「数」空間)，X, Y が「測度」の定義された空間の時，f の積分のためには V には「測度」の概念は必要はないが，f と g の合成 $f \circ g : Y \to V$ の積分のためには X と Y の「測度」の整合性が必要となる．それが g の「可測性」である．従って，これら二つは微妙な違いがあって当然である．本来は「可積分性」と「可測性」の概念は分けて定義する方が自然と言える．しかし，函数でも「数」や「有限次元ベクトル空間」に値をとる場合では「可測性」を優先しても実質同じになる．このようなことが強調される教科書は多くないが，我々のモットー「徹底入門」なので一応述べておいた[注5]．

可測函数とその積分については次章に．

注

［注1］　実際は，列による極限(補題 B)を使う必要はなく，定理 1 の証明を直

接応用することで

$$|K\cup L|^*+|K\cap L|^* \geqq |K|^*+|L|^*,$$
$$|U\cup V|_*+|U\cap V|_* \leqq |U|_*+|V|_*.$$

が示せる(逆向きの不等式は，第1章に証明した一般的な劣加法性と優加法性)．理解を深めるには，この「別証」も確認するのがよい．「徹底入門」なので少し細かく注意するが，定理1では「列」という可算性の条件は不要で，定理2の証明も余計な補題Bは用いないのが本当はよい．にも拘わらず，このように証明したのは，多くの本で用いられている「外測度」の定義と性質が可算性に依拠するので，比較できる形にしたのである．また，直観的にはそれがわかりやすいだろう．さらに補題Bは後でも使う「ついで」がある．「測度論」における可算性の由来についても，無反省に受け入れるのではなく，「こだわり」を持ってきちんと考える，というのが「徹底入門」の主旨に適う．定理2で，いちいち定理1に戻らず議論を進めるには，列でなく有向集合(或いはフィルター)の収束で考えておけばよい．入門講座では，しかし，本文でそれを行なうのは適切ではなかろうというので[注]に出て説明しているわけだ．

[注2] 定理3では可算性を使う．可算性が入ってくるのは，正の数を幾つか(一般に可算より大きい濃度の無限箇)足して有限になるなら，実は高々可算濃度でなければならないからである．測度や積分で「列」に話を限定する理由の一つである．

[注3] Cantorは集合の多寡を位相的に捉えようとした．その追究の過程で無限順序数，次いで無限集合の濃度の概念に至った．本文で触れる余裕はなかったが，R. Baireの函数列の極限に関する研究もこのような前史に入る．Baireのカテゴリー定理の証明がCantorの実数の非可算性の最初の証明と類似している点，特にBaireの定理からも実数の非可算性が証明できる点などにも注意したい．Baireカテゴリー性は測度論と形式的に類似した面もあるが，理論的には「双対」であり，質は大分違う．

[注4] 普通はRiemann積分は縦割りで，Lebesgue積分は横割り，という違いが強調される．では我々の定義で，それがどこで交叉してしまったのか．まず，階段函数では，どちらでも同じということもあるが，実は「一様収束」というのはもともと「横割り」の考えなのである．そちらを優先すれば必然Lebesgue式になる．Lebesgue積分は，一様収束から離れて自由になったのではなく，一様収束に容易に持ち込める自由な形式を獲得したのだ．

[注5] Bourbakiの積分論で「可測性」の定義がヤヤコシイのは，より一般的な状況を想定しているからである．

第6章 積分論への出発

1◉……可測函数と積分

前章の最後，函数や写像の可積分性と可測性に対する微妙な違いについて注意したが，本章は「普通」の定義を採用して話を始める．**函数** $f: X \to Y$ が**可測**とは，任意の開集合 $U \subset Y$ に対し，逆像 $f^{-1}(U)$ が可測集合であるとき言う．函数の定義域 X は N 次元空間 $\mathbb{R}^N$ 或いはその可測な部分集合とする．値の空間 Y の方は「数」である実数，複素数，或いは一般にその上のベクトル空間でよい．但し，ベクトル空間が無限次元だと正確な条件はウルサイので有限次元とする．「可測集合」が可算操作について閉じていることに注意すると，この定義は値の Y に於ける「開集合から生成された Borel 集合体(可算加法的集合族)」の逆像が X に於ける可測集合(この全体も可算加法的集合族)になるという条件で，丁度「連続性」の「開集合の逆像が開集合」に対応する．このような定式化の「形式」は，写像について，集合の演算と相性のよいのが，順像よりは逆像であることに関係する[注1]：

(U)　$f^{-1}\Bigl(\bigcup_\lambda A_\lambda\Bigr) = \bigcup_\lambda f^{-1}(A_\lambda)$；

(I)　$f^{-1}\Bigl(\bigcap_\lambda A_\lambda\Bigr) = \bigcap_\lambda f^{-1}(A_\lambda)$；

(C)　$f^{-1}\Bigl(A^C\Bigr) = f^{-1}(A)^C.$

この最後の(C)から，f の可測性は，補集合に移って「任意の閉集合 $F \subset Y$ に対して，$f^{-1}(F)$ が可測集合」とも言い換えられる．前章でも注意したように，上の定義はむしろ「可測**写像**」に由来する形式であるが,「積分」との関連では，この条件は**有界**函数に対して**単函数**による一様近似可能性を保証する．実際，函数 f の像を ε の大きさの網目に分割し

$$f(X) \subset \bigcup_{a \in \Lambda} V_a$$

とする．但し Λ は有限集合で，V_a は互いに疎，V_a は，その任意の元と v_a との距離が ε 以下であるような集合で，開集合と閉集合の有限箇の合併・共通部分の操作で書けるものとする[注2]．このとき f は

$$\varphi = \sum_a 1_{E_a} \cdot v_a$$

という単函数によって誤差 ε で一様近似される．但し $E_a = f^{-1}(V_a)$ で，V_a の条件から X の可測部分集合である．前回の最後に述べたとおり，単函数の一様極限には自然に積分が延長される．このように定義するのが,「横切り」による Lebesgue 積分である(下図参照)．この場合は，各 E_a の測度が有限でないと困るので，当面 X は測度有限な集合(或いは有界な可測集合)としておく．有界でない場合は，あとで定義する．

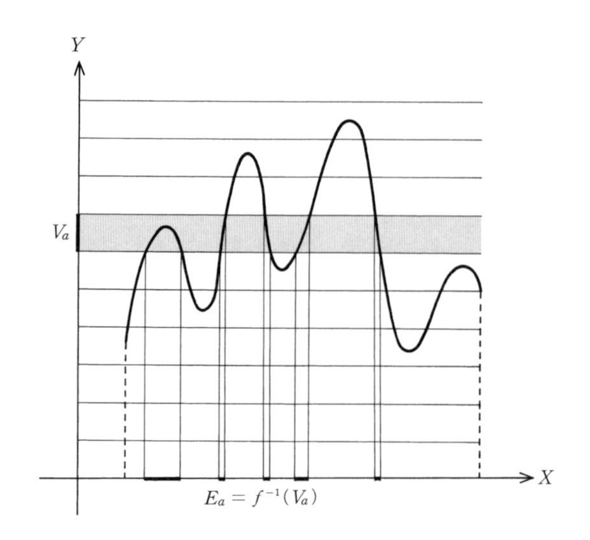

今見たように，有界可測函数は，単函数で一様近似される．特に，可測函数が加法やスカラー倍の演算(また値が「数」なら乗法も)で閉

じていることがただちにわかる．一方，逆に，単函数の一様収束極限はつねに可測だろうか．単函数は，可測集合の示性函数の線型結合なので，定義からもちろん可測である．従って，問題は「可測函数の一様極限は可測か」と一般化される．これに対しては，もっと強いことが成立する．

▶定理

可測函数の列 $\{f_n\}$ が函数 f に各点収束するとき，f は可測である．

証明[注3]：**閉**集合 $F \subset Y$ に対して $f^{-1}(F)$ が可測集合であることを示せばよい．一般的な注意からはじめよう．函数列 $f_n \to f$ が各点収束するとして，部分集合 $S \subset Y$ の逆像の下極限集合を考える．ここで

$$x \in \varliminf_{n\to\infty} f_n^{-1}(S)$$

とは，有限箇の n を除いて $f_n(x) \in S$ ということだから，特に極限値 $f(x)$ は閉包 $\bar{S}$ に属する．従って

(F)　$$\varliminf_{n\to\infty} f_n^{-1}(S) \subset f^{-1}(\bar{S}).$$

また $\{f_n(x)\}$ の極限値 $f(x)$ が**開**集合 U に属するなら，有限箇の n を除いて $f_n(x) \in U$．つまり

(G)　$$f^{-1}(U) \subset \varliminf_{n\to\infty} f_n^{-1}(U)$$

でもある．

さて，**閉**集合 F に対して，前章の補題Bから可算箇の開集合 $\{U_m\}$ をとって

$$F = \bigcap_m U_m = \bigcap_m \bar{U}_m$$

とできる．これに上の(F)(G)を用いると

$$f^{-1}(F) = f^{-1}\Big(\bigcap_m U_m\Big) = \bigcap_m f^{-1}(U_m)$$

第6章 積分論への出発

$$\subset \bigcap_m \left(\varliminf_{n\to\infty} f_n^{-1}(U_m) \right)$$

$$\subset \bigcap_m f^{-1}(\bar{U}_m) = f^{-1}\left(\bigcap_m \bar{U}_m\right) = f^{-1}(F)$$

従って，$f^{-1}(F) = \bigcap_m \left(\varliminf_{n\to\infty} f_n^{-1}(U_m) \right)$ だが，右辺は f_n の可測性から可測集合となる．（証明終）

集合の可測性について，Lebesgue 可測性は Jordan 可測性に比べて，遥かに広い範囲に及んでおり，（可算）無限操作についての自由も獲得した．対応して，積分についても，操作の自由度は著しく増している．

2◉……非有界への移行

非有界への移行には，定義域（積分域）の方と，値の方の二種類がある．どちらも有界からの極限で定義すればよい．「微積分」で学習したように Riemann 積分の場合にも，非有界な積分は「広義積分」と呼んで区別する．簡単なようだが，やや微妙な問題も含む．例えば，1 次元の Riemann 積分で，無限区間 $(-\infty, \infty)$ で積分する場合は

(H) $$\lim_{A,B\to\infty} \int_{-B}^{A} f(x)dx$$

が広義積分の定義である．これはきわめて自然に思えるが，より強い収束である

(K) $$\lim_{K:\text{有界可測}} \int_K f(x)dx$$

とは違う．ここで，後者(K)の極限で極限値が s だとは，任意の $\varepsilon > 0$ に対し有界可測な K_0 が存在して，$K \supset K_0$ なるすべての有界可測な K について

$$\left| \int_K f(x)dx - s \right| < \varepsilon$$

が成り立つこととする．この意味で内から取り尽くす有界集合のどんな族をとるかで極限の定義が変わるのである[注4]．

例えば $f(x) = e^{ix^2}$（但し $i = \sqrt{-1}$）について，前者の広義積分(H)は存在するが，後者の意味(K)では極限が存在しない．一方，積分が

絶対収束するならば，二つの意味で収束性に差が生じない．

Lebesgue 積分では，強い(K)の方式で積分の定義を行なうのが標準である．即ち，絶対収束する積分だけが生き残る．1 次元だからこそ区間 $[-B, A]$ での積分が自然だが，2 次元以上では，座標の向きに特別の意味をもたせる理由は見られないし，そもそも Lebesgue 積分では多様な図形の上での積分に積極的な意味があったのだから，極限もできるだけ一般な図形を考えてとるべきだ．但し，上の Riemann 積分での広義積分(H)のように，場面によって極限を使い分けることは当然ある．特に Fourier 変換などでは絶対収束しない積分の扱いが必要で，そこから本格的な解析が出発するのである．

次に値の方だが，これも単純に $Y > 0$ をとり

$$f^Y(x) = \begin{cases} f(x) & (|f(x)| \leqq Y) \\ 0 & (|f(x)| > Y) \end{cases}$$

と定義し，

$$\lim_{Y \to \infty} \int f^Y(x)dx$$

で f 自身の積分とする．もちろん f が可測なら f^Y も可測である．

非有界への移行は，一番楽で強い意味での極限をとるのが便利である．その自由が利くのも Lebesgue 式積分の利点と言える．

3◉……有界収束定理と優収束定理

非有界の場合も込めて積分が定義されたところで，はじめの問題であった Lebesgue の有界収束定理に戻ろう．まずは定式化の整備がもたらす御利益を見よう．

▶定理(Lebesgue の有界収束定理)

測度有限の可測集合 E 上の Lebesgue 可積分な函数の列 $\{f_n\}$ が，E の各点で函数 f に収束し，かつ函数列は一様有界とする．この時，f は Lebesgue 可積分で

$$\lim_{n \to \infty} \int_E f_n(x)dx = \int_E f(x)dx.$$

証明：極限函数 f が可測であることは，上に見た．また函数列が一様有界だから極限函数も有界で，土台の E の測度が有限だから f は積分可能．残りの積分の収束については，$\varepsilon > 0$ に対し

$$E_n = \{x \in E\ ;\ |f_n(x) - f(x)| \geqq \varepsilon\}$$

と置く．第4章で見たように各点収束の仮定は

$$\varlimsup_{n\to\infty} E_n = \emptyset$$

を導く．ここで，上極限集合の定義が

$$\varlimsup_{n\to\infty} E_n = \bigcap_n \left(\bigcup_{p \geqq n} E_p \right)$$

であることから，特に

$$\mu\left(\bigcap_n \left(\bigcup_{p \geqq n} E_p \right) \right) = 0$$

である．測度の連続性(前章の定理4)を使うと[注5]

$$\lim_{n\to\infty} \mu\left(\bigcup_{p \geqq n} E_p \right) = 0$$

なので，或る N が存在して，$n \geqq N$ ならば

$$\mu(E_n) \leqq \varepsilon$$

とできる．すると $f_n(x) - f(x)$ の積分を

$$\int_E = \int_{E_n} + \int_{E_n^C}$$

と分けて，各々を評価すれば

$$\int_{E_n} |f_n(x) - f(x)|\, dx \leqq \varepsilon \cdot 2M,$$

$$\int_{E_n^C} |f_n(x) - f(x)|\, dx \leqq \mu(E) \cdot \varepsilon$$

と押さえられる．各項は土台の測度と函数の大きさの積で評価している．但し，M は $\|f_n\|_\infty \leqq M$ となる定数(一様有界性の仮定から存在)である．両方併せて積分の差は $\varepsilon(2M + \mu(E))$ で押さえられ，これは任意に小さくできる． (証明終)

証明の構造は第3章の“L様収束定理”と同じである．違いは，一様収束しない点の集合が必ずしも単調に縮んでいくとは限らない点にある．測度論の整備によって，容易にそれが捉えられるようになったの

である．Arzelà の定理の場合の帰謬法による証明と比べると，体系化に準備は必要だが，それを乗り越えれば定理自身の証明は見通しよく行く．「徹底入門」の一つのねらいとしては，短かさと自然さのどちらに重点をおくかの比較(体系化の得失)を実際に見ることも含まれていた．

この「有界収束定理」の拡張に「優収束定理」がある．土台の集合の測度が有限とは限らず，また函数列に課せられる有界性の条件も緩められる．

▶定理(優収束定理)

可測集合 E 上の Lebesgue 可積分な函数の列 $\{f_n\}$ が，E の各点で函数 f に収束し，かつ函数列は可積分な函数(**優函数**) Φ で押さえられるとする．即ち，任意の n と $x \in E$ に関して

$$|f_n(x)| \leqq \Phi(x)$$

が成り立つとする．この時，f は Lebesgue 可積分で

$$\lim_{n\to\infty}\int_E f_n(x)dx = \int_E f(x)dx.$$

証明は有界収束定理と同じようにできるが，ここでは直接「有界収束定理」に帰着させて説明してみよう．優函数 Φ を基準にして

$$\varphi_n(x) = \frac{f_n(x)}{\Phi(x)}, \qquad \varphi(x) = \frac{f(x)}{\Phi(x)}$$

と置く．分母 $\Phi(x)$ が 0 になる時は，$|f_n(x)| \leqq \Phi(x)$ の条件より分子も 0 となるので，そこでの値は 0 だとする．これを使えば積分は

$$\int_E f_n(x)dx = \int_E \varphi_n(x)\Phi(x)dx$$

と書き換えられる．函数列 $\{\varphi_n\}$ は絶対値が 1 で押さえられるので一様有界であり，φ に各点収束する．有界収束定理で仮定した可測集合 E の測度有限の条件は，優函数 Φ を密度に持つ積分の有限性

$$\int_E \Phi(x)dx < \infty$$

に対応する．つまり，今までの測度 $\mu(A)$ に代わり

$$\mu_\Phi(A) = \int_A \Phi(x)dx$$

を考えれば，すべては「有界収束定理」の形式になる．確かめるべきはこの $\mu_\varphi(A)$ が，既に見てきた「測度」の性質を満たすかどうかであるが，それも可測函数と積分の定義に戻れば，さしたる困難はない．

このように「有界収束定理」を一般化した「優収束定理」も，本質的に同じ定理だと理解できる．

4◉……定理の適用

有界収束定理や優収束定理はたしかに強力な定理である．が，これがなければどうにも困る，という場面には，**具体的な函数を扱う限り**出くわすことはあまりない．もちろん，これらの収束定理の利点が生きる場面は多々ある．特に，Riemann 積分では，広義積分の順序交換は，正しく定義に従うと二段階の手続きを要する．これは若干面倒で，優収束定理が手間を省いてくれれば楽になる．尤も，優函数が見つかれば，Riemann 積分の範囲でも広義積分の順序交換の定理が適用できるのが普通である[注6]．Lebesgue 積分が，その程度の省力化にしか役立たないのなら，御利益は体系化に要する投資に見合うものとは言い難い．

証明からわかるが，これら収束定理が本当に威力を発揮するのは，一様収束からはずれた集合の列が，分裂したり「めまぐるしく」動き回って，簡単に捕捉できない場合である．具体例でそんな状況は滅多にない(無理に作ればできるだろうが)．自然な例は，より抽象的で一般的な設定にこそ生じる．Fourier 解析は高周波の三角函数の重ね合わせを扱うので，一般的性質に踏み込むと非常に複雑な集合も現われ，Lebesgue 積分のお世話になる機会も増える．例えば，G. Cantor が扱った「三角級数の一意性」(1870)にしても，今日ならば，有界収束定理による積分と極限の順序交換に帰着させることが可能で，少しの手間で片づくが，当時使える道具だけでは難しいものだった[注7]．

次の例は「エレガントな解答をもとむ」で出題されたことがあるが(『数学セミナー』1982 年 9 月号)，実は有界収束定理(または Arzelà の定理)を使うとアッという間である．

▶命題

実数列 $\{x_n\}$ が，任意の実数 t に対し

$$\lim_{n\to\infty} e^{ix_nt} = 1$$

を満たすならば，

$$\lim_{n\to\infty} x_n = 0$$

である．但し $i = \sqrt{-1}$.

証明：問題の指数函数を t について積分してみると

$$ix_n \int_0^1 e^{ix_nt}dt = e^{ix_n} - 1$$

で，$n \to \infty$ のとき，右辺は仮定から 0 に収束し，左辺の積分のところは有界収束定理を使うと 1 に収束する．従って，$x_n \to 0$.

（証明終）

別に，Baire の定理を使う手もあるが，何も使わないとなかなか難物だろう[注8]．一つ注意すると，この例で「列」という可算的条件は本質的である．実数上の位相として，指数函数の族 $\{e^{ixt}\,;\,t \in \mathbb{R}\}$ が連続となる最弱位相を考える[注9]．それは実数の普通の位相より真に弱い（無限遠の方で違いが出る）が，上の例では，「列」で考える限り二つの位相が「同じ」ように見えてしまう．実際は「列」だけでは位相が決められない例なのである．

5 ◉……殆どいたるところ

零集合は Lebesgue 積分で重要な概念であり，それを無視可能として「殆どいたるところ」と適度に緩やかな例外を認めるのは極めて便利である．函数の定義範囲にしても「殆どいたるところ」定義されていればいいし，各点収束の代わりに「殆どいたるところの収束」を用いることができる．便利な一方，殆どいたるところで「殆どいたるところ」と言わねばならない．皮肉な冗句である．そんな事情もあって，上では「殆どいたるところ」の使用を控えたが，そのように置き換え

ることは可能である．また，積分論の定理には，「各点収束」では不適切で，「殆どいたるところの収束」としなければならない場合もある．本書では「殆どいたるところ」を本格的に用いる内容に至っていないので，積分論としてはまだ初歩段階なのである．

零集合は Riemann 可積分性をも明快に特徴づける．Lebesgue による定理である．

▶定理

有限区間で定義された有界函数が Riemann 可積分であるためには，その不連続点全体が零集合であることが必要かつ充分．

ここで，零集合という概念が Riemann 積分の範疇にない点に注意したい．Riemann 積分に直接対応するのは Jordan 測度であり，例外集合としても Jordan 測度 0 の集合が許される．そのような集合の上でならば，函数値の変更も積分に影響を与えない．ところで，上の特徴付けを見て，「不連続点の集合」が零集合なら，そこで函数値を変更してよいかの如くカンチガイしてはいけない．はじめは不連続点全体が零集合であっても，変更後にはさらに不連続点が増えて，結果「不連続点全体」の測度が正になることはあり得る．例えば

$$f(x)=\begin{cases}\dfrac{1}{2^n} & \left(x=\dfrac{\text{奇数}}{2^n}\right)\\ 0 & (\text{その他})\end{cases}$$

なら不連続点は，分母が 2 の冪の有理数に限り，従って零集合であるが，そこでの函数値を変更して

$$g(x)=\begin{cases}1 & \left(x=\dfrac{\text{奇数}}{2^n}\right)\\ 0 & (\text{その他})\end{cases}$$

とすると，すべての点が不連続点となってしまう．同根の現象であるが，以前(第 2 章)に言及した重積分と逐次積分に関することでも，Riemann 積分では「例外」を扱う適切な言葉が用意できていない問題が生じていた．Lebesgue 積分の観点からは，「例外点」の集合が独立したものとして取り扱えて，従って，その総体の「量的」評価が精密

にできる．一方，Riemann 積分では，函数値の変化に対して，定義から個々に対応せざるを得ず，結果として「過敏に」反応していたのである．アレルギーなどと同じく，それは「適正な敏感さ」や「感度の精密さ」ではなく，むしろ「測定装置の脆弱さ」を意味する．「殆どいたるところ」などといい加減なことを言っているように見えて，その実，対象の見切り方は精確だったのだ[注10]．

6◉……結び

Lebesgue 積分に関して，まだまだ述べることは多い．或る程度まとまりをつけるなら，本一冊は必要である．この第2部では，もちろんそこまで欲張らず，有界収束定理に焦点を絞って，測度と積分の定式化の自然な導入を目指したのである．ここまで理解されたなら，あとは測度と積分の教科書で独習することは充分可能であろう．以下，簡単に目標を記してみよう．

有界収束定理と同程度の内容として，可積分函数の全体 L^1 の完備性がある．函数解析の立場からは，そこまでが一区切りであって，「Riemann 積分の不備の補完」が端的に示される．抽象的な完備化では何故いけないか，という疑問も生じるが，その追究は「積分論」の別の構成に至るだろう．積分の順序交換に関する Fubini の定理も，技術的には有界収束定理と類似のレベルで，関連づけて理解するのがよいと思う．もう一段深くて微妙なのは，微分に関する定理である．Lebesgue 積分のレベルで「微分積分の基本公式」の成立をきちんと調べるのはなかなか難しいが，そこまで行けば積分論の基本は押さえたことになる．

理論構成についても，少し注意した方がいいかもしれない．定理自体に変わりはなくても，本によって，述べ方の順序や証明に，さまざま違いがある．第4章で積分論には二分法で 2^n とおりの体系があるという説を紹介した．二分法のうち，一つの大きな区分は「集合とその測度」を中心にするか，「函数とその積分」を中心にするか，である．以前(第2章)に説明したように，集合に対して，その示性函数を対応させると，集合も函数の一部だと看做せ，「函数とその積分」だけに統一はできる．函数として**実数値函数**しか扱わないのであればそれで済むので，測度と積分を分けるのは二度手間である．しかし，ここでは「函数」として，より一般を想定する方向を重んじ，「函数とその積分」の一元論は採らなかった．考え方に二通りあるなら，無理に統一する必要はない．

ついでに言うと，定式化の一般性の比較は，局所的には明白でも，理論全体から見ると，どのような道筋が汎く一般に通じるかの判断は容易ではない．積分論でも「コンパクト空間上の理論」より「局所コンパクト空間上の理論」が一般なのは当然で，Bourbaki は始めから一般の「局所コンパクト」で理論を展開したが，そこに収まらない場合に拡げる際(確率論では局所コンパクトでない無限次元空間が舞台)には，接続部分で不細工になっている．むしろ「コンパクト空間上の理論」を核としておけば，「局所コンパクト空間」や「距離空間」の両方を含む一般化が滑らかになった筈である．このような知識も，あと知恵とはいえ，学習に際して無駄を省く役には立つだろう[注11]．

第2部は入門を掲げつつも，理論の根底に関わる事柄にもできれば触れて，理解を深めるきっかけとなるようつとめた．「徹底」のねらいは，従って，積分や測度だけにあるのではない．関係して最後に Lebesgue 積分を学ぶ大きな利点について注意しよう．本を読むことを積分に喩えるとする．順序に従って最初から読むのは Riemann 式だろう．時に函数値の変動が激しく積分できない(読み進めない)こともある．そんな時は，是非とも Lebesgue 式に切り替え，変動量やギャップの総量の見積もりを正確にしよう．このような喩えは，まずはこの第2部の理解自体に適用されるが，一冊の本を読む場合に限る必要はない．レベルによる横切り方式の積分は，いろいろな物事に当てはまる．折角 Lebesgue 積分を学んでも，それを日常に応用できないのなら，意義も薄れ，学び甲斐も半減するというものである．汎く活用していただければ幸いである．

注

［注1］ これに対し順像の方は

$$f\left(\bigcup_\lambda A_\lambda\right)=\bigcup_\lambda f(A_\lambda);\qquad f\left(\bigcap_\lambda A_\lambda\right)\subset\bigcap_\lambda f(A_\lambda)$$

しか判らない．補集合については，f が全射でないとなんともいえない．シツコイようだが，外延(順像)と内包(逆像)の違いをもう一度確認したい．

［注 2］ 書けば面倒に見えるが，要するに $f(X)$ を半径 ε の有限箇の球で覆い，共通部分がないように削っていけばよい．有界でないと困るし，無限次元では有界であっても困るが，可算集合で稠密なものがとれるとき(つまり X が可分ならば)，同様の操作(但し有限でなく可算無限集合をとって)が通用する．このときは，全体で一様近似できないが，測度的に小さい部分を除いて話をすることになる．

［注 3］ 通常，この定理は，まず実数値函数に対し証明される．函数列の収束が単調な場合に帰着できるので，議論がやさしくなる．また，それがわかれば値の空間をすこしぐらい拡げるのは簡単である．複素数値なら，実部と虚部をとればよい．しかし，そのような特殊事情は使いたくない，というのも自然な感覚ではないだろうか．この証明は『シュヴァルツ解析学 3』(東京図書)にある．

［注 4］ 1 次元の時は，(H)の型の広義積分を区別して

$$\int_{\to-\infty}^{\to\infty} f(x)\,dx$$

と書く流儀もある．

［注 5］ ここで E の測度の有限性を使うことに注意．

［注 6］ 「優収束定理」を「有界収束定理」に帰着させた前節の考え方は，Riemann 積分でも「広義積分」に適用可能で，極限の順序交換の手続きを一部手抜いて「楽」することができる．

［注 7］ 三角級数が収束して 0 を表わすとき，その係数がすべて 0 かというのが「一意性」の問題である．Riemann は Fourier 級数に関する遺稿(講師資格論文 1854；出版は死後の 1867)で，その一意性を付加的な条件の下で示していた．因みに，そこで提唱された積分こそが今日の Riemann 積分である．Cantor は Riemann の付加的条件が除きうることを示した．また Cantor は，順序交換を安易に用いる証明を発表した Appell に反論(1880)を書き，一様収束でないと順序交換が明らかでないことなどを説明している．詳しくは Cantor 全集を見られたい．また W. Rudin "*The Way I Remember It*"(AMS), Ch. 21 も興味深い．

［注 8］ その意味で，敢えて何も使わない証明を試みるのが，よい演習問題となる．定理の理解は，具体的な適用に於ける追体験によって，より深まる．

［注 9］ 概周期函数に関係した位相である．

［注 10］ 以前，別のところ(『数学のたのしみ』創刊号；『ゼータの世界』(日本評

論社)所収)でも引用したことがあるが,「だいたいでいいから正確に」(『畳』©所ジョージ)が大事なのである.

[注11] 森毅「『現代数学とブルバキ』以後」(『ブルバキの思想』(東京図書)所収)参照.

第3部

徹底入門 FOURIER級数

δの変容

第1章
二項対立

0◉……はじめに

第2部では，初発の地点からの「定理」の再構成と追体験を趣旨としつつ，有界収束定理を中心に，「測度と積分」への一つの道筋を紹介した．第3部では，Fourier 級数について，二つのポイント，即ち，その (1) 思想と (2) 技法，に絞り「徹底入門」としたい．少し詳しく意図を述べれば

（1） 思想：何をしているのか，何がしたいのか，という背景を，厳密性にこだわらず説明する

（2） 技法：したいことを実行するに当たっての実践的で実効的な方法を呈示する

となる．「思想」は一般性への抽象を志向し，「技法」は具体的特殊性に依拠する．これらは互いに相補うものとして，数学の学習に際し，誰しも心得ておくべき視点である．当然とも言える事柄を敢えて強調したのは，教科書で述べきれていない背景や詳細が多々あるからで，特に，Fourier 解析に於いては，(1)と(2)の段差は「普通」より大きい．本質的な二重性である．「徹底入門」と銘打つからには，この思想と技法の壁を解消し，分節化された姿が見えるようにしたい．

証明技法のレベルを中心に見ると，学んだ最初のやり方にひきずられ，ついつい視点が固定されがちである．分節化を通して，理論の全体像を見直し，同時に多様な技法にも考えが及ぶようになること，それが「徹底入門」のねらいである．例えば「特殊」と「一般」のありかたについても，見方が表層にとどまれば，観念的にしか理解できないが，Fourier 級数の基本的な理論展開を通じて，より自由で奥行き

のある捉え方が得られるだろう[注1]．一般に，「刷り込まれた理論構成」の呪縛から自由になることは，思考の経済という実利的観点からも，しばしば有用なのである．

1 ◉……Fourier 級数の相貌——二重性

語弊を承知で極言すれば，Fourier 級数は「解析学そのもの」である．少なくとも，大学で学習すべき解析学の中核に位置する実体的な分野である．平たく言い直すと，これがマスターできたなら，堂々と卒業してよいということだ．なぜそこまで重要なのか．

まず，応用面からは幅広く用いられる「必須の道具」である．そのためには，それなりに扱いやすいことが前提にある．その一方，理論面では，級数の和の取り方や収束等で，面倒で小うるさい条件のつきまとう世界でもある．この乖離は，別の言葉で

（Ａ） 代数的にはスッキリ

（Ｂ） 解析的にはイヤラシイ

との対立要素に分けられる．Fourier 級数は，形式的にはさほど難しくなく，線型代数と微積分の延長上にあって，それ故，大学３年次レベルで充分学習可能であるが，代数的形式性をドンドンはみ出す野生味に満ちている．同じ解析でも，行儀のよい複素解析(函数論)と比べて「油断ならない」．これは「学習者」向きに述べた現象であるが，実は数学史上も Fourier 級数は解析学の特徴的なイヤラシサを鮮明にし，矛盾の生み出す運動のエネルギーを以て数学を大きく進歩させてきた．歴史については，折を見てその都度触れることにしたい．

最初に出した (1) 思想と (2) 技法，という観点も，実は上の (A) スッキリした代数的形式性と (B) イヤラシイ解析的状況に対応する．詳しいことは追い追い述べるとして，予告篇から入る．

まず，大学で習う解析学の第一歩として１変数の「微積分」を思いだそう．見ようによっては種々雑多な事実の集積であるが，主要な目標を二つに絞り，

（ａ） 微分積分法の基本公式の確立

（ｂ） 初等函数の導入

と設定すると見通しがよくなる．(a)は道具であり(b)は材料だ．二つは「一般」と「特殊」という相反する性格をもつものの，「汎用」という点で共通し，重要な地位を占める．(b)は特に，指数函数と三角函数を含むが，その統一がEulerの公式として知られる

$$e^{i\theta} = \cos\theta + i\sin\theta$$

によってなされることも著しい[注2]．但し$i = \sqrt{-1}$は虚数単位を表わす．

この三角(= 指数)函数というのは「きれいな波」である．そのいろいろな周波数の波(倍音)の重ね合わせとして「一般の」函数を書き表わすというのが，Fourier級数の考えである．つまり，「一般の」函数を，三角函数という「特殊な」既知の函数に帰着させようというのである．重ね合わせの配合はFourier係数と呼ばれ，積分によって簡単に表示される．その素朴で大雑把な考え方を一応書いておこう．

実数上の周期1の(可積分)函数fに対して，その第n Fourier係数c_n $(n \in \mathbb{Z})$は積分

$$c_n = \int_0^1 f(t)e^{-2\pi int}dt$$

で与えられる．この係数から作った級数

$$\sum_{n=-\infty}^{\infty} c_n e^{2\pi inx}$$

を函数fのFourier級数という．

はじめて見ると，函数fがそのFourier級数とどういうつながりがあるか判らない．しかし，函数の世界にも「内積」が

$$(\varphi|\psi) = \int_0^1 \varphi(t)\overline{\psi(t)}dt$$

と入っていて，指数函数$\boldsymbol{e}_n(x) = e^{2\pi inx}$が，この内積に関して「正規直交系」をなしている，つまり

$$(\boldsymbol{e}_m|\boldsymbol{e}_n) = \delta_{m,n} = \begin{cases} 1 & (m = n) \\ 0 & (m \neq n) \end{cases}$$

ということに気づけば，高校の平面や立体のベクトルの成分を取り出す操作と類似に

$$c_n = (f|\boldsymbol{e}_n)$$

と書けていることが判る．従ってFourier級数

$$\sum_n c_n \boldsymbol{e}_n = \sum_n (f|\boldsymbol{e}_n)\boldsymbol{e}_n$$

は f の $\boldsymbol{e}_n(x) = e^{2\pi inx}$ による「素直な」展開に他ならない．これが，もとの f に「なる」かどうかは，直交系 $(\boldsymbol{e}_n)_n$ の「完全性」の問題となる[注3]．その完全性さえ信じれば，f の Fourier 級数が，もとの f に「なる」，或いは，**何らかの意味**で f を「表わす」のは「あたらずといえども遠からず」正しい筈だ．

ちなみに，上で函数に対する「内積」を積分で定義したが，それはベクトル $\boldsymbol{u} = (u_k)$ と $\boldsymbol{v} = (v_k)$ との内積(Hermite 内積)

$$(\boldsymbol{u}|\boldsymbol{v}) = \sum_k u_k \bar{v}_k$$

の類似である．つまり，成分の添え字 k が函数の独立変数 t に対応している．高校では複素数を成分とするベクトルは扱わないが，通常の「長さ」がでてくる「内積」として，片方を複素共軛にして積和を作る．物理などでも多く使われるものである[注4]．また，正規直交系のところで出てきた記号 $\delta_{m,n}$ は Kronecker のデルタと呼ばれる．第3部の副題に現われる δ はデルタ函数のことだが，これもその一種である．

2◉……Fourier 級数「論」——二つの主要定理

上に述べたことは，最低限の「直感的理解」で「思想」の第一歩だ．次元が2や3から，いきなり無限次元になってはいるが，類似点を知ることは重要である．実用上はそれで充分で，あとは「使用上の注意」をよく読んで，用法・用量を守って正しく服用すればよいと言う人もいるだろう．が，それで満足なら「徹底入門」する必要もない[注5]．

上の「無限次元」の内積を，一般にして系統的に議論するのが，Hilbert 空間の理論である．また，内積を取り替えたり，違う種類の「正規直交系」を函数として議論するのが「直交函数系」の理論である．このように見れば，Fourier 級数は，さらにそれを含む一般論の中にも位置づけられる．

実際，教科書で採られる道筋は以下のようなものが多い：まず初歩の Hilbert 空間で扱う形式的な計算から Bessel の不等式，つまり，

$$\sum_n |c_n|^2 \leqq (f|f)$$

を導き，さらに「完全性」のためには「展開」より弱い「近似」でよいことまでを一般論として出す．高校以来なじんだ「直交射影」に関する直観が生かせるところである．そして実際「近似」できるというところには，例えばFejérの定理(これは先に示されていることもある)を援用する[注6]．すると

$$(f|f) = \int_0^1 |f(t)|^2 dt = \sum_{n=-\infty}^{\infty} |c_n|^2$$

という**Parsevalの等式**(無限次元版ピタゴラスの定理)が得られて，一つの目標に達する．これがL^2理論としての主要定理である．このL^2とは自乗(二乗)可積分の略語であるが，ピタゴラス的枠組みの普遍性をも象徴している．Hilbert空間とは言ったが，完備性を必要とする議論ではなく，従って「測度論・積分論」が本質的に効くことはない．代数的「スッキリ」感の味わえる典型例である．近似のところは，より古典的な多項式近似定理を援用することもできる．

このような通常の途は，教科書にあるし，「徹底入門」として詳しく採り上げる新鮮味に乏しい[注7]．賞味期限切れとの誹りを受けずに解説するのも難しいところである．但し，全体の理論構成がどのようなものかについて，反省しておく価値がある．

ところで，本来の問題は，fから作ったFourier級数が**数値的な意味で**もとのfに収束するか，ということである．これは上のL^2理論とは一応別の話だ．実際，Fourier係数は積分で表わされるので，もとの函数値を1点で変更しても係数自体は変わらず，従って「数値的」な表示においてはずっと細かな配慮が必要となってくるからである．

この「数値的」収束を保証するのが**Fourierの公式**と呼ばれるもので，例えば，fがC^1級，つまり連続的微分可能(微分可能で，導函数も連続)な場合だと

$$f(x) = \sum_{n=-\infty}^{\infty} c_n e^{2\pi i n x}$$

が言える．もっと強く，この級数は一様収束する．或る意味で，L^2理論より精密な結果である．とは言っても，C^1といった比較的強い条件の場合だと，L^2理論を経由して示す手もある．これについては，次

回以降どこかで述べることがあるだろう．何故こちらの方が精密なのか，など細かいことは少し後にまわすことにするが，上で「完全性」のために「近似」を使ったことを思い出すと，少なくとも「連続的微分可能」な函数については，近似よりも強く「展開」できてしまうのだから，定理の精粗についての想像も容易なことだ[注8]．

今は，函数の収束の形で述べたが，特殊な一点，例えば$x=0$での値について

$$f(0)=\sum_{n=-\infty}^{\infty}c_n$$

が言えれば，少なくとも「各点収束」での，Fourier 展開が判る．それはfを「平行移動」した函数を考えるという Fourier 級数の常套手段による．つまり

$$f_x(t)=f(t+x)$$

とおくと，このxだけズラシた函数の Fourier 係数は

$$\int_0^1 f_x(t)e^{-2\pi int}dt=c_ne^{2\pi inx}$$

となることが容易に判り，上の公式を適用して

$$f(x)=f_x(0)=\sum_{n=-\infty}^{\infty}c_ne^{2\pi inx}$$

となるわけである．収束の一様性などは，このズラシに関する依存に注意することになる．

さらにまた，fから

$$h(x)=\int_0^1 f(t+x)\overline{f(t)}dt=(f_x|f)$$

という函数を作る．このhの Fourier 係数を計算すると，積分の順序交換の正当性などの詳細は省略するが

$$\begin{aligned}\int\left(\int f_x(t)\overline{f(t)}dt\right)e^{-2\pi inx}dx&=\int\left(\int f_x(t)e^{-2\pi inx}dx\right)\overline{f(t)}dt\\&=\int\left(\int f_t(x)e^{-2\pi inx}dx\right)\overline{f(t)}dt\\&=\int c_ne^{2\pi int}\overline{f(t)}dt\\&=c_n\cdot\bar{c}_n=|c_n|^2\end{aligned}$$

とfの Fourier 係数の絶対値の自乗$|c_n|^2$がでてくる．このhに Fourier の公式を適用すると

第1章 二項対立

$$h(0) = \int_0^1 |f(t)|^2 dt$$

なので，先に述べたParsevalの等式が得られる．このような道筋でFourierの公式はL^2理論を導く．背後には，畳み込み(convolution)という「積」の構造がある．

Fourierの公式のより精密な定理として，次のDirichlet-Jordanの定理が教科書に採り上げられることが多い：

▶定理

函数fは1を周期にもつ周期函数で，$[0,1]$で可積分とする．また，$x=0$の近傍で有界変動とする．

$$c_n = \int_0^1 f(t)e^{-2\pi int}dt$$

を第n Fourier係数とするとき，次の等式が成り立つ：

$$\frac{1}{2}(f(+0)+f(1-0)) = \lim_{n\to\infty}\sum_{n=-N}^{N} c_n.$$

用語の詳しい説明などは先延ばしにするが,「連続性」とは違った種類の「有界変動」という条件が付されていることに注意したい．また，少し細かいが，級数も正負で対称に足すといった微妙さも要求されている．前提となるいろいろな条件，つまり「使用上の注意」が，定理の結論にどう利くのかは，証明を詳しく見ないと判らないだろう．

この定理だとL^2理論を経由せず，直接証明するのが普通である．注意すべきは，C^1より緩やかとは言っても，一般の「連続」函数は含んでいないことである．実際,「数値的」級数としては，Fourier級数が発散する点をもつ連続函数の例もある．二項対立の，より具体的な例示として，まずは，このあたりの簡明さと面倒さの両方を含んだ「主要定理」のありかたに気を止めておいてほしい．

ついでに「連続函数」とFourier級数の関係で一言注意すると，任意の連続函数は指数函数$e^{2\pi inx}$の線型結合で**一様に近似**される．このこととFourier級数が収束しない連続函数の存在とは矛盾しない．連続函数の空間に一様収束の位相を考えたときは,「展開」と「近似」は異なっているのである．先に述べたHilbert空間の直交系に関する事実とも別のことである．無限次元空間には「異なる尺度」が入り得るので，その都度適切な扱いをしなくてはならない．今の場合は，二つの函数 φ と ψ について

$$\int_0^1 |\varphi(t)-\psi(t)|^2 dt$$

と

$$\sup_{t\in[0,1]} |\varphi(t)-\psi(t)|$$

という二つの異なる距離を考えている．前者は L^2 という積分版ピタゴラス的距離で，後者は一様収束の位相を与えるものだ．これらは本質的に違う．もちろん，二つに関係はあるので，それを利用して定理を証明するのだが，そこを混乱してはいけない．

連続函数なら Fourier 展開できると，**誤って**覚えている学生に出会うことがあるが，原因はこのあたりの事実を混同したことによるのだろう．陥りやすい落とし穴である．

相互に関係した二つの主要定理について，通常の教科書にある道筋に従って概要を述べたが，このように反省すると，一貫性があるというより，別々とも見える形で，バラバラに呈示されていることに気づくのである．技法にだけ注意を向ければ，欠点でもないのだろうが，二つの定理の相互関係を意識しないと，混乱の原因にもなり得るのだ．

3 ● デルタという主題

前節で垣間見たのは，通常の進み方にも若干の「淀み」があり，それが証明技法のゴタゴタと相俟って，Fourier 級数の理論の全体像を不透明にしているということである．Fourier 解析を思想的に捉えるには，個々の「函数」の展開に執着せず，より一段高い所に登るのがよい．「超函数」という見方である[注9]．但し，例えば distribution やその一族，或いは，別の考えに基づく hyperfunction などといった技法を，数学的に厳密に定義されたものとして学習する，ということを意図するのではない．大切なものは，一つの定義で囲い込まれてしまうほど，ちっぽけである筈がない．とは言っても，いきなりすべてを説明するわけにはいかないから，順を追ってボチボチ説明していく．

前節で見たとおり，最も肝腎なところを押さえる要石はFourierの公式

$$f(0) = \sum_{n=-\infty}^{\infty} c_n$$

である．Parsevalの等式もこれから導けるのだから，意識を向けるのは当然だ．左辺に注目すると，函数fの$x=0$での値を与える「汎函数」(functional)

$$\delta : f \mapsto f(0)$$

が見える．これが(Diracの)δである．「汎函数」とは「「函数」の函数」，つまり，定義域が「函数の空間」であるような函数，のことだが，今の場合は特に難しいものではない．もう少し正確に「函数の空間」を「連続函数全体」のなすものとしておけば，各点毎の演算で線型空間となるから，このδとは，「連続函数全体の空間」上の線型形式と捉えられる．より精密に，この上に「一様収束」の位相を考えることができるが，その時δは「連続」な線型形式になっている．この「連続性」は当たり前で，函数列の一様収束$f_n \to f$に対し，$f_n(0) \to f(0)$が従うという内容である．もとのfの連続性とは全く別だから混同しないようにしよう．デルタ函数というと，なにやら難しげなものを思い浮かべるが，「函数」として**実現**されるのではなく「汎函数」だと思う限り，極めて単純なものである．

今言った，函数としての「実現」の意味を説明しよう．(適当な条件を満たす)函数φは，積分によって

$$f \mapsto \int f(t)\varphi(t)dt$$

という汎函数を定義する．積分区域は考える函数の空間に応じて設定するが，ともかく「積分」の仕方を決めれば，このように「函数」が「汎函数」を定義する．δ自体は「函数」で実現できないが，対応する函数があるものだと仮想的に思って$\delta(x)$と書く．

Fourier級数の設定にあわせて，周期1の函数ばかり考えることにすると，上でのべた積分区域は1周期分をとるのが適当である．ここで，定義

$$c_n = \int_0^1 f(t)e^{-2\pi int}dt$$

を見ると，Fourier 係数を取り出すという操作自体が，$e^{2\pi inx}$ という函数で定義された汎函数となっていることを示している．従って，Fourier の公式の右辺は，汎函数のレベルでは，

$$\sum_{n=-\infty}^{\infty} e^{-2\pi inx}$$

とでも書くべき「汎函数」，もしくは，より注意深く言えば，函数で定義された「汎函数」列の極限，と見ることができる．

このように Fourier の公式を「汎函数」レベルで捉え直すと，**大雑把**ではあるが**簡潔**な

$$\delta(x) = \sum_{n=-\infty}^{\infty} e^{2\pi inx}$$

という式になる．これこそが Fourier 級数の本質だと捉えれば，一つの「思想」となる．但し，このままでは，内容が備わっていない．肉付けして実行する「技法」が必要だ．数学として厳密に言えば，「思想」「技法」ともにこれから展開敷衍すべきものではある．しかし，まずは明確な目的をスローガンとして掲げることが大切である．そして，思想を得たからには，その「正しさ」を自ら証明しなくてはならない．

次章からは，この思想(スローガン)を核として，時に寄り道をしつつ，Fourier 級数の基本的事項の実際に入っていく．但し，内容が豊富なだけに「書くべきこと」は山のようにあり，取捨選択が難しい．ここでは，「書かないこと」を予め一つお断わりしたい．Fourier 解析の観点からは，Fourier 級数だけでなく，Fourier 変換(Fourier 積分)に触れないのは片手落ちである．しかし，その二つでは事情が若干異なる．Fourier 級数に対しては(Lebesgue)積分論は不可欠の道具ではない．対照的に，Fourier 変換の扱いでは積分論なしでは不自由きわまりないし，不自然でもある(なにしろ Fourier「積分」なのだから)．このような技術的な差も考慮して，主題は飽くまで Fourier 級数とし，Fourier 変換は必要に応じて触れる程度にとどめる．

注

［注1］「思想と技法」「特殊と一般」「既知と未知」などの二項対立については，第2部のほか，『数学のたのしみ』(2006冬，日本評論社)のフォーラム「表現論の素顔」を参照されたい．

［注2］Eulerの公式は，微積分の範囲として扱われない場合もあるが，ぜひ取り入れるべき事柄である．例えば，微分方程式 $y' = ay$ を通じて自然で簡明な扱いができる．

［注3］例えば3次元のベクトルを2つの元からなる直交系で展開してももとに戻らないことが「不完全さ」である．つまり，完全性とは「任意のベクトルを展開できるに足るだけ直交系があるかどうか」という「充分さ」の性質である．これは有限次元なら「次元」という数で判定できるが，無限次元となると，より微妙になる．正確な言葉遣いまで説明する余裕はここにはないが，Hilbert空間の場合は直交系の張る部分空間が稠密(つまり，任意のベクトルが近似できる)なら，その系は完全となる．一般の位相線型空間より，このあたりが扱いやすい事情ともなっている．

［注4］物理では，複素共軛を左の変数につけるのが普通である．その方が或る意味で合理的だが，とりあえず「数学」流を採用しておいた．

［注5］むしろ「徹底入門」は「使用上の注意」について，懇切丁寧な解説を目指している．

［注6］Fejérの定理は，f が連続な場合，Fourier級数そのものでなく，部分和の平均を考えると，もとの f に一様収束するという定理である．何故そうなるかの説明は次章以降に行なう．

［注7］このあたりの議論は，高木貞治『解析概論』(岩波書店)にもある．

［注8］「展開」と「近似」の違いが曖昧な学生も結構いる．違いを式で書くのも簡単だが，ここではその代わりに言葉で説明してみよう．展開では係数が一意にきまっていて，項を有限で打ち切っているものの極限としての表示．近似は，有限項というのは同じだが，近似の度合を決めるたびに係数が変わってもいい．

［注9］「超函数」という言葉はL. Schwartzのdistributionの訳語として登場した．それを逆に英語にしたのが佐藤幹夫先生のhyperfunctionである．Distributionの仲間はgeneralized functionという名の下に括られることもあり，これにもまた「超函数」という訳語がしばしば当てられる．

第2章

代数と解析と

前章の最後，Fourier 級数の本質を「超」函数の等式

$$\delta(x) = \sum_{n=-\infty}^{\infty} e^{2\pi inx}$$

と集約する「スローガン」を呈示した．但し，これは「事実」をそのように捉えただけとも言え，等式の根拠に対する「思想」的裏付けは希薄である．「技法」さえあれば，そのような「裏付け」とは独立に「スローガン」に内容を持たせることもできるが，その一方，そもそもどうしてこのような等式が成立するのか，つまり，なぜ三角(= 指数)函数なのか，を知ることも無益ではない．今回は，「技法」の展開に先立ち，それに対するやや突っ込んだ理由を述べる．

デルタを展開するだけなら，たとえば他の直交函数系によるものだってあるわけだが，Fourier の場合，明証性は格別である．背後にある「群」という代数的構造がそれを際立たせるのだ．同時にまた，その「明らかさ」こそが，解析的な場面での困難を生み出す要因ともなっているのである．

1◉……Fourierの公式の群論的背景

Fourier 級数，或いは Fourier 解析のもつ代数的なスッキリ感を「群」を用いて説明したい．但し，群が「代数」のムツカシゲな概念だという固定観念があれば，拒否反応を引き起こす可能性もある．それで，まずは「高校数学」レベルの話で説明する．1 の n 乗根(複素数として n 箇ある)を $\alpha_0, \alpha_1, \cdots, \alpha_{n-1}$ とする．これらはつまり，$x^n-1=0$ の根全体で，具体的に $\alpha_k = e^{2\pi ik/n}$ としてもいいのだが，そのような表

示はとりあえず横に置く．ここで，m を整数として，根の m 乗和

$$p_m = \alpha_0^m + \alpha_1^m + \cdots + \alpha_{n-1}^m$$

の値を知りたいとする．根の対称式だから，根と係数の関係を用いて…と始めると，ちょっと面倒かもしれない[注1]．その方向で考えるなら，Euler のように Newton の公式を使うという手もある[注2]．面白いのでやってみよう．因数分解

$$x^n - 1 = \prod_{k=0}^{n-1}(x - \alpha_k)$$

を「対数微分」すると

$$\frac{nx^{n-1}}{x^n - 1} = \sum_{k=0}^{n-1} \frac{1}{x - \alpha_k}.$$

この両辺を等比級数の和の公式で展開する．見やすいように $t = 1/x$ として変形すると

$$\frac{n}{1 - t^n} = \sum_{k=0}^{n-1} \frac{1}{1 - \alpha_k t}.$$

両辺の展開

$$n \sum_{r=0}^{\infty} t^{nr} = \sum_{m=0}^{\infty} \left(\sum_{k=0}^{n-1} \alpha_k^m \right) t^m$$

で t^m の係数を比較すれば

$$p_m = \begin{cases} 0 & (m \text{ は } n \text{ で割り切れない}) \\ n & (m \text{ は } n \text{ で割り切れる}) \end{cases}$$

を得る．あれかこれか(m が n で割れるかどうか)の二者択一で，結果が n か 0 かと分かれる．まさしくデルタ的である．

一方，今度は，先ほど横に置いた $\alpha_k = e^{2\pi ik/n}$ を使ってみる：$\alpha_k = \alpha_1^k$ なので

$$p_m = \sum_{k=0}^{n-1} \alpha_1^{km}$$

は等比級数の和である．公比 $\alpha_1^m = e^{2\pi im/n}$ が 1 でなければ，

$$p_m = \frac{1 - \alpha_1^{mn}}{1 - \alpha_1^m} = 0$$

で，公比が 1 のときは，1 を n 箇足すのだから $p_m = n$ となる．公比が 1 かどうかは m/n が整数かどうかで決まる．このように高校レベルの別の議論でも上の結果は導ける．他にもやり方はあるだろう．

使い方は異なるが，上の二つの方法ではどちらも等比級数の和の公式を用いた．しかし，そもそも等比級数の和の公式がどうやって導かれたかと反省してみると，より根源的な方法が見えてくる：

$$p_m = \alpha_0^m + \alpha_1^m + \cdots + \alpha_{n-1}^m$$

に α_k^m を掛ける．すると

$$\alpha_k^m p_m = (\alpha_k \alpha_0)^m + (\alpha_k \alpha_1)^m + \cdots + (\alpha_k \alpha_{n-1})^m$$

だが

$$\alpha_k \alpha_0, \quad \alpha_k \alpha_1, \quad \cdots, \quad \alpha_k \alpha_{n-1}$$

は $\{\alpha_0, \alpha_1, \cdots, \alpha_{n-1}\}$ の並べ方の順を変えたものに過ぎず，その m 乗和は変わらない．つまり，

$$\alpha_k^m p_m = p_m$$

である．ここでもし $\alpha_k^m \neq 1$ となるような α_k があれば $p_m = 0$ だし，そうでないときは，和の各項がすべて 1 だから $p_m = n$ となる．

この最後の考え方は，その上の二つと比べて，特殊な公式に依拠しないという点で，明らかな汎用性がある．さらに「群」という概念を用いれば，一般的原理に昇格する．

2 群上の乗法的函数

「群」を思い出そう．代数的スッキリ感を説明するのに，そこまで一般に言わなくてもいいのも確かだが，「群」概念は数学の常識だし，「解析」だからと言って「代数」を拒否する理由もない[注3]．群の定義は簡単である．結合法則をみたす二項演算が定義され，単位元という特別な元が存在し，各元に逆元が存在するというだけだ[注4]．こんな簡単な概念が「対称性」を記述する強力な道具であるというのも驚きである．

さて，G を群とし，この上の**乗法的函数** χ，即ち

$$\chi(gg') = \chi(g)\chi(g') \qquad (g, g' \in G)$$

を満たすものを考える．恒等的に 0 という函数を除くために，χ の値は $\mathbb{C}^\times$，つまり 0 でない複素数全体のなす乗法群にとるものとする．別名（1 次元）**指標**．恒等的に 0 は除いたが，恒等的に 1 という函数は排除していない．この**トリビアル**な乗法的函数を 1 と表わす．

前節の最後で述べたことは，このような指標に関して，そのまま一般化される．**有限群** G に対し，和

$$\sum_{g\in G}\chi(g)$$

を求めるのだが，議論は全く同じである．まず χ がトリビアルでないなら，定義から $\chi(h)\neq 1$ となる $h\in G$ がある．これを使って

$$\sum_{g\in G}\chi(g)=\sum_{g\in G}\chi(hg)=\chi(h)\sum_{g\in G}\chi(g)$$

と変形すると，和は0でなくてはならなくなる．他方 χ がトリビアルなら，和は1を群 G の位数箇だけ足すことになり，値は $\#G$. よって

$$\sum_{g\in G}\chi(g)=\begin{cases}0 & (\chi\neq 1)\\ \#G & (\chi=1)\end{cases}$$

となる．全体を $\#G$ で割り平均にすると，結果はKroneckerのデルタで $\delta_{\chi,1}$ とも書ける．

前節の「高校数学」の場合，群は1の n 乗根全体であり，具体的な等比級数の和の公式も使えた．しかし，適用に際しては，群の構造が単純だからこそ楽だったという点にも注意したい．上のやり方なら，具体的公式も群の具体的構造も，そんなの関係ない．

我々が扱おうとしているFourier級数では，G は有限群ではなく，整数全体の加法群 $\mathbb{Z}$ となる．実際，Fourier級数に現われる三角(＝指数)函数 $e^{2\pi inx}$ は x を固定し

$$\begin{aligned}\chi_x:\mathbb{Z}&\longrightarrow\ \mathbb{C}^\times\\ n\ &\mapsto\ e^{2\pi inx}\end{aligned}$$

と見ると乗法的，即ち $\chi_x(n+n')=\chi_x(n)\chi_x(n')$ であり，χ_x がトリビアルとなるのは x が整数のときに限る．今度はKroneckerでなくてDiracのデルタとなる筈だが，両者には明らかに共通した雰囲気が感じられる．ただ，有限群では和の取り方に何の不安もないが，対照的に，無限和だといろいろな困難が生じてくる．このあたりに「解析的なイヤラシサ」が潜む．

ここで，無理を承知で，上と同じ議論を繰り返す．無限和を重く受け止めず

$$\sum_{n\in\mathbb{Z}}\chi_x(n)$$

があるとする．議論は同じだから χ_x がトリビアルでなければ和の取り方で n をズラスと 0 だし，トリビアルなら 1 を無限箇足して ∞，つまり

$$\sum_{n\in\mathbb{Z}} e^{2\pi inx} = \begin{cases} 0 & (x \notin \mathbb{Z}) \\ \infty & (x \in \mathbb{Z}) \end{cases}$$

となるだろう[注5]．チャンと Dirac のデルタになるではないか[注6]，メデタシメデタシ——とは，さすがにいかない．和は普通の意味だと全く収束していないし(なにしろ $n \to \pm\infty$ で $\chi_x(n)$ は 0 にすら行かない)，「超函数」としての収束だというにも，それはそれではっきりとした定義に戻らなければならない．

ともあれ，これくらい「明らかな」証拠，いや，語弊があるなら「傍証」でもいいが，それがごく簡単な議論ですぐに出てくるところが Fourier のスッキリ感の根拠でもある．

3◉……トーラス群

ところで，有限群でなくても，殆ど同じことが起こる場合もある．例えば，Fourier 級数を考えるに際し，「周期 1」という条件を函数に課しているが，これは $\mathbb{R}/\mathbb{Z}$ の上の函数だというのに等しい．群 $\mathbb{R}/\mathbb{Z}$ は，絶対値 1 の複素数全体(単位円周)

$$\mathbb{T} = \{z \in \mathbb{C}\,;\, |z| = 1\}$$

と $z = e^{2\pi ix}$；$\mathbb{T} \ni z \leftrightarrow x \bmod \mathbb{Z} \in \mathbb{R}/\mathbb{Z}$ で同一視される．こちらは複素数の掛け算で群となるが，さらに位相的にはコンパクトである．記号 $\mathbb{T}$ は(1 次元)**トーラス**に因む．この群の乗法的函数とは，$\mathbb{R}/\mathbb{Z}$ 上で見れば，$\boldsymbol{e}_n(x) = e^{2\pi inx}$ であり，群を複素数の中に実現した場合では

$$\begin{aligned} \boldsymbol{e}_n : \mathbb{T} &\longrightarrow \mathbb{C}^\times \\ z &\longmapsto z^n \end{aligned}$$

となる．実際，$\boldsymbol{e}_n$ $(n \in \mathbb{Z})$ はすべての「連続」な乗法的函数を尽くす．但し，当たり前ではない．適度な演習問題なので証明を試みるのもよい．因みに，見かけはかなり異なるが，Fourier 級数論では，直交系 $\{\boldsymbol{e}_n\}_{n\in\mathbb{Z}}$ の「完全性」に相当する事実である．

トーラス群 $\mathbb{T}$ は有限群ではないが，乗法的函数についての「和」に

関する先ほどの類似も考えられる．群が「連続群」なので「連続和」つまり「積分」で置き換えるのが自然である．積分は素直——ポイントは，積分の平行移動不変性——にする．結果は，しかし，実はよく知っている

$$\int_0^1 e^{2\pi int}dt = \begin{cases} 0 & (n \neq 0) \\ 1 & (n = 0) \end{cases}$$

の再現である．但し，これこそ三角函数 $\boldsymbol{e}_n$ の直交性

$$(\boldsymbol{e}_m|\boldsymbol{e}_n) = \delta_{m,n}$$

の根拠でもある．事実自体は，単に積分の実行(指数函数の原始函数はよく判る)で出せることだが，今度は少々違った導出，つまり，周期に亘る積分をちょっとズラす方法，とともに現われた筈だ．積分の平行移動不変性は，ここに効く．同じことを繰り返しているので，詳細は省略してよいと思うが，Fourier 級数論の最も基本的な直交関係も「群」が支えていることが看て取れる．

ところで，上ではトーラス群を $\mathbb{R}/\mathbb{Z}$ として，実数 $\mathbb{R}$ 上の「普通の」積分で書いた．これを複素数の乗法群の部分群として捉えると，積分も乗法的な dz/z で

$$\frac{1}{2\pi i}\oint z^n \frac{dz}{z} = \delta_{n,0}$$

という形をとる．積分路は，もちろん単位円周で，正の向きに一周する(規格化因子 $2\pi i$ はその一周分)．このように，複素函数論の留数計算の背後にも「群」は潜んでいたのだ．

4◉……双対性

上で見たとおり，群上の「乗法的函数」，つまり「波」を群全体に亘って重ね合わせると，二者択一的局在化が起こる．群が $\mathbb{T}$ なら，これは積分の結果であって，デルタ的と言っても，容易な事実である．Fourier 級数の本質は，むしろ「波」を重ね合わせることで生じるデルタにある．これは，群を取り替えて，乗法函数を $\mathbb{Z}$ 全体で足す解釈にもできる．似ているとはいえ，微妙な違いがある．ついでなので，ここに少し寄り道しよう．

群上の乗法的函数全体も群をなす：函数 χ, χ' が乗法的なら，その積 $\chi\chi'$ も乗法的；単位元はトリビアルな1．さらに群が可換，つまり**アーベル**群だとすると，もとの群と乗法的函数全体のなす群が対等に見えてくる．Pontrjagin 双対性というものである．深入りは避け，最小限だけ説明しよう．

群であって連続性の概念をそなえたものとして「位相群」がある．定義は，群が位相空間でもあり，積と逆元という二つの群演算が連続ということ．位相群 G がアーベル群だとして，連続な乗法的函数(1次元表現)全体 $\widehat{G}$ と，そのうち値が絶対値1のもの(1次元**ユニタリ**表現)全体 G^* を考える．なぜ G^* かの説明は省くが[注7]，ともかく乗法的函数の群が確定すると，「波」の重ね合わせは，その群上の「積分」という見知った形に言い表わせる．

位相アーベル群 G が局所コンパクトの時，G^* に，コンパクト集合上の一様収束の位相を考えると，局所コンパクト位相群となる(G の双対群(Pontrjagin dual))．Pontrjagin 双対定理とは，G と G^* が対等であること，つまり G^{**} と G が位相もこめて標準的に同型だという主張である．

この枠組みの典型的で重要な例として Fourier 級数を見る[注8]．整数の加法群 $\mathbb{Z}$ とトーラス群 $\mathbb{T}$ が互いに双対となる．但し，$\mathbb{Z}^* \cong \mathbb{T}$ の部分は易しいが，$\mathbb{T}^* \cong \mathbb{Z}$ の方は当たり前ではない．これは前節で注意したとおりだが，詳しく説明すると Fourier 級数論そのものを展開することになるので，認識の「枠組み」についてのみ触れる．

「群」から「函数」に移行する際に，「乗法的函数」という特別のものを媒介にするのが Fourier 解析である．双対的な二つの群 $\mathbb{T}$ と $\mathbb{Z}$ で，$\mathbb{Z}$ 上の函数とはつまり，数列にほかならないが，その上の函数の対応を

$$f(x) \quad (x \in \mathbb{T}) \longleftrightarrow c_n \quad (n \in \mathbb{Z})$$

と並列すると，両者が対等になり，その関係が「形式的に」

$$f(x) = \sum_{n=-\infty}^{\infty} c_n e^{2\pi inx}$$

$$c_n = \int_0^1 f(t) e^{-2\pi int} dt$$

と(二変数)「乗法的函数」$e^{2\pi inx}$ を核として媒介されていることが見える.「形式的」とは「和」や「積分」が文字どおりでない可能性を含めている. 例えば, Fourier の公式を集約したものは, 数列側での恒等的に1というものが, 函数側でデルタに対応するという特別な対応である. しかし, それが実は他のさまざまな函数と数列の対応を「すべて」代表しているという主張も秘めている.「スローガン」とは, つまり「一般」を「一つ」に代表させる(数学的)「修辞技法」なのだ. そして,「一」が「多」である「一般」をどう代表するかが, 今後の焦点となってくる. 今は, その特殊な「一」が群論的性質に注目することで, あらわになったということである.

トーラス上の函数と数列では, 各々で「よい」性質が異なるが, 上の対応では, その「よさ」がしばしば逆転する. デルタと定数(数列)の対応などはその例である. Fourier 級数では, その頃合いをうまく測ることが大切になる.

5◉……初等解析の技法——三種の神器

以上, 群論的視点は, 定式化として函数を変換する核函数 $e^{2\pi inx}$ の由来を説明し, Fourier の公式の内在的成立理由も与えた. 今度は「解析」という技法面からこの周辺を探ろう. 有限群でやさしいことが, なぜ難しくなるのか.

「解析」で扱う極限操作にも, 難しさに応じた階層がある. 例えば, 級数や積分において最初にあるのは「絶対収束」である. これは, 和の順序を自由に交換してよいなど, 形式は殆ど「代数」に同じである. それ故, 級数や積分が絶対収束するかどうか, 既知のものと比較するという order の評価が大事になる. このあたりを, 初級段階とすると, 次は, 絶対収束しないが収束するという「条件収束」の扱いで, これがそこそこ自由にできれば, 初級の卒業だろう.

微積分からはじまる解析学では, 一つには, 実数の本質に関わることだが,「代数」と違って, 命題の殆どは「必要かつ充分」という単純な形には述べられず,「必要」または「充分」の片方だけになる. 例えば級数が収束するには, 項が0に収束しなければならない(必要条件だ)が，その逆は成り立たないので，充分条件として order によるものなど，多数の定理が列挙される．このように，必要に応じて「技法」が精粗さまざまに用意されるのが「解析」である．この多様性は解析の深さと面白さを意味する一方，同時に入門段階の敷居を高くする．

初学者の負担を軽くするためには,「技法」の整理をすることも大切だ．少々大胆で「語弊」があったとしても「わかりやすさ」を優先して切り分ける．最もよく使う基本公式を三つにまとめて

（1） 等比級数の和の公式

（2） 微積分の基本公式

（3） 部分積分(和分)の公式

と標識化しよう．各々は敢えて説明の要らないほど基本的だが，重要性の認識は徹底していない．上の「絶対収束」との絡みでいえば，等比級数という「指数的」な評価は，まず第一に考えるべきもので，冪級数を押さえる最初の手筋である．微積分の基本公式は order に関する評価の基礎にある．初級段階は，まずこの二つの習得が目標である．そして「絶対収束」を超えた部分を扱う典型的技法が,(3)の「部分積分」，もしくは「和」の場合には「Abel の変形」の名前で知られるものである．

Fourier 解析でも，必然，これらの技法が駆使されることになる．「乗法的函数」$e^{2\pi inx}$ は絶対値が 1 だから，無限和を扱うにも，そのままでは，当然のように評価は「悪い」．級数が「デルタ」を表わす場合，「値」が 0 となるのは，重ね合わせの結果の「打ち消し」によるわけだから，絶対収束にはなじまないのだ．このように Fourier 級数では，条件収束にかかわって，絶対収束という「代数」の範囲をすぐに超える．そして，上の三つの基本公式(三種の神器)が縦横に活躍する恰好の場となるのである．

注

［注 1］ もう少し高校流にやることも可能である．冪和対称式を基本対称式で具体的に書き表わす一般公式に立ち入らず，$x^n-1=0$ という方程式の特殊な形，つまり係数が殆ど 0，に注目する．まず，$p_{m+n}=p_m$ とい

う周期性に注意すれば $p_0 = n$ なので $0 < m < n$ の m で p_m を求めればよいことになる．「帰納法」により冪和対称式 p_m が m 次以下の基本対称式で書けることが判るから，この範囲で $p_m = 0$ が判る．

［注 2］ 野海正俊『オイラーに学ぶ』(日本評論社)，第 4 章参照．

［注 3］ 「群」は，代数方程式が解けるとか，解けないとかの話で Galois が導入したモノなのに，それが「解析」に関係あるのかしらんと疑問に思う向きもあるだろう．これに対し，半ば冗談で答えてみる：Galois が決闘前夜，親友 A. Chevalier に残した手紙は「僕は**解析**に於いて幾つかの新しいことをなした」ではじまる．もちろんこの「解析」は代数方程式の可解性に関することが中心だが，普通の意味の「解析」と看做しても悪くない．

［注 4］ この「群」の定義は Galois によるのではない．それはともかく，前節の 1 の n 乗根全体が「群」をなすのは事実だが，p_m は上のような性質を用いて求めたのではない．積について閉じていることが利いたのだ．では，**演習問題**：0 を含まない複素数の(空でない)有限集合が，積について閉じているとき，それは乗法に関して群をなす．

［注 5］ Euler は

$$\sum_{n=-\infty}^{\infty} x^n = 0$$

という等式を得た(！)と Bourbaki『数学史』(東京図書 p. 237；ちくま学芸文庫(下) p. 133)にある．実際，和を真ん中で二つにわけ，おのおのに等比級数の和の公式を用いて足せば 0 になってしまう(全集(1)14, p. 362．但し，変数は x でなく n で記されている)．「誤り」とは言え，Fourier 級数の本質がこのような形で示唆されているのも面白い．

［注 6］ Dirac のデルタを「函数」として実現しようとすると，原点以外で値が 0 で，全空間での積分が 1 という奇妙なものになってしまう．これに関しては次回以降に触れることになる．

［注 7］ 『数学のたのしみ』**10**(1998. 12，日本評論社)の「双対性をさがす」と『数学のたのしみ』(2006 冬)の「表現論の素顔」という二つのフォーラムが参考になるかもしれない．

［注 8］ 実際は，Pontrjagin 双対性を含む表現論・調和解析に於いて，「一般論的・抽象的」部分と，「具体的例」では，考える方向が全く逆転して，困難さや重要性に対する感覚がかなり違うこともある．例えば，$\mathbf{T}^*$ の決定で難しいのは，既に知られた $e^{2\pi inx}$ で乗法的函数が尽きるかということだが，一般論では，ノントリビアルな乗法的函数が存在するのかが，まず問題となる．これは有限アーベル群ですら当たり前ではない．表現論を学ぶ際には，この，特殊と一般の双方に目配りしないと十全な理解は得られない．一般化に要する労力が特殊な状況に見合うものでなければ，それを用いることは不適切な「牛刀」となってし

まう.

因みに，具体例では連想が及びにくいので注意しておくが,「一様近似」と「点の分離」の関係を見るStone-Weierstrassの定理は，抽象的一般論での急所である.

第3章

FOURIERの公式

前章まで，いくぶん長めの導入部(introduction)として，Fourier 級数の「スローガン」

$$\delta(x) = \sum_{n=-\infty}^{\infty} e^{2\pi inx}$$

を遠巻きに外から眺めてきた．本章では，一転して，いきなり核心部《Fourier の公式》に突入する．解説は後廻し．「思想」など，シチメンドクサイこと，グダグダ言われてカナワンと思っていた人も，気分一新，ここからでも大丈夫．

1● 予備的計算——等比級数の和

デルタを表わす式が無限和ゆえにイカガワシイ，扱いに困る，というのなら，一歩控えて，部分和で止める．あやふやな道に踏み惑う前に，安全安心な有限に立ち帰るよう心がけるべきであろう．有限で止めれば，なんのことはない，等比級数の和である．しかし，この有限和が閉じた形に求まるというのが，実に有り難いのだ．

正整数 M, N をとり，等比級数の和の公式

$$z^{-M}+z^{-M+1}+\cdots+z^{N} = \frac{z^{N+1}-z^{-M}}{z-1} = \frac{z^{N+\frac{1}{2}}-z^{-M-\frac{1}{2}}}{z^{\frac{1}{2}}-z^{-\frac{1}{2}}}$$

に $z=e^{2\pi ix}$ を代入すれば

$$\sum_{k=-M}^{N} e^{2\pi ikx} = \frac{e^{(2N+1)\pi ix}-e^{-(2M+1)\pi ix}}{2i\sin\pi x}$$

と判る[注1]．この両辺を $D_{M,N}(x)$ と置く．記号は，$M=N$ のときの Dirichlet 核 $D_N = D_{N,N}$ にあわせたが，偶然にも δ と語呂があうとい

う幸運に恵まれた．Dirichlet 核については，上の計算から

$$D_N(x) = \sum_{k=-N}^{N} e^{2\pi ikx} = \frac{\sin((2N+1)\pi x)}{\sin \pi x}$$

である．言うまでもないが，これまでに Euler の公式

$$e^{i\theta} = \cos\theta + i\sin\theta$$

は自由に使っている．

ここで，上の級数を $1/2 \sim x$ で積分する．範囲は右辺分母の $\sin \pi x$ が消える点，つまり，0 と 1 が端点となるのを避けている．はじめから 1/2 とせず，一般の $0 < a < 1$ を取って，$a \sim x$ で計算してもよいし，そうすると $a = 1/2$ の都合がよい理由も判る．しかし，それは読者の練習問題としておこう．さて，積分は容易に計算できて

$$x - \frac{1}{2} + \sum_{\substack{-M \leqq k \leqq N \\ k \neq 0}} \frac{e^{2\pi ikx} - (-1)^k}{2\pi ik} = \int_{\frac{1}{2}}^{x} \frac{e^{(2N+1)\pi it} - e^{-(2M+1)\pi it}}{2i\sin \pi t} dt$$

を得る．この右辺を $E_{M,N}(x)$ と置く．文字 E は，D の次ということで採ったが，誤差項(error term)にもちょっと引っ掛けてある．というのは，次節の補題 1 で判るように，これは区間 $(0, 1)$ で消える部分なのだ．因みに $M = N$ の時は，左辺が少し整理されて

$$x - \frac{1}{2} + \sum_{k=1}^{N} \frac{\sin(2\pi kx)}{\pi k} = \int_{\frac{1}{2}}^{x} \frac{\sin((2N+1)\pi t)}{\sin \pi t} dt$$

となる．従って，今，先取りして述べたことを認めると，$0 < x < 1$ に対し，

$$\sum_{k=1}^{\infty} \frac{\sin(2\pi kx)}{\pi k} = -x + \frac{1}{2}$$

が成り立つ．それ自身興味ある式だが，単に各点で成立するというだけでは，例えば Fourier の公式に応用する際に困る．どのような形で収束しているかも，見極めなくてはいけないのである．次節の二つの補題は，そこに関連した主張である．

2◉……基本的観察

前章の最後の節で述べた「初等解析の三種の神器」のうち，ここまでで，「等比級数の和の公式」と「微積分の基本公式」を使ったわけで

ある．次は「部分積分の公式」の番だ．

考察の対象である $E_{M,N}(x)$ は，より基本的な二つの積分の差になっている．それを

$$E_L^{\pm}(x) = \int_{\frac{1}{2}}^{x} \frac{e^{\pm(2L+1)\pi it}}{2i\sin \pi t}dt \qquad (\text{複号同順})$$

として，$E_{M,N}(x) = E_N^{+} - E_M^{-}(x)$ と書いておく．通常の Fourier 級数の本だと，最初から $M=N$ の Dirichlet 核に限定して話を進めることが多いが，以下で $M=N$ がどのような御利益をもたらすかという点にも注意したいので，正負バラバラに和を取ることから出発するのである．

この節では，二つの基本的性質を見る．まず

▶補題 1

任意の $0<\delta \leqq \dfrac{1}{2}$ に対して，

$$\lim_{M,N\to\infty} E_{M,N}(x) = 0 \qquad (x \in [\delta, 1-\delta])$$

であり，収束は $x \in [\delta, 1-\delta]$ について一様．

証明：各々の積分 $E_L^{\pm}(x)$ について，$L\to\infty$ のとき，$[\delta, 1-\delta]$ で一様に 0 に収束することを示せばよい．部分積分で

$$\begin{aligned}&\pm\pi\int_{\frac{1}{2}}^{x} \frac{e^{\pm(2L+1)\pi it}}{i\sin \pi t}dt \\ &\quad = -\frac{e^{\pm(2L+1)\pi it}}{2L+1}\cdot\frac{1}{\sin \pi t}\bigg|_{t=\frac{1}{2}}^{x} + \int_{\frac{1}{2}}^{x}\frac{e^{\pm(2L+1)\pi it}}{2L+1}\cdot\left(\frac{1}{\sin \pi t}\right)'dt\end{aligned}$$

と変形できる（もちろん複号同順）．但し $'$ は t による微分である[注2]．右辺は $1/\sin \pi x$ もその導函数 $(1/\sin \pi x)'$ も $x\in[\delta, 1-\delta]$ で有界だから，$L\to\infty$ で一様に 0 に行く．よって，補題の主張が証明された．（証明終）

▶注意

二重の添え字を持つ場合，極限

$$\lim_{M,N\to\infty} E_{M,N}(x) = 0$$

の定義は，複数考えられるが，一般的なのは，任意の$\varepsilon>0$に対し，Kが存在して，$M,N\geqq K$ならば$|E_{M,N}(x)|\leqq\varepsilon$，とするものであろう．ただし，証明から判るように，補題1の主張は，二重の添え字の片側を有限に止めての極限の存在という強い形になっている．つまり，M,Nが無限大に行くのは本当にバラバラでもいい．

▶補題2

正数Cが存在して，M,Nによらず

$$|E_{M,N}(x)|\leqq C(|\log x|+|\log(1-x)|)$$

が$x\in(0,1)$に対して成り立つ．特に$E_{M,N}$は一様に広義可積分．

証明：函数$x(1-x)/(\sin\pi x)$は区間$[0,1]$に連続に延長できる．従って，その絶対値は正の実数Cによって

$$\left|\frac{x(1-x)}{\sin\pi x}\right|\leqq C \qquad (x\in(0,1))$$

と押さえられる．即ち

$$\frac{1}{\sin\pi x}\leqq C\frac{1}{x(1-x)} \qquad (x\in(0,1))$$

となる正数Cが存在する．この評価を$E_{M,N}(x)$の定義式に用いれば

$$\begin{aligned}|E_{M,N}(x)| &\leqq \left|\int_{\frac{1}{2}}^{x}\left|\frac{e^{(2N+1)\pi it}-e^{(2M+1)\pi it}}{2i\sin\pi t}\right|dt\right|\\ &\leqq \left|\int_{\frac{1}{2}}^{x}\frac{1}{\sin\pi t}dt\right|\\ &\leqq C\left|\int_{\frac{1}{2}}^{x}\frac{1}{t(1-t)}dt\right|\\ &\leqq C|\log x-\log(1-x)|\\ &\leqq C(|\log x|+|\log(1-x)|)\end{aligned}$$

と望む評価が得られる[注3]． （証明終）

▶**注意**

補題2の主張「一様に広義可積分」は，得られた評価式の直接の帰結であるが，それは対数函数 $\log x$ が 0 の近くで広義積分可能ということを，もちろん踏まえている．微積分の基本公式を使っての評価である．復習しておくと，$\varepsilon > 0$ について

$$\int_{\varepsilon}^{1} |\log x|\,dx = (x - x\log x)\Big|_{x=\varepsilon}^{1} = 1 - \varepsilon + \varepsilon\log\varepsilon$$

で $\varepsilon\log\varepsilon \to 0\ (\varepsilon \to 0)$ だからである[注4]．

上で C の値を具体的に与えたり，或いは，望むならその最良(best possible)を考えることもできるが，当面使わないので，無駄な計算には及ばない[注5]．その意味では，上の形も「カッコつけすぎ」で，0と1を同時に見る必要はない．広義積分が問題となる点の各々で粗い評価をするだけで充分．さらにまた，$E_L^{\pm}(x)$ に対して述べる方が徹底しているが，次節で使うのに参照しやすい形にしておいた．

3◉……C^1 級函数のFourier級数

以上のような簡単な観察から，連続的微分可能な函数(C^1 級函数)の Fourier 級数展開(ちょっと弱い形)が直ちに得られる．「弱い」とは言っても次節で補足説明するとおり，定理としてはやや改良の余地があるという意味であり，実用上はそれで充分なほど「強い」とも言える．

▶**定理(Fourier の公式)**

函数 f は開区間 $(0,1)$ で C^1 とし，片側極限

$$f(+0) = \lim_{x \searrow 0} f(x), \qquad f(1-0) = \lim_{x \searrow 0} f(1-x)$$

を持つとする．また，導函数 f' は $(0,1)$ で**有界**とする．積分

$$c_n = \int_0^1 f(t)e^{-2\pi int}dt$$

を第 n Fourier 係数とするとき，等式

（a）　$$\frac{1}{2}(f(+0)+f(1-0)) = \lim_{N\to\infty}\sum_{n=-N}^{N} c_n$$

が成り立つ．また，もし $f(+0) = f(1-0)$ ならば

（b）　$$f(+0) = f(1-0) = \sum_{n=-\infty}^{\infty} c_n$$

が成り立つ．このときは和の取り方は n の正負に関して独立に極限をとってよい．

証明：式

$$t-\frac{1}{2}+\sum_{\substack{-M\leqq k\leqq N\\ k\neq 0}}\frac{e^{2\pi ikt}-(-1)^k}{2\pi ik} = E_{M,N}(t)$$

の両辺に $f'(t)$ を掛けて区間 $[0,1]$ で積分する．導函数 f' は連続であり，有界だから積分に問題はない．このとき，左辺は部分積分によって

（L）　$$\frac{1}{2}(f(+0)+f(1-0))$$

$$-\sum_{k=-M}^{N} c_{-k}+\Lambda_{M,N}\cdot(f(1-0)-f(+0))$$

となる．但し，

$$\Lambda_{M,N} = \sum_{\substack{-M\leqq k\leqq N\\ k\neq 0}}\frac{1-(-1)^k}{2\pi ik} = \sum_{\substack{-M\leqq k\leqq N\\ k\,:\,\mathrm{odd}}}\frac{1}{\pi ik}.$$

実際，

$$\begin{aligned}\int_0^1\left(t-\frac{1}{2}\right)f'(t)dt &= \lim_{\varepsilon\searrow 0}\int_\varepsilon^{1-\varepsilon}\left(t-\frac{1}{2}\right)f'(t)dt\\ &= \lim_{\varepsilon\searrow 0}\left(t-\frac{1}{2}\right)f(t)\Big|_{t=\varepsilon}^{1-\varepsilon}-\lim_{\varepsilon\searrow 0}\int_\varepsilon^{1-\varepsilon}f(t)dt\\ &= \frac{1}{2}(f(+0)+f(1-0))-c_0\end{aligned}$$

及び，$k\neq 0$ についても同様に（記号 $1-0$ や $+0$ は上のような極限 $\lim_{\varepsilon\searrow 0}$ の略記と解し），

$$\int_0^1\frac{e^{2\pi ikt}(-1)^k}{2\pi ik}\cdot f'(t)dt$$

$$= \frac{e^{2\pi ikt}-(-1)^k}{2\pi ik}\cdot f(t)\Big|_{t=+0}^{1-0}-\int_0^1 e^{2\pi ikt}f(t)dt$$

$$= \frac{1-(-1)^k}{2\pi ik}(f(+0)-f(1-0))-c_{-k}$$

を得るので，これらを足し合わせて(L)となる．

式(L)中の「邪魔者」$\Lambda_{M,N}\cdot(f(1-0)-f(+0))$ については，まず $f(+0)=f(1-0)$ ならば M,N の制限なしに当然0である．他方，そうとは限らなくても $M=N$ ならば $\Lambda_{N,N}=0$ なので消える．このそれぞれが，結論(b)と(a)に対応する．

以上より，結局，定理のためには，積分

$$\int_0^1 E_{M,N}(t)f'(t)dt$$

が $M,N\to\infty$ で0に行くことを示せばよいが，導函数 f' は $(0,1)$ で有界としているので

$$\int_0^1 |E_{M,N}(t)|dt$$

が $M,N\to\infty$ で0となることを言えばよい．

まず，前節の補題2により $E_{M,N}$ は M,N によらず広義可積分函数によって押さえられる．従って，任意の $\varepsilon>0$ に対し $\delta>0$ が存在して，

$$\left(\int_0^\delta+\int_{1-\delta}^1\right)|E_{M,N}(t)|dt \leqq \varepsilon$$

となる．残りの積分

$$\int_\delta^{1-\delta}|E_{M,N}(t)|dt$$

は，$t\in[\delta,1-\delta]$ について一様に $E_{M,N}(t)\to 0$ $(M,N\to\infty)$ となる(補題1)．従って積分の極限も0となる．これらより

$$\limsup_{M,N\to\infty}\int_0^1|E_{M,N}(t)|dt \leqq \varepsilon$$

が言え，$\varepsilon>0$ は任意だから

$$\lim_{M,N\to\infty}\int_0^1|E_{M,N}(t)|dt=0$$

と定理が証明される． (証明終)

▶系

函数 f は周期1で C^1 級とする．その第 n Fourier 係数を c_n と

するとき，

$$f(x) = \sum_{n=-\infty}^{\infty} c_n e^{2\pi inx}$$

が成り立つ．また，収束は一様である．

証明：第 1 章で既に見たように，函数を平行移動したものの Fourier 係数は

$$\int_0^1 f(t+x)e^{-2\pi int}dt = c_n e^{2\pi inx}$$

となるから．これに上の定理を用いれば，級数の和が得られる．収束の一様性は定理の証明で f によらない形になっている(平行移動の導函数は，その移動 x によらず一様に押さえられる)から明らかである．　(証明終)

4◉……補足的注意

以上，Fourier の公式について，そこそこ一般的で，実用に際しても相当に充分な定理が得られたのであるが，それに関して二三の補足をしておこう．以下では函数 f を周期 1 のものとして，それをトーラス群 $\mathbb{R}/\mathbb{Z}$ 上の函数と見做す．

(Ｉ)　上の定理では，C^1 という条件が破れるのは 0 だけである．まず最初に，この C^1 の破れ方について，扱われているのが

(ア)　f がその点で，不連続(但し，左右の片側極限のある第一種不連続点)まで許す

(イ)　f 自身はその点で連続であるが，導函数 f' はその点で連続とは限らない(その点で微分係数が存在するとも限らないし，不連続性も第一種とは限らない)

という二種類であることに注意したい．定理にあわせて，導函数の(存在範囲での)有界性は仮定する．定理の主張(a)は(ア)の場合，Fourier 係数を正負で対称に足すと収束し，その値が左右の片側極限の(相加)平均になるということになる．また，主張(b)は(イ)ならば

Fourier 係数の足し方は正負バラバラにしても極限があり，その値は函数値そのものだということである．この区別と理由も，証明で，式(L)に現われる「邪魔者」の消え方として明瞭になっていた．

上のような C^1 の破れは，一点に限る必要はなく，たとえば**有限箇の例外**を許すことが当然考えられる．そこで，(ア)のような点を有限箇許す函数を**区分的に** C^1 と呼ぶことにする[注6]．すると，(イ)のような点を有限箇許す函数は，**連続かつ区分的に** C^1 と言うことで区別もつく．

定理の主張(b)を連続かつ区分的に C^1 の場合に拡張することは難しくない．この場合，導函数が有界ならば，Riemann 可積分で[注7]，例外点の左右で少し控えて積分し，部分積分の公式を用いれば，上の証明が殆どそのまま通用する．つまり，そこに至る過程で部分積分には若干の注意が要るが，見かけ上の式変形では，結果として変更の必要がない．

定理の(a)を区分的に C^1 の場合に(もちろん導函数は有界として)拡張することは，もう少し細かい注意が要る．定理の証明をなぞって，部分積分を行なおうとすると，不連続点の各々で $x=0$ で行なったような不連続に起因する項が出現し，上の「連続かつ区分的に C^1」と違って，見かけ上も式変形が複雑になる．それでも，それを正直に実行することで Fourier の公式を得ることができる．但し，定理の系とも言える

$$\sum_{k=1}^{\infty} \frac{\sin(2\pi kx)}{\pi k} = \begin{cases} -x+\dfrac{1}{2} & (0<x<1) \\ 0 & (x=0,1) \end{cases}$$

を使って 0 以外の不連続点の影響が両辺で打ち消されることを見る必要がある．

「区分的に C^1」の場合を扱うには，この上の式と，それをズラシたものを使って，不連続点のギャップを取り去るという手もある．具体的説明のために準備をする．まず，上の式の左辺が周期 1 であるのに，右辺の多項式はそうではないので，それを周期函数にする「小数部分」の記号 $\langle \cdot \rangle$ を導入する：

$$\langle x \rangle = x-[x] \qquad (x \in \mathbb{R}).$$

ここで $[x]$ は x を越えない最大の整数，つまり，日本では俗に「Gauss 記号」と呼び習わされているものである[注8]．これを用いて

$$\beta(x) = \begin{cases} -\langle x\rangle + \dfrac{1}{2} & (x \notin \mathbb{Z}) \\ 0 & (x \in \mathbb{Z}) \end{cases}$$

とすると上の公式は，x の範囲に制限なしに

$$\beta(x) = \sum_{k=1}^{\infty} \frac{\sin(2\pi kx)}{\pi k}$$

となる．また，この β を u だけ平行移動したものを $\beta_u(x) = \beta(x+u)$ と書く．

たかだか第一種の不連続点しかもたない函数 f が

$$f(x) = \frac{1}{2}(f(x+0)+f(x-0))$$

と規格化されているとしよう[注9]．上の β はこの条件を満たしている．このような f の点 u での左右の片側極限の差，つまりジャンプを

$$j_f(u) = f(u+0)-f(u-0)$$

と置く．もちろん連続点では 0 である．今，区分的に C^1 で，上の意味で規格化されている f に対し，函数

$$f_\beta^\sharp = \sum_u j_f(u)\beta_{-u}$$

を作る，但し，u についての和は f の不連続点をすべて含むものとする．これは f と同じ点で同じジャンプをもち，その差 $f_\beta^\flat = f - f_\beta^\sharp$ は連続，従って，「連続かつ区分的に C^1」である．以後，函数 φ の第 n Fourier 係数を $c_n(\varphi)$ と，函数を明示しながら書くことにする．まず

$$\begin{aligned} c_n(f_\beta^\flat) &= c_n(f) - \sum_u j_f(u)c_n(\beta_{-u}) \\ &= c_n(f) - \sum_u j_f(u)c_n(\beta)e^{-2\pi inu} \end{aligned}$$

であり，**定義に戻って正直に積分**することにより

$$c_n(\beta) = \begin{cases} \dfrac{1}{2\pi in} & (n \neq 0) \\ 0 & (n = 0) \end{cases}$$

が判る．そこで，「連続かつ区分的に C^1」な $f_\beta^\flat$ に対して成り立つ

$$f_\beta^\flat(0) = \lim_{N\to\infty} \sum_{n=-N}^{N} c_n(f_\beta^\flat)$$

の両辺に，対応して $f_\beta^\#$ から来る量を補正すればいいが，それは特殊な Fourier 級数として確立している

$$\sum_u j_f(u)\beta_{-u}(0) = \sum_u j_f(u)\sum_{n=1}^{\infty}\frac{\sin(-2\pi nu)}{\pi n}$$

であって，これを加えれば f に対する Fourier の公式が得られることになる．

正直に部分積分をする方法と似ているが，細部で注意すべきこともある．上で β の Fourier 係数を計算するのは，$-x+1/2$ という表式を使うのであって，三角級数の方の表式ではない．Fourier(的)級数，或いは三角級数，で与えられたものの Fourier 係数が，その式から直ちに読み取れると思うのは，論理的には正しくない「早トチリ」である．少し大袈裟に「脅かして」おくと，一般的な状況での「三角級数の一意性」問題は Riemann に発し，Cantor が再び採り上げたが，それがきっかけで無限集合の理論が産み出されたのである．意外にも大きな問題を孕んだ歴史が背後にあるのだ．もちろん，今の級数は，そんなに難しいものではないが，全区間 [0,1] で一様収束しているわけではないから，明らかとは言えない代物でもある．その点，両辺でキャンセルするのに行なう計算は同じでも，部分積分の実行と考え方が微妙に違うと言える．

いずれにしても，(ア)の場合は，より状況が簡単な(イ)に加えて，特別な級数のことが判ればよいという形に分離できることにもなっている．部分積分とちょっと違う視点を導入した御利益と言えよう．

(II)　補題 2 に関して，$M=N$ としたときは，実は，より強く

$$E_{N,N}(x) = x-\frac{1}{2}+\sum_{k=1}^{N}\frac{\sin(2\pi kx)}{\pi k} = \int_{\frac{1}{2}}^{x}\frac{\sin((2N+1)\pi t)}{\sin \pi t}dt$$

は有界になる．証明方法はいろいろあるが，少し手間が要る．この事実を認めると，主張(a)については f' に課す条件として，有界性より弱く，

$$\int_0^1 |f'(t)|dt < \infty$$

という条件でよい．積分と極限の順序交換を言うのに，上の定理だと

$E_{M,N}$ の「一様な」(広義)可積分性と f' の有界性の組合せだが，今度は $E_{N,N}$ の「一様な」有界性と f' の(絶対)可積分性の組合せ，となる．つまりどちらも，L^∞(有界)と L^1(絶対可積分)の双対的なペアリングの形である．そして，これは一種の「優収束定理」であるが，Lebesgue 積分の定理を援用するほど複雑なことではない[注10]．

ちなみに f' が絶対可積分とは f が有界変動ということである．実は，微分可能性を仮定せずとも，有界変動の仮定だけでも定理は成り立つ(Dirichlet-Jordan の定理)．道筋は同様で，Stieltjes 積分に移行するだけでよい．但し，第1章に出した形にまで言おうとすると，もうちょっと議論が必要となる．いずれにしろ，詳しいことは，章を改めて述べることにする．

注

[注1]　ホントーにうるさいことを言うなら，$w^{-2M}+w^{-2M+2}+\cdots+w^{2N}$ を計算して $w=e^{\pi ix}$ を代入するというべきだが，この程度の「ことばのアヤ」には慣れてほしい．こんなヘンな注意をするのは，数学の厳密さが誤って解釈され,「過保護」が増えたせいか，揚げ足取りと本質的な誤りの指摘の区別がつかない御仁に出くわすこともあるからだ．

[注2]　導函数は $(1/\sin\pi x)'=-\pi\cos\pi x/(\sin\pi x)^2$ と計算できるが，使う性質は，具体形を見るまでもないので，敢えて無駄な計算結果は省いた．

[注3]　最初の行の右辺で絶対値が積分の内と外の両方について不格好であるが，積分の規約で x が $1/2$ より大きいか小さいかで符号が変わるから，こんな形になった．区間の記号にもう少し便利なものがあれば，少しは改善されるだろう．

[注4]　$\varepsilon\log\varepsilon$ は負で $\varepsilon\to 0$ で 0 に行く．最後の評価も多項式と対数の「どっちが強いか」という基本的な order の認識で，微積分の基本である．対数函数 $\log x$ の原始函数も常識の範囲であるが，仮にそれを知らないとしても，広義積分の収束は，縦横ひっくり返せば $\int_0^\infty e^{-t}dt=1$ という内容であるから，すぐに見える．そのようなことも含めて，基本に立ち帰りたい．

[注5]　とは言っても，気になる人のために書いておくと，たとえば $\sin x/x$ の $[0,\pi/2]$ での下からの評価から，C は $1/2$ ととれる．しかし，もっと細かく見ると $C=1/\pi$ という，よりよい評価が実際は得られる．

[注6]　この用語は，どこかで公認されているかどうか知らないが，そこそこ

一般的に理解されるだろう．「区分的に滑らか」という言い方もある．

［注 7］ Riemann 積分の定義から容易に判る．定理の証明では，内側に少し控えて積分して，その極限をとることにしたので，この事実自体は不要である．ここでも同じことをすればRiemann 積分などと考える必要は，実際はない．Riemann 積分については，第2部第2章で触れたが，Lebesgue 積分とは違って，これ自体を詳しく解説することは稀なので，充分いい参考書を挙げることは難しい．しかし，Riemann 積分も案外面白いものなので，機会があったら「徹底入門」を試みるのもよいだろう．

［注 8］ 個人的にはGauss の括弧と呼んでいる．用語について注釈を述べるなら，例えば，高木貞治『初等整数論講義』(共立出版) p. 3には，“…を $[x]$ で表わすことがある(Gauss の記号)” とある．これを見ると，このような整数を表わす記号があれば便利であるが，それをGauss が使ったのに倣って，括弧 [ ] が使われている，というニュアンスである．それが文脈を離れて一人歩きし，「Gauss の記号」だけで，上の意味をもつ固有名詞と化し，さらに「の」を略して「Gauss 記号」が広まったのだろう．このように，由緒正しき言葉ではないので「Gauss 記号」を英語に直訳しても通用しない．

［注 9］ たかだか第一種の不連続点しかもたない函数を「方正」(仏：réglé(e)，英：regulated)と呼ぶことがある(Bourbaki の用語)．一変数の場合は，階段函数の一様極限となることと同値であり，不連続点はたかだか可算箇である．いずれ触れることになるが，有界変動な函数は，方正である．

［注 10］ 第2部第3章では「一様収束」をちょっとはずれた「L 様収束」定理に関して解説した．その例として触れたことは，この第3部の内容を先取りして述べた部分とも言える．そこで「別の機会に譲る」と書いたことを，ここで詳しく述べることになった．但し，第2部第3章で示唆したのは $E_{N,N}$ の有界性を使うもので，本章で述べたFourier の公式の証明そのものではない．思想的には同じなのだが，この章のは使う条件が緩い．その意味では有界な「L 様」ではなく，可積分な優函数をもつ「J 様」もしくは「U 様」収束定理なのだが，需要もないのに有用でない新奇な名前を提案するのは避けよう．

第4章 デルタに近づく

前章ではC^1級，もしくは区分的にC^1級の周期函数について，そのFourier級数展開を導いた．これは，純粋に「技法」の呈示である．本章では，それ以前に述べた「思想」とのつながりを説明する．技術的細部に関しては，予告だけのものも多いが，それはそのうち触れることにして，まずは主目的である「思想」と「技法」の融合を図ろう．

1◉……作業仮説から

前章の道筋をおおまかに復習しよう．デルタを表わすべき無限和

$$\delta(x) = \sum_{n=-\infty}^{\infty} e^{2\pi inx}$$

の右辺を有限和で打ち切り，「一度積分する」ことで

$$x-\frac{1}{2}+\sum_{k=1}^{N}\frac{\sin(2\pi kx)}{\pi k} = \int_{\frac{1}{2}}^{x}\frac{\sin((2N+1)\pi t)}{\sin \pi t}dt$$

という公式を得た．実際は，和の取り方で正負対称でないものも扱ったが，簡単のため，この形で説明する．右辺の積分表示から$N\to\infty$に関する情報を引き出すことができるので，$0<x<1$に対して，級数の収束

$$\sum_{k=1}^{\infty}\frac{\sin(2\pi kx)}{\pi k} = -x+\frac{1}{2}$$

が積分との順序交換ができる程度に「たちのよい」ものだと判る．それを用いて，例えばC^1級の函数fに対して，上の級数と導函数f'を掛けて$[0,1]$で積分し，部分積分で，もとのfに戻すことでFourierの公式が得られるのだった．さほど難しくないものだが，いくつか疑

問も残る．例えば，何故積分するのか，積分する意味は何か．

まず，上のデルタを表わす「スローガン」を作業仮設にして出発する．第1章の最後に述べたように「超函数」の等式と思うのだが，それは線型汎函数を表わしているとの解釈に従う．但し，どのようなクラスを試料函数(test function)として「観測できる」のかについて，最初から判ったものと捉えているのではない．天下り的定義で満足するなら「作業仮設」などと回りくどいことは必要ない．左辺のデルタは，原点 $x=0$ での求値(evaluation)だから，そこでの値がはっきりしているものならば候補になるだろう．例えば試みに $0<a\leqq b<1$ として区間 $[a,b]$ の定義函数

$$1_{[a,b]}(x)=\begin{cases}1 & (x\in[a,b])\\ 0 & (x\notin[a,b])\end{cases}$$

を「等式」の両辺に当てる．すると，左辺で函数の値が0で，右辺は形式的に

$$b-a+\sum_{n\neq 0}\frac{e^{2\pi inb}-e^{2\pi ina}}{2\pi in}$$

となる．これは実際収束する級数なので意味をもつが，その値は「左辺」の結果から0を表わすことが期待される[注1]．特に a,b を x と $1/2$ としたものが，前章で登場した式である．「一回積分」したのは，「超函数」のままでは捉えにくいところを，特殊な試料函数を測ってみて，両辺を手の届くところまで持ってきたという意味がある．しかし，そう言われると，次のような問いが頭に浮かぶ：何故，特殊な試料函数だけなのに，結局は，より一般の函数を代表することになったのか．この問いは，しばらく棚上げにして，ともかく，このように「スローガン」を手がかりにして，より具体的に扱える姿に問題が変形できたことは，「思想」の有用性として認識すべきであろう．

ここで，試料函数として採った区間の定義函数 $1_{[a,b]}$ の制限である $0<a\leqq b<1$ をはずすとどうなるか．例えば a を負にする．その前に $a=0$ を通るが，デルタが，$x=0$ で不連続な $1_{[0,b]}$ の値をどう観測するか不明なので，そこは避ける．まず，$-1<a<0<b<1$ とする．先ほどとは違って，左辺のデルタでの観測値は1となるから

$$1 = b-a+\sum_{n\neq 0}\frac{e^{2\pi inb}-e^{2\pi ina}}{2\pi in}$$

となるだろう．これは $a_0 = a+1$ と置けば，右辺の指数函数は周期 1 なので

$$0 = b-a_0+\sum_{n\neq 0}\frac{e^{2\pi inb}-e^{2\pi ina_0}}{2\pi in}$$

と書き直せるが，この a_0 とは $0 < a_0 < 1$ となるような補正と見ることができる．

同様に b が 1 を越える場合も，値の補正が生じる．ここでちょっと注意しておくと，今まで

$$\delta(x) = \sum_{n=-\infty}^{\infty} e^{2\pi inx}$$

と書いたが，これは暗黙の裡に $x\in\mathbb{R}/\mathbb{Z}$ というトーラス上での表示だとしてきたのである．つまり試料函数は周期 1 のものを扱い，積分は 1 周期分をとった．今のように区間の定義函数を試料函数として用いる場合は，周期 1 に補正していないので，積分は実数全体 $\mathbb{R}$ で行なうことになる．そのように見る時は，「スローガン」も焼き直して

$$\sum_{m=-\infty}^{\infty}\delta(x-m) = \sum_{n=-\infty}^{\infty} e^{2\pi inx}$$

とすべきである[注 2]．

この形のもとで，$a < b$ が共に整数でないとして，試料函数 $1_{[a,b]}$ を観測してみると，左辺からは b と a の間にある整数の箇数，つまり，$[b]-[a]$ が勘定される．その分を右辺の積分に繰り込めば

$$0 = \langle b\rangle-\langle a\rangle+\sum_{n\neq 0}\frac{e^{2\pi inb}-e^{2\pi ina}}{2\pi in}$$

という式が得られる．但し，前章と同様 $[x]$ は Gauss の括弧（x を越えない最大の整数），$\langle x\rangle = x-[x]$ は x の「小数部分」を表わす．一つ注意しておくと，今までは $a \leqq b$ という大小関係を置いたが，得られた式は a と b の入れ替えで不変だから，その制限ははずしてよい．

このように「本来」直線的に動くはずの $b-a$ が，右辺が表わすべき周期性の補正を受けて周期的になってしまう理由が，整数点にあるデルタに由来するということも理解できる．整数点を通り過ぎるたびに，カウンターがリセットされるのだ．

2● デルタ列

作業仮設を「てこ」に，状況のスケッチを積み重ねてくることで，デルタの展開そのものではないが，それを一度積分したものについては，しっかりした姿が描けるようになった．整数点以外では「普通の」級数，或いは「古典的な」等式である．そして，それを目標に据えれば，前章で示したとおり，例えば f が C^1 のような場合，両辺に導函数 f' を掛けて積分するという形で，デルタの展開である Fourier の公式が得られることになった．「積分してから微分する」に似たやり方で元に戻るのだから，なんとなく尤もらしい．しかし，何故「積分してから微分する」という「回りくどい」方法をとるのだろうか．「直接」ではいけないのか，という当然の疑問が湧いてくる．

ここで「直接」というのは，次のような「普通に」想定される問いを意味している．周期 1 の連続函数 f に対し，Fourier 係数を

$$c_n(f) = \int_0^1 f(t)e^{-2\pi int}dt$$

として

$$f(0) = \lim_{M,N\to\infty} \sum_{n=-M}^{N} c_n(f)$$

という形で明快に言えないのか，ということだ．実際は，反例を挙げて示したのではないが，第 1 章に，これは一般には成り立たないという旨の注意をした．それはそうなのだが，おとなしく引き下がるのではなく，「直接」迫る試みをつづけてみよう．前章の最初の等比級数の計算より

$$D_{M,N}(x) = \frac{e^{(2N+1)\pi ix} - e^{-(2M+1)\pi ix}}{2i\sin\pi x}$$

とし

$$\int_0^1 f(t)D_{M,N}(-t)dt$$

が $f(0)$ に近づくかどうかを見ることになる．また，$M=N$ として Dirichlet 核

$$D_N(x) = \sum_{k=-N}^{N} e^{2\pi ikx} = \frac{\sin((2N+1)\pi x)}{\sin\pi x}$$

を考えた方が収束しやすくなるから，それでもいい．こちらは実数値函数なのでグラフも描きやすい．

こう見たとき，Dirac のデルタも Dirichlet 核も，一般の連続函数をキチンと観測ができ，「専門用語」で「測度」(Radon measure) と呼ばれる線型汎函数になっている．一般の「超函数」より狭い種族に属しているのだ．それにも拘わらず，$D_N(x)$ は $N\to\infty$ で「測度」の意味ではデルタに収束していない，ということなのである．なかなか微妙な話だ．

「測度」の意味でデルタに近づく函数列としては，次のような条件を満たす列 $\{\varphi_n\}_{n=0}^{\infty}$ が典型的である：

（1） $\int|\varphi_n(t)|dt$ は有界，

（2） $\lim_{n\to\infty}\int\varphi_n(t)dt=1,$

（3） 任意の $\delta>0$ に対し

$$\lim_{n\to\infty}\int_{|t|\geqq\delta}|\varphi_n(t)|dt=0.$$

積分区域は場合にあわせて適宜とる．例えば，周期 1 の函数ばかり考えるなら，$\mathbb{R}/\mathbb{Z}$ 或いは，その $\mathbb{R}$ での代表として $-1/2\sim1/2$ などだし，$\mathbb{R}$ 全体で考えるなら $-\infty\sim\infty$ とするが，実際は，$x=0$ を含む適当な区間に限ってもよい．このとき，

▶定理

函数列 $\{\varphi_n\}_{n=0}^{\infty}$ が上の条件(1)(2)(3)を満たすとする．このとき，連続で有界な函数 f に対し

$$\lim_{n\to\infty}\int f(t)\varphi_n(t)dt=f(0)$$

が成立する．

証明：条件(2)を使うと

$$\int f(t)\varphi_n(t)dt-f(0)\cdot\int\varphi_n(t)dt=\int(f(t)-f(0))\varphi_n(t)dt$$

が $n\to\infty$ で 0 に行くことを示せばよい．函数 f は $t=0$ で連続

第4章 デルタに近づく

だから，任意の$\varepsilon > 0$に対し$\delta > 0$が存在して，$|t| < \delta$ならば$|f(t)-f(0)| \leqq \varepsilon$となるようにできる．この$\delta$を使って積分区域を$|t| < \delta$と$|t| \geqq \delta$の二つに分ける．まず

$$\left|\int_{|t|<\delta}\right| \leqq \int_{|t|<\delta} |f(t)-f(0)||\varphi_n(t)|dt$$
$$\leqq \varepsilon \int |\varphi_n(t)|dt$$

は，条件(1)より$\varphi_n(x)$の絶対値の積分がnに関して一様に有界なので，εと共に小さくなる．もう一方は$|f(t)| \leqq K$とすると

$$\left|\int_{|t|\geqq\delta}\right| \leqq \int_{|t|\geqq\delta} |f(t)-f(0)||\varphi_n(t)|dt$$
$$\leqq 2K \int_{|t|\geqq\delta} |\varphi_n(t)|dt$$

は条件(3)から$n \to \infty$で0に行く．（証明終）

上の(1)(2)(3)を満たす列を**デルタ列**と呼ぶことが多い．函数φ_nが**正**，つまり$\varphi_n(x) \geqq 0$を満たすときは，条件(1)は(2)に含まれるので不要となる．上の定理は，証明も簡単で使いやすい．基礎知識として標準的な材料である．

▶補足

上では，線型汎函数として$x=0$でのデルタにのみ注目したのだが，Fourier級数のときと同様に，連続函数fを平行移動でズラシた函数f_xを使うと

$$f(x) = \lim_{n\to\infty} \int f_x(t)\varphi_n(t)dt$$

となる．積分区域などの細かいことを省いたが，たとえば，安全のため連続函数は台(support)がコンパクト（充分大きな有限区間の外で0）とすると，fは**一様連続**なので，先ほどの証明より，この収束が**一様**であることも判る．右辺の積分は$\check{\varphi}(x) = \varphi(-x)$の記号の下

$$(f*\check{\varphi}_n)(x) = \int f(t+x)\,\check{\varphi}_n(-t)dt = \int f(t)\check{\varphi}_n(x-t)dt$$

と書ける．この$*$は畳み込み(convolution)という一種の積（結合

法則を満たす)である．デルタ列 φ_n に対し，$\check{\varphi}_n$ もデルタ列なので，一般に，デルタ列は畳み込みで，もとの函数を復元することが判る．その意味で，デルタ列を近似単位元(approximate identity)とも呼ぶ．この性質は，他のいろいろな函数空間に於いても汎く成立し，函数を近似する際，基本的な道具となっている．上で述べたデルタ列が，単に線型汎函数としての近似というだけでなく，この形でも使えることを知っておくと有用性が倍増する．

---

3 ◉ .... Dirichlet核

前節の明快な定理が Dirichlet 核に適用できるのなら，Fourier 級数論のイヤラシイところの殆どは雲散霧消してしまうだろう．しかし，理想がすぐに現実となるのでは，世界は子供っぽい空想(fantasy)にとどまる．現実は，適切な想像力(imagination)を必要とする．条件(2)と(3)については，まず定義の有限級数から明らかな

$$\int_0^1 D_N(t)dt = 1$$

が判り，次いで等比級数の和として計算した

$$D_N(x) = \frac{\sin((2N+1)\pi x)}{\sin \pi x}$$

を用いると，前章の補題 1 と同じく，

$$\begin{aligned}\int_\delta^{1-\delta} & \frac{\sin((2N+1)\pi t)}{\sin \pi t} dt \\ &= -\frac{\cos((2L+1)\pi t)}{2N+1} \cdot \frac{1}{\sin \pi t}\Bigg|_{t=\delta}^{1-\delta} \\ &\qquad + \int_\delta^{1-\delta} \frac{\cos((2L+1)\pi t)}{2N+1} \cdot \left(\frac{1}{\sin \pi t}\right)' dt\end{aligned}$$

と部分積分によって，原点を外れた区間での積分値が $N \to \infty$ で 0 に行くことが判る．ここまでは順調だ．

ところが，条件(1)に対応して

$$\int_0^1 |D_N(t)| dt$$

と，絶対値の積分を考えると，有界ではなく $N \to \infty$ で $\log N$ 程度に

増大することが判る．これは，原点の近くでの積分に限ってよいことだが，積分値の大体の大きさはD_Nの分母の$\sin \pi t$をtで置き換えて考えればよい．そこで$0<a<1$をとって

$$\int_0^a \frac{|\sin((2N+1)\pi t)|}{t}dt$$

を計算する．変数を$u=(2N+1)t$と置換すると，積分は

$$\int_0^{(2N+)a} \frac{|\sin \pi u|}{u}du$$

だが，整数$k>0$に対して，区間$[k-1,k]$での明らかな評価

$$\frac{|\sin \pi u|}{u} \geqq \frac{|\sin \pi u|}{k}$$

を積分して

$$\int_{k-1}^k \frac{|\sin \pi u|}{u}du \geqq \frac{2}{\pi k}$$

を得るから，これらを足して

$$\int_0^{(2N+1)a} \frac{|\sin \pi u|}{u}du \geqq \sum_{k=1}^{[(2N+1)a]} \frac{2}{\pi k}$$

と下からの評価ができる．右辺は調和級数の和として，定数倍を除けば$\log N$程度の増大である．因みに，上からの評価も同様であり，積分の増大度が判る．

このように，Dirichlet核は，デルタ列の条件を満たさず，それが障碍となって，**一般の連続函数**に対しては，今一歩のところでFourierの公式が**成立しない**と推察されるのである．

ところで，今見た評価が，否定的結論を導くのにだけしか役立たないのであれば，些か空しいものがある．しかし，例えば，$f(t)$が$t=0$で微分可能だとすると，$|f(t)-f(0)|$の評価には，0次近似にとどまらず，$f(t)-f(0)-f'(0)t=o(t)$という1次の近似が利用できる[注3]．Dirichlet核の場合は，絶対値の積分が一様有界ではなかったが，$t=0$の近くで$|tD_N(t)|$が一様有界となるので，それを用いると，その場合のFourierの公式が導けることになる．或いは，もう少し細かく見れば，より精密な定理を導くことも可能である．その具体的な形は，Fourier級数に関する教科書・専門書に見られるだろう．いずれにせよ，デルタ列の条件(1)の補完をすることでFourierの公式を

得るという一般的「からくり」が，以上の考察から表立って見えてきたのである．

4●……Fejér核

Dirichlet核は，もちろん正負の値をとり，さらには，絶対値の積分が一様には押さえられない「野生的」な性格を持っていた．この「核」の不都合な部分をコントロールする一つの手が，函数fに対し，その微分可能性などの条件を課すことであった．それに対し，時代はかなり下ることになるが，ハンガリーの数学者Fejérは，函数の方は一般の連続函数としたままで，Fourier級数そのものではなく，部分和の平均をとれば，その列がもとの函数に収束するということを示した(1904)．これは「核」で言えば，Dirichlet核の平均

$$F_N(x) = \frac{1}{N}(D_0(x)+D_1(x)+\cdots+D_{N-1}(x))$$
$$= \sum_{n=-N+1}^{N-1}\left(1-\frac{|n|}{N}\right)e^{2\pi inx}$$

を考察することになる．これをFejér核と呼ぶことにする[注4]．一般に「平均」をとることは，奔放なトゲトゲしさを平滑化する効果が期待されるから，確かに有望な考えである．

このF_Nについて，デルタ列の条件のうち，(2)と(3)は，すでにDirichlet核D_Nが満たしているわけだから，当然成立している[注5]．問題は，もちろん条件(1)である．ところが，ちょっと驚くことに

$$F_N(x) = \frac{1}{N}\left(\frac{\sin N\pi x}{\sin \pi x}\right)^2$$

が成立する．特に，この核は正で，(1)は(2)から自動的に導かれる．従って，Fejér核の場合はデルタ列となり，第2節の定理が適用できる．そこの補足でも述べた，函数の近似の形で結果を書いておこう．

▶定理

周期1の連続函数fに対しc_nを第n Fourier係数とする．このとき，

$$f(x)=\lim_{N\to\infty}\sum_{n=-N+1}^{N-1}\left(1-\frac{|n|}{N}\right)c_n e^{2\pi inx}$$

が成り立つ．また，収束は x について一様である．

一様近似を与える三角多項式の係数がFourier係数から直ちに見える形である点も明快である．尤も，このようなFourier級数を少しひねったもので一様近似を考えるなら，他に幾つも可能性がある．それについては，いずれ触れることになる．

さて，この計算は，$q=e^{\pi ix}$ として

$$D_k(x)=\frac{\sin((2k+1)\pi x)}{\sin\pi x}=\frac{q^{2k+1}-q^{-2k-1}}{q-q^{-1}}$$

だから，これを足すのだが，分子の方にやはり等比級数の和の公式を用いる．まず

$$q+q^3+\cdots+q^{2N-1}=q\cdot\frac{q^{2N-1}}{q^2-1}=q^N\cdot\frac{q^N-q^{-N}}{q-q^{-1}}$$

で，この式から q の代わりに q^{-1} としたものを引いて

$$D_0(x)+D_1(x)+\cdots+D_{N-1}(x)=\left(\frac{q^N-q^{-N}}{q-q^{-1}}\right)^2$$

が判る[注6]．

このように計算自体は難しくない．但し，結果を前もって知るのは容易なことではないだろう．そこで，ちょっと寄り道をして，上の計算を含む事実を紹介し，幾分かの「なぐさめ」としたい．

Dirichlet核は q に関する等比級数であった．少し一般に，正整数 n に対し，

$$[\![n]\!]=q^{-n+1}+q^{-n+3}+\cdots+q^{n-1}=\frac{q^n-q^{-n}}{q-q^{-1}}$$

と置く．今だと量子群で用いられる q-整数として認識されるものである．一番右の式を定義とすれば n は形式変数と思ってよいが，以下の対応物のためには整数とするのがよいだろう．これはまた，コンパクト群 $SU(2)$ の n 次元既約表現の指標(トレース)とも解釈できる．このとき，$n-1$ は表現の "highest weight" であり，$(n-1)/2$ は量子力学での「スピン」を意味する．スピンが整数，つまり n が奇数なら，古典的な回転群 $SO(3)$ の表現になっている．それに対して，$q=e^{\pi ix}$

だったので，n が偶数なら，x については周期が 1 ではなく，1 回転分の変化に対して符号を変える．自転する電子の「角運動量」としての「スピン」はこちらの場合で，回転群の 2 重被覆である $SU(2)$ が必要になってくるのだ[注7]．

さて，上に出てきた Fejér 核の正値性を示した等式は，次の形の積の公式に一般化される：

$$[\![m]\!][\![n]\!] = [\![m+n-1]\!]+[\![m+n-3]\!]+\cdots+[\![|m-n|+1]\!].$$

これを $m=n=N$ として適用したのが Fejér 核に関する計算で，改めて書くまでもないが，

$$[\![N]\!]^2 = [\![2N-1]\!]+[\![2N-3]\!]+\cdots+[\![1]\!].$$

因みに $q\to 1$ の極限では

$$N^2 = 1+3+\cdots+(2N-1)$$

という，奇数を順に足して平方数になるという馴染み深い式で，図形的にも正方形を鉤型の「グノモン」に分割すれば一目瞭然というものである．

この式の証明は，右辺の和から出発するなら，上の Fejér 核の場合と殆ど同じである．左辺の積から出発するなら，例えば

$$(q^k+q^{-k})[\![n]\!] = [\![n+k]\!]+[\![n-k]\!]$$

なので，積の片方の因子を和で書いてから，この式を使って順にバラしていけばよい．

なお，積 $[\![m]\!][\![n]\!]$ は対応する $SU(2)$ の表現のテンソル積の指標である．上の式は，従って，その既約分解を記述する Clebsh-Gordan 則という，はっきりとした表現論的意味をもつことが判る．

注

[注1] 級数の収束について言うと，x が整数でない時

$$\sum_{n=1}^{\infty}\frac{e^{2\pi inx}}{n}$$

は収束する．級数は絶対収束ではなく，その意味で収束は明らかとは言えない．但し，例の三種の神器のうち，「部分和分」が有効に使われる典型例で，それをマスターしたなら，収束は「一目」である．

[注2] 公式をこの形に書くと Fourier 変換に於ける Poisson の和公式と呼ば

れるものになる．

［注 3］　記号 $o(t)$ は Landau の記号で，高位の無限小を表わす．つまり $o(t)$ とは $t \to 0$ で t よりはやく 0 に行く量のこと．

［注 4］　Fejér 核は F_{N+1} に番号 N を付けていることも多いが，こちらの方が見た目もよい．

［注 5］　条件(2)については積分値の平均だから当たり前であるが，条件(3)が当然というのは，微積分のはじめ頃に学習する次の命題を踏まえてのことである：数列 a_n が $n \to \infty$ で a に収束するとき，最初の n 項の平均 $b_n = (a_0 + \cdots + a_{n-1})/n$ もまた a に収束する．もちろん，すぐあとで計算する具体形を見れば $1/N$ という因子が出ているから，より明白ではある．

［注 6］　Fourier 級数に頻出の，この手の計算は(複素)指数函数を用いて行なうのが定跡である．ところが，演習やセミナーなどで学生が計算すると，高校で訓練した三角函数の積和の公式などが幅を利かせる．おまけに，それが「気の利いた方法」だと勘違いして，ノートに写す学生まで出現する．このような悪習は，大学に入ったらきれいさっぱりと捨てたいものだ．

［注 7］　記号は，$SU(2)$ は 2 次の特殊ユニタリ群(行列式が 1 の 2×2 ユニタリ行列全体)で，$SO(3)$ は 3 次の特殊直交群(行列式が 1 の 3×3 実直交行列全体)．群としては $SU(2)$ が $SO(3)$ の 2 重被覆群となっている．

初等的な量子力学や連続群の表現について，気になる人は適当な参考書を見つけて調べてみるのがいい．表現については，例えば，山内恭彦・杉浦光夫『連続群論入門』(培風館)を挙げておこう．スピンについては，朝永振一郎『スピンはめぐる』という究極の名著がある．もとは中公選書であったが，2008 年みすず書房から復刊された．英訳は "*The Story of Spin*"(The University of Chicago Press, 1997)．回転群の 2 重被覆が必要となるくだりは，同書で「古典的記述不可能な二価性」(Pauli)と述べられている．

第5章 超函数としてのデルタ

前章で，デルタに近づくべきDirichlet核が微妙な点で「デルタ列」にはならず，ひいてはそれが連続函数一般に対してのFourier級数展開の障碍となっているという説明をした．つまり，「スローガン」

$$\delta(x)=\sum_{n=-\infty}^{\infty}e^{2\pi inx}$$

は「測度」の収束の意味では成り立たない．しかし，Dirichlet核がどのような意味で「デルタ列」になり得ないのかを見ると，その補完によってFourierの公式を導くこともできた．例えば，函数の方では「微分可能性」を課すという手があり，また，核の方でも部分和の「平均」をとるという手段を用いて，デルタの近似が回復されるのだった．

この章では第3章に呈示した，一度積分するという「技法」を「超函数」という視点から説明しつつ，より自由な世界への紹介とする．一つのポイントは「測度」をはみ出す「超函数」の「微分」演算である．

1◉……特殊と一般

前章で，作業仮設としてのデルタの展開に，特別な「試料函数」として区間の定義函数を当てて，その結果

$$\sum_{k=1}^{\infty}\frac{\sin(2\pi kx)}{\pi k}=-x+\frac{1}{2}\qquad(0<x<1)$$

のような古典的等式が得られることに言及し，それが，Fourierの公式の証明技法(第3章)の背景にあることをほのめかした．つまり上の等式は，実質C^1級函数のFourierの公式であり，その理由が「作業仮設」の延長上に見出せるというのである．しかし，その後は，むしろ

「測度」としてのデルタに焦点を合わせたので，この背景の説明は「棚上げ」という形になっていた．この章では，その棚の荷物を降ろすことにしよう．

まず，前章にも掲げたが，何故，特殊な試料函数だけで，より一般の場合を代表し得るのか，という疑問について少し述べよう．これに対しては幾つかの答えがある．まず，特殊な試料函数と言ってもパラメータが入っているので，それを考慮すると，結構たくさんの試料函数を測ることになる．例えば，区間の定義函数なら，その線型結合として階段函数全体が出る．これは相当大きい「線型空間」である．位相の入れ方にも拠るが，いろいろな函数空間の中で稠密になる．代表的な「連続函数の空間」の場合は，階段函数は部分として入っていないが，一様近似できるので実質「稠密」に近い．それは連続函数の「一様連続性」から従う．そして連続函数の Riemann 積分可能性の根拠は通常そこに求められる[注1]．より正確に「稠密」と言いたければ，有界閉区間の場合，階段函数全体は，定義により「方正」函数の空間に於いて稠密で，連続函数全体はその中に入っているというわけだ．

この考えは，実は他にも応用可能である．一例を挙げれば Fourier 変換に関する「連続版」ピタゴラスの定理である Plancherel の定理も，その証明は，特殊な函数，例えば Gauss 分布 e^{-x^2} の Fourier 変換の計算に集約できる[注2]．「近似」については別に議論が必要だが，個々の函数と，それを含む「函数空間」という形式上違ったレベルの双方を「平等」に見る，「技法」と「思想」の融合である．

尤も，Fourier の公式の場合には，それですべてが説明できるほどの説得力はない．Dirichlet 核が「デルタ列」ではなく，「測度」で閉じた世界には収まりにくいのだ．ただ，そんなことがあっても特に不思議はないという程度の，納得の足しにはなるだろう．

上の疑問に対する第二の考えは，もちろん，函数の等式それ自体を，その函数が定義する「超函数」と看做すことである．試料函数は別にとって積分すれば，多くの等式が得られる．但し Fourier の公式にからむ場面では，積分する際に導函数をとるから，見かけがやや異なる．この「微分」についてはあとで詳述する．

ついでに言うと，Riemann zeta $\zeta(s)$ は「函数」ではあるが，対数微分を「超函数」(distribution)と看做し，明示公式(explicit formula)にまで変形すれば素数の分布(distribution of primes)をつかさどるさまが明瞭になる．これも同じ思想圏である．そもそも zeta 自体も，函数という以前に，より本質的な超函数(zeta distribution)を背後に想定し，具体的に現われる函数は，それに特別な試料函数を当てたものだと捉えるのが「現代的」な考えなのである．

このような考えを知ると，面白い等式は，それで孤立しているのではなく，潜在的には，ずっと沢山の等式を内蔵しているのだと理解できる．「特殊公式」は一般性に於いて「一般公式」に劣るわけではない．特殊と一般は，相互に入れ替わるものなのだ．

2◉……超函数とその微分

ここで，線型汎函数としての「超函数」の考え方を述べたい．但し，細かい定義については立ち入らない．定義に至る，そもそもの考え方こそが重要だからである．まず，汎函数を扱うのに記号を決めておこう．汎函数 T と函数 φ がある時，

$$\langle T, \varphi \rangle$$

で，T の φ に対する値を表わすことにする．記号は，これが一般的だが，両者が対等に見え，双対性が前面に出るようにした．今，土台としている空間は，実数直線 $\mathbb{R}$ やトーラス群 $\mathbb{R}/\mathbb{Z}$ のように「平行移動」が考えられるものとする．函数の場合には前に定義したとおり

$$\varphi_x(t) = \varphi(t+x)$$

と記号を定める．また，函数が積分によって線型汎函数を定義している場合，記号の濫用によって(by abuse of notation)，函数と汎函数を記号上区別せずに書く．ここで積分は「平行移動」不変なもの，つまり「普通」の積分を考え，函数 f と φ に対して

$$\langle f, \varphi \rangle = \int f(t)\varphi(t)dt$$

とする．これは両方の変数に関して線型，つまり双線型(bilinear)である．第1章にでてきた内積 $(f|\varphi)$ は右の φ に関して複素共軛をとるので，それとはちょっと違う．積分が移動で不変ということより，

$$\langle f_x, \varphi_x \rangle = \langle f, \varphi \rangle$$

が成り立つ．ここで f も φ も微分可能で，かつ大らかに極限の順序を変えたとすると

$$\langle f', \varphi \rangle = \lim_{x\to 0} \frac{1}{x} \langle f_x - f, \varphi \rangle$$

$$= \lim_{x\to 0} \frac{1}{x} \langle f, \varphi_{-x} - \varphi \rangle = -\langle f, \varphi' \rangle$$

となる．但し $'$ は導函数を表わす．感覚を重んじて「大らか」にやったが，より厳密には「部分積分」と言えばよい．その時は「境界」で函数が消えるという条件が必要だが，設定のうちに自然に取り込まれているとするのである．

上の式では f も φ も微分できるとした．しかし，右辺では φ の方にしか，その仮定を使っていない．これを「拡大解釈」すれば線型汎函数の微分が定義できる．「試料函数」の方に微分可能性(だけでなく導函数の連続性等も当然仮定するのがよいが)を課して，そちらの方に責任を転嫁するのである．つまり，

$$\langle T', \varphi \rangle = -\langle T, \varphi' \rangle$$

と定義する．何度も微分したければ，試料函数の方にその制限をつける．例えば，無限階微分可能 (C^∞) で台(support)がコンパクトな函数全体を試料函数とする．極限操作も必要となるだろう．そのために，試料函数の空間に於いては，列の「強い収束」を想定する．それは，考えている函数列の台が一斉に一つのコンパクト集合に含まれ，かつ各階の導函数が一様収束することとする[注3]．線型汎函数 T が，この「収束」に関して「連続」，つまり，試料函数の「強い収束」列 $\varphi_n \to \varphi$ に対し，

$$\lim_{n\to\infty} \langle T, \varphi_n \rangle = \langle T, \varphi \rangle$$

が言える時，「超函数」と定義するのである[注4]．

或いは，別の無限階微分可能な試料函数の空間として，函数と各階の導函数が無限遠で，どのような多項式よりもはやく0に行くものを考えることもある(いわゆる「急減少函数」の空間)．その上の連続線型汎函数は「緩増大」の超函数と呼ばれる．これらはFourier変換に

関係して設定される．

いずれにしろ，試料函数には強い制限をつけ，また，試料函数の空間の「位相」についても，極限操作が自由にできるように強い条件を課す．その双対である「超函数」の方は，相手に責任転嫁した分，自由さを享受するという仕組みである．これは考える対象をまずはできるだけ大きくとり，無用な神経を使わずに済ますための方便の一種で，微積分の最初に「実数」という「完備」な世界を構築しておくのに似ている．大風呂敷を拡げておいて，あとはその中で，必要に応じて細かい話をするという魂胆だ．

このように，定義が判ったところで，Fourier の公式を導くのに使った

$$\beta(x) = -\langle x\rangle + \frac{1}{2}$$

を微分してみよう．但し $\langle x\rangle$ は x の小数部分を表わす．微積分の範囲ならば，整数点以外では普通に微分できて，結果は -1．不連続となる整数点では微分はできない．超函数の意味ではどうだろうか．実数とトーラスのどちらでも考えられるが，周期 1 なので $\mathbb{R}/\mathbb{Z}$ でやってみよう．上の定義により，φ は周期 1 の(無限階)微分可能な函数として

$$\begin{aligned}\langle \beta', \varphi\rangle = -\langle \beta, \varphi'\rangle &= \int_{-\frac{1}{2}}^{\frac{1}{2}} \left(\langle t\rangle - \frac{1}{2}\right)\varphi'(t)\,dt \\ &= \int_{-\frac{1}{2}}^{0} \left(t + \frac{1}{2}\right)\varphi'(t)\,dt + \int_{0}^{\frac{1}{2}} \left(t - \frac{1}{2}\right)\varphi'(t)\,dt\end{aligned}$$

である．ここで，部分積分により

$$\begin{aligned}\int_{-\frac{1}{2}}^{0} \left(t + \frac{1}{2}\right)\varphi'(t)\,dt &= \left(t + \frac{1}{2}\right)\varphi(t)\Big|_{t=-\frac{1}{2}}^{0} - \int_{-\frac{1}{2}}^{0} \varphi(t)\,dt \\ &= \frac{1}{2}\varphi(0) - \int_{-\frac{1}{2}}^{0} \varphi(t)\,dt\end{aligned}$$

であり，同様に

$$\int_{0}^{\frac{1}{2}} \left(t - \frac{1}{2}\right)\varphi'(t)\,dt = \frac{1}{2}\varphi(0) - \int_{0}^{\frac{1}{2}} \varphi(t)\,dt$$

なので，これらを加えて

$$\langle \beta', \varphi \rangle = \varphi(0) - \int_{-\frac{1}{2}}^{\frac{1}{2}} \varphi(t)dt = \langle \delta, \varphi \rangle - \langle 1, \varphi \rangle.$$

従って

$$\beta' = \delta - 1$$

と判る．但し，この式で1というのは定数函数1という意味，即ち1を掛けて積分する（つまり単なる積分）である．従って -1 の部分は「普通の微積分」と同じ．超函数としては，それに加えて不連続点でのジャンプからデルタが出てきたのである．

3◉……超函数列の収束

Fourier 級数を超函数として扱おうというのなら，超函数列の収束も考えなくてはいけないが，定義自体は安直にしてよい．超函数の列 $\{T_n\}_{n=0}^{\infty}$ が超函数 T に収束するとは，任意の試料函数 φ に対し

$$\lim_{n \to \infty} \langle T_n, \varphi \rangle = \langle T, \varphi \rangle$$

ということにする．この時，$T_n \to T$ ならば，その微分についても，$T_n' \to T'$ は定義から明らかである．

ところで，今まで「函数」が「超函数」を定義するという内容を，曖昧にしてきたが，ちょっとだけきっちり言おう．超函数のクラスをどれにするかで，細かいことは変わるが，とりあえず一番広くとる．函数 f が「局所可積分」であれば，積分を通じて「超函数」が定義できる．「可積分性」は通常 Lebesgue の意味でとるが，第3部に於ては「積分論」は使わない方針だし，当面そこまで一般にしなくてもよい．Riemann 積分の範囲なら，非有界であっても，任意の有限区間で「広義積分」が絶対収束する，という意味に解しておけばよい[注5]．どちらの意味にせよ「局所可積分」な函数は，積分で線型汎函数を定義する．さらに試料函数列が「強い収束」をしていれば，極限と積分の順序交換ができて，「連続性」も言える．正確に書くと，局所可積分な函数 f に対し，試料函数 φ の台が有限区間 I に含まれる時，

$$|\langle f, \varphi \rangle| \leqq \int_I |f(t)| dt \cdot \|\varphi\|_{L^\infty}$$

という評価を見ればよい．但し

$$\|\varphi\|_{L^\infty} = \sup_t |\varphi(t)|$$

は一様ノルム(supremum norm)である．

ここでFourierに話を戻す．第3章で，一度「積分した」恰好の

$$\beta(x) = -\langle x\rangle + \frac{1}{2} = \sum_{k=1}^{\infty} \frac{\sin(2\pi kx)}{\pi k}$$

を確立し，f'を掛けて積分することでC^1級の函数に対するFourierの公式を導いた．上の説明で判るように，左辺からは，「微分」によってデルタが出る．「積分して微分したら」元に戻るという形であるが，計算は結局「部分積分」なので，超函数の概念自体を知る必要はない．ただ，今は「超函数」という視点でその計算を見直し，裏にある考え方がより広い一般的原理となる仕組みを説明しているのだ．また，第3章では，ギリギリのところを狙ったので「超函数的」視点としては，「試料函数」としてC^1級，もしくは区分的にC^1をとったことになる．そのため右辺の級数の収束について少し詳しい情報が必要となった．

「試料函数」を制限すると，その場合のFourierの公式は，より簡単に導けるのであろうか．答えはYesでもあるしNoでもある．この事情を見るために，試料函数の制限がFourier級数に対して，どのような御利益があるかを見ておこう．まず，Fourier係数に対する「当たり前」の評価式がある．今まで触れていないのが不思議なくらい基本的である：

$$c_n(\varphi) = \int_0^1 \varphi(t)e^{-2\pi int}dt$$

なので，絶対値については

$$|c_n(\varphi)| \leqq \int_0^1 |\varphi(t)|dt = \|\varphi\|_{L^1}$$

となる．一番右の記号はL^1ノルムと呼ばれるもので，その左の積分が定義である．

次に，φが周期1でC^1級とする．部分積分で，

$$c_n(\varphi') = 2\pi in\, c_n(\varphi)$$

が判り，$n \neq 0$なら，上の評価と併せて

$$|c_n(\varphi)| \leqq \frac{1}{2\pi|n|}\|\varphi'\|_{L^1}$$

となる．従って $n\to\pm\infty$ に於いて $c_n(\varphi)=O(1/n)$ である[注6]．これを繰り返すと，φ が周期1で C^k 級ならば $c_n(\varphi)=O(1/n^k)$ が判る．つまり，「試料函数」の微分できる階数に応じてFourier級数の収束はよくなる．特に，無限階微分可能なら，そのFourier係数はどんな多項式よりも速く0に行く(急減少数列)．

また，無限階まで行かなくても，周期1で C^2 なら，そのFourier級数は一様に絶対収束することが上の評価から見えている．実際は，その一つ手前の C^1 でもFourier級数は絶対収束する．それは，第1章で述べたBesselの不等式より $c_n(\varphi')$ の絶対値の自乗和は収束するので，$1/n$ と併せてCauchy-Schwarzの不等式を適用すればよい[注7]．証明の道筋を含めて知っておくとよい事実である．但し，例えばFourierの公式が先に得られれば，Besselよりも強くParsevalの等式が出るわけだから，それを利用することもできる．「内積」の議論は必須というわけでもない．

一つ注意しておきたいのは，上のFourier係数の関係式は**連続**かつ区分的に C^1 でもよいが，例えば周期の端である0と1でつながっていなければ

$$c_n(\varphi')=\varphi(1-0)-\varphi(+0)+2\pi in\, c_n(\varphi)$$

とジャンプ相当分の補正が入る．この場合，導函数が L^1 (絶対可積分)ならば $c_n(\varphi)=O(1/n)$ は判るが，あとはいくら微分できても評価はよくならない．例えば上の β なら，第3章に述べたように

$$c_n(\beta)=\begin{cases}\dfrac{1}{2\pi in} & (n\neq 0)\\ 0 & (n=0)\end{cases}$$

であり，和は「絶対収束」しない．一方，上に注意したとおり，連続かつ区分的に C^1 とすると，導函数が有界(もう少し弱く L^1 でよいが)という程度でもFourier級数は「絶対収束」するので，不連続な場合と，はっきりと違いが生じている．Fourier係数のorderに対しては，「微分可能性」より「不連続性」の方が影響が強いのである．

4 ● Fourierの公式

さて，上で見てきたFourier係数の評価から，級数

$$\sum_{n=-\infty}^{\infty} e^{2\pi inx}$$

は超函数の意味で収束することが判る．実際，φが少なくともC^2なら$n \neq 0$に対し

$$|c_n(\varphi)| = \frac{|c_n(\varphi'')|}{4\pi^2 n^2} \leqq \frac{\|\varphi''\|_{L^1}}{4\pi^2 n^2}$$

なので，定数

$$C = \frac{1}{2\pi^2}\sum_{n=1}^{\infty}\frac{1}{n^2}$$

を以て

$$\sum_{n=-\infty}^{\infty}|c_n(\varphi)| \leqq \|\varphi\|_{L^1}+C\|\varphi''\|_{L^1} \leqq \|\varphi\|_{L^\infty}+C\|\varphi''\|_{L^\infty}$$

と評価できる．これから，線型汎函数を定義することと，「連続性」が同時に判る．因みに，この定数Cは実際は1/12だが，その求め方も，いずれ扱う．

これはデルタを与える級数の方であるが，それを積分した級数についても，同様の評価で「超函数」を与えることが示される．そして，その二つは超函数の意味の微分で結ばれる．

試料函数に責任転嫁したので，この程度の大らかな評価で結論が出る．上の級数が実際にデルタになることも，以下に示すように，超函数のレベルでは，さほどの手間なく言える．第2章の「代数的」な形式的説明が正当化できるのだ．

上の級数で定義される「超函数」をTとする．周期1の函数φに対して$\varphi(x)e^{2\pi ix}$のFourier係数は

$$\int_0^1 \varphi(t)e^{2\pi it}e^{-2\pi int}\,dt = c_{n-1}(\varphi)$$

で，nについて加えれば，φがC^∞の時，$\langle T, \varphi\, e^{2\pi ix}\rangle$となる．級数は(絶対)収束なので，何の心配もなく(φはC^2で充分)，添え字nを和の中でズラすことができる．よって，値は$\langle T, \varphi\rangle$にも等しい．つまり，

(D) $\quad \langle T, (e^{2\pi ix}-1)\varphi\rangle = 0$

が判る．ここで $(\varphi(x)-\varphi(0))/(e^{2\pi ix}-1)$ を考えると C^∞ 函数に延長できる．正確に書くと

$$\psi(x)=\begin{cases}\dfrac{\varphi(x)-\varphi(0)}{e^{2\pi ix}-1} & (x\notin\mathbb{Z})\\[2ex] \dfrac{\varphi'(0)}{2\pi i} & (x\in\mathbb{Z})\end{cases}$$

と置く時，ψ は周期 1 の C^∞ 函数という主張である．証明は，少しだけあとに廻すとして，これを認め，(D)を ψ に対し適用すれば

$$\langle T,\varphi-\varphi(0)\cdot 1\rangle=\langle T,(e^{2\pi ix}-1)\psi\rangle=0$$

となる．ここで 1 は定数函数．従って

$$\langle T,\varphi\rangle=\varphi(0)\langle T,1\rangle$$

だが，定義より $\langle T,1\rangle=1$ は明らかなので，結局

$$\langle T,\varphi\rangle=\varphi(0),$$

つまり，$T=\delta$ が判る．

残るは，上のように「割り算」で定義された ψ の微分可能性である．例えば φ が C^k なら ψ は C^{k-1} を言う．分母が 0 以外では明らかで，周期性を考慮すれば，$x=0$ でのみ調べればよい．そこで

$$\psi(x)=\frac{x}{e^{2\pi ix}-1}\cdot\frac{\varphi(x)-\varphi(0)}{x}$$

と書き換えれば，$x/(e^{2\pi ix}-1)$ は C^∞ だから，割り算は x に変えてよいが，微積分の Taylor の公式，つまり，φ が C^k の時

$$\varphi(x)=\sum_{\nu=0}^{k}\frac{\varphi^{(\nu)}(0)}{\nu!}x^\nu+o(x^k)$$

を使って，$(\varphi(x)-\varphi(0))/x$ が C^{k-1} と示される[注8]．

別の証明として，微積分の基本公式を経由して

$$\varphi(x)-\varphi(0)=\int_0^x\varphi'(t)dt=x\int_0^1\varphi'(xt)dt$$

と積分表示すると，$(\varphi(x)-\varphi(0))/x$ は φ が微分できる階数より 1 階分は減るが，その分だけ微分できる函数に延長できることが一目瞭然である．また，

$$\left(\frac{\varphi(x)-\varphi(0)}{x}\right)^{(k-1)}=\int_0^1\varphi^{(k)}(xt)t^{k-1}dt$$

と導函数の表示が得られるのも利点である．

この節では「超函数」という枠組みでFourierの公式を示したが，これは恰度，第2章の「形式的」証明を，「超函数」の枠組みで，厳密性を込めて，再現したものと認識されるであろう．それを改めて詳しく説明する必要はないだろうが，一言注意する．一般に超函数 T に C^∞ 函数 f を掛けることを

$$\langle fT, \varphi \rangle = \langle T, f\varphi \rangle$$

で定義する．もちろん T が函数の場合と整合的である．すると(D)より，超函数 T は方程式

$$(e^{2\pi ix}-1)T = 0$$

を満たす．これ自体は級数としての T の表示を見つつ，超函数の定義に少し立ち戻れば直接確認できるし，そこから逆に(D)を導いてもよい．いずれにせよ，この式は超函数 T を強く規定する．普通の函数ならば，掛けた $e^{2\pi ix}-1$ が 0 でないところでは T の値は 0 となるが，それは超函数でも「同じ」である[注9]．他方，$e^{2\pi ix}-1$ が 0 となる点は孤立しており，連続函数のレベルなら，周りにつられてその点でも T は 0 となる．しかし，超函数だとそのような義理はなく，デルタのような特異性をもったものも可能となるのである[注10]．

注

［注1］ Riemann積分は三角級数に関するRiemannの遺稿(教授資格申請論文1854；全集公刊1876)で定義された．連続函数の積分可能性については，Heineによる一様連続性の定義(1870)と証明(1872)の基本的進展の後，Darbouxが証明した(1875)．但し，DarbouxはHeineを直接引用せず，Thomaeの或る論文を挙げつつ，一応「新」証明を与えている．Darbouxの論文の出版がRiemann全集より先なのはやや奇異だが，全集の出版は諸般の事情で遅れたらしく，生前未公刊の論文も専門家には知られていたのだろう．

「一様連続性」は積分可能性の証明に不可欠だと，一般には信じられているが，実はそうではない．これに関しては，第2部第2章，および第1部を参照されたい．

［注2］ 計算は定数倍を除くとやさしい．但し，その定数は有名な

$$\int_{-\infty}^{\infty} e^{-x^2}\,dx = \sqrt{\pi}$$

である．この計算も，通常のように，この自乗を考えるのと本質的に同じだが，Fourier 変換の Plancherel の公式(定数を決めない形)経由で可能である．また，前回述べた Poisson の和公式(Fourier の公式の別形)を使う手もある．それぞれ見かけは違うが，根本的な差はない．

［注 3］ 連続函数 f の台(support)の定義は，

$$\{x\,;\,f(x)\neq 0\}$$

の閉包．測度や超函数の台は，より本格的に意味を考えて定義する．台についての条件は，積分と極限の順序交換の際，函数列が無限遠に逃げないために課す．土台がトーラス $\mathbb{R}/\mathbb{Z}$ の時は，これ自体がコンパクトだから，台に関する条件は不要である．

［注 4］「列」の収束で「連続性」を述べたが，これは「位相」の定義ではない．こんなことを言うと，却って混乱を来たす可能性があるが，試料函数の空間の「位相」については，本当は，かなり面倒なことを言わなくてはいけない．「列」だけでの「連続性」の判定は，便宜的だが，実用的であり，数学的にも「正しい」．L. Schwartz の著作の邦訳に，本格的な『超函数の理論』と，普及版の『物理数学の方法』(どちらも岩波書店)がある．後者は優れた入門書であるが，この便宜的定義を採用している．なお『超函数の理論』については『数学セミナー』1991 年 9 月号，pp. 28-29 に金子晃氏による解説がある．

［注 5］ 例えば $1/x$ は局所可積分でなくそのままでは困るが，積分の「主値」により「超函数」となる．一度積分した $\log|x|$ は，局所可積分で，それを超函数の意味で微分すると，主値をとった $1/x$ になる．

［注 6］ $O(1/n)$ は Landau の記号で $|n|\to\infty$ で $1/n$ と比べてその定数倍で抑えられるという意味．以下数列の増大・減少の評価を o とか O で記す．

［注 7］ 念のために書くと，$c_n(\varphi)=c_n(\varphi')/2\pi in$ より Cauchy-Schwarz の不等式を使って

$$\sum_n|c_n(\varphi)|\leqq\Bigl(\sum_n|c_n(\varphi')|^2\Bigr)^{\frac{1}{2}}\Bigl(\sum_n\frac{1}{|2\pi n|^2}\Bigr)^{\frac{1}{2}}$$

という評価が得られる．

［注 8］ そう難しくないが，きっちり書くのは少し手間が要る．演習問題としよう．

［注 9］「超函数」の「台」を定義していないが，「そこで 0」とは，その点が台に属さないという意味である．

［注 10］ 線型代数を思い出す．有限次元線型空間 V とその双対(＝線型汎函数全体) V^* について，線型写像 $u:V\to V$ には，共軛 $u^*:V^*\to V^*$ が定まるが，u^* で消されるもの，つまり $\mathrm{Ker}\,u^*$ は，u の像 $u(V)$ と直交するもの全体である．今は無限次元だから，そのままではないが，V を試料函数の空間とし u を函数 $e^{2\pi ix}-1$ を掛ける写像とすると類似

の状況となる.「割り算」を用いた議論で φ が像に入っているかの判定が $\varphi(0)$ が 0 か否かとして与えられ，試料函数の空間で像が余次元 1 だと示されたのだ.

第6章

函数空間と数列空間

前章で導入した超函数(distribution)とは，双対的な「相方」である試料函数に強い制約を課し，その責任と代償の下，大きな自由を得る仕掛けである．当初よりの「スローガン」

$$\delta(x) = \sum_{n=-\infty}^{\infty} e^{2\pi inx}$$

も，「超函数」として捉えると，証明は代数的・形式的となった．それは，第3章で与えた証明と趣もかなり異なるし，第4章で見たようなDirichlet 核の「補完」とも違う．函数のままでは絶対収束しない「扱いにくさ」を，試料函数の方に肩代わりさせたのである．この方法はDirichlet 核の性質に踏み込むことなく，「絶対収束」しない「解析」の世界から，「絶対収束」する「代数」の世界への鞍替えを可能にした．その代わり，得られたFourier 展開は，微分可能性の強いものに対してのみだとも言える．これに関して，試料函数に対する条件を，実際どの程度まで緩められるかは，証明を見直せば判る筈で，読者も当然なにがしか考えてみられたことと思う．但し，その方向での反省は，せっかく謳歌した超函数の自由さが減殺されるし，それに見合う成果が得られるか，疑問なしとはしない．

この章では前章に見た「超函数」の長所を活かしつつ，少し別の視点からFourier の公式を見直す．一応あらたな「技法」の呈示だが，「技法」にはそれぞれ違った「思想」が伴っていることにも注意したい．

1 ◉……数列空間

函数から，その Fourier 係数を作る操作を少し組織的に見よう．

Fourier 係数一つ一つではなく，その全体を数列として捉える．数列とは何か復習すると，それは整数 $\mathbb{Z}$ から複素数 $\mathbb{C}$ への写像のことである．写像を強調するなら $a(n)$ のように書くのだろうが，記号は変更せず，今までどおり $a = (a_n) = (a_n)_{n\in\mathbb{Z}}$ とする．慣れ親しんでいるのは，自然数 $\mathbb{N}$ からが多いが，今は Fourier 係数を考えるので，添え字 $n \in \mathbb{Z}$ は両側に延びる．ついでに Fourier 係数に対する記号

$$c(f) = (c_n(f))_{n\in\mathbb{Z}}$$

を導入しておく．

数列の作る各種の線型空間，つまり「数列空間」だが，その典型的な幾つかを挙げる．ノルムが入るものも多いが，そうとばかり限らない．これは函数のなす線型空間，つまり「函数空間」と同様である．以下で記号は，標準に近いものを選び，函数空間の記号との対応を原則とした．例えば，絶対可積分な L^1 に対応する，絶対収束数列は l^1 といった具合である．しかし，無限遠で 0 に収束する数列全体を c_0 と書くと，0 番目の Fourier 係数と同じになって困る．区別のため，幾分古めかしいが，数列空間や，ついでに函数空間にも，括弧をつけて (c_0) のように書く[注1]．

まず，数列に対する一様ノルム

$$\|a\|_{l^\infty} = \sup_{n\in\mathbb{Z}} |a_n|$$

を考える．これが有限なものを $(l^\infty) = l^\infty(\mathbb{Z})$ とする．つまり，有界数列全体である．前章で見たように，(絶対)可積分な函数 f に対して

$$|c_n(f)| \leqq \int_0^1 |f(t)|dt = \|f\|_{L^1}$$

という評価があるので，「普通の」函数の Fourier 係数はすべて (l^∞) に属する．これは

(B)　$$\|c(f)\|_{l^\infty} \leqq \|f\|_{L^1}$$

と書くと，函数空間と数列空間の間のノルム評価式であり，Fourier 係数をとるという線型写像の連続性(今の場合は有界性と言ってよい)を示している．

無限遠で 0 に収束する数列全体 $(c_0) = c_0(\mathbb{Z})$ は，この (l^∞) の部分空間で，一様ノルムについて閉じている．つまり，もし数列 a が (c_0)

に属する数列によって，一様ノルムの意味で，任意の精度で近似できるなら，a も (c_0) に属する．これは，連続函数の一様極限がまた連続，という微積分の定理と同じだが，念のため証明しておく．正数 ε を取り，$b \in (c_0)$ に対し $\|a-b\|_{l^\infty} \leqq \varepsilon$ とする．数列 b は無限遠で消えるから，或る N があって $|n| \geqq N$ ならば $|b_n| \leqq \varepsilon$ が成り立つ．そのような n については

$$|a_n| \leqq |b_n| + |a_n - b_n| \leqq |b_n| + \|a-b\|_{l^\infty} \leqq 2\varepsilon$$

となる．任意の $\varepsilon > 0$ に対し $b \in (c_0)$ が取れるので $a \in (c_0)$ である．

次に，級数の和で定義される典型的なノルムを考える：

$$\|a\|_{l^1} = \sum_{n \in \mathbb{Z}} |a_n|,$$

$$\|a\|_{l^2} = \left(\sum_{n \in \mathbb{Z}} |a_n|^2\right)^{\frac{1}{2}}.$$

これらが有限な数列全体をそれぞれ $(l^1) = l^1(\mathbb{Z})$ 及び $(l^2) = l^2(\mathbb{Z})$ と書く．集合としては

$$(l^1) \subset (l^2) \subset (l^\infty)$$

である．級数が収束すれば，数列は有界．よって右の包含関係は当たり前．また，一般に

$$\|a\|_{l^2}^2 \leqq \|a\|_{l^1} \cdot \|a\|_{l^\infty}$$

だから，$a \in (l^1)$ ならば $a \in (l^2)$，と左も判る．因みに，測度**有限**な空間(例えばトーラス $\mathbb{R}/\mathbb{Z}$)の場合，(L^1) 及び (L^2) をそれぞれ絶対可積分，及び自乗可積分な函数の空間とし，(L^∞) を(本質的)有界な函数の空間とすると，包含関係は**逆転**して

$$(L^\infty) \subset (L^2) \subset (L^1)$$

となる．測度有限だから，左の包含関係は明らか．右の包含関係は，Cauchy-Schwarz の不等式

$$\int |f(t)| dt \leqq \left(\int |f(t)|^2 dt\right)^{\frac{1}{2}} \left(\int 1 dt\right)^{\frac{1}{2}}$$

を見ると，$f \in (L^2)$ なら，$f \in (L^1)$ と判る．因みに，空間の測度が**有限でない**場合，例えば $\mathbb{R}$ が典型的だが，上の相反する包含関係が入り交じるから，(L^1) と (L^2) と (L^∞) の間に**包含関係はない**．このあたりは，基本的なことなので感覚的に把握しておきたい．

以上が，当面必要な数列空間のうち，ノルムがつくものである．因みにこれらは完備，つまりCauchy列は収束する．ノルムはつかないが，Fourier級数でお馴染みなものに，急減少数列の空間 (s) がある．これは前回見たように C^∞ な周期函数のFourier係数として現われる．定義としては，$a \in (s)$ とは，任意の整数 $k \geqq 0$ に対し，$|n| \to \infty$ に於いて $a_n = O(1/n^k)$ の成り立つことである．他に，無数に数列空間は考えられるが，とりあえずここで止めておく．

2 ……Riemann-Lebesgueの定理

上に見たとおり，Fourier係数は，評価式(B)より，可積分な函数に対しては有界数列となる．その評価は $e^{2\pi inx}$ を絶対値1で大雑把に押さえるもので，それで終わると「スローガン」の級数が「絶対収束」しない，と諦めるのと大差ない．実際は「振動する」$e^{2\pi inx}$ により，「高い周波数」n では函数値が打ち消し合い，見かけよりよい減少度が得られる．例えば，前回，不連続点が少々あっても，区分的に C^1 だと，部分積分によってFourier係数は $O(1/n)$ 程度に減少するということを見た．また，不連続点がなく，微分可能性が強ければ，それに応じて減少度は速くなる．ここでは，関連して，Riemann-Lebesgueの定理を述べる．適用範囲が汎く，応用力が強いので，いろいろな証明を楽にするには，早い段階で確立するのが有利である．しかし我々は，「徹底入門」の趣旨から，この強力な定理の出番を，幾分遅めに設定することにした．

定理を述べるのも，証明するのも，さほど難しくない．但し，当たり前ではない：

▶定理 (Riemann-Lebesgue)

函数 f は区間 $[0,1]$ で絶対可積分，つまり

$$\int_0^1 |f(t)|dt < \infty$$

となる可測函数とする．このとき，そのFourier係数は無限遠で0となる．即ち，

$$\lim_{|n|\to\infty} c_n(f) = 0.$$

言い換えれば，$f \in (L^1)$ ならば $c(f) \in (c_0)$ である．

証明：評価(B)を見ると，函数の L^1 ノルムが近いと，Fourier 係数の一様ノルムが近くなる．函数空間 (L^1) の中で，例えば C^1 級の函数，或いは階段函数，などは L^1 ノルムの意味で稠密である．そして，それらの Fourier 係数は無限遠で $O(1/n)$ 程度に減少し，特に (c_0) に属する．従って，L^1 函数の Fourier 係数は (c_0) に属する数列で一様ノルムの意味で近似される．ところが，前節で述べたように，(c_0) は数列の一様ノルムに関して閉じている．よって L^1 函数の Fourier 係数は (c_0) にとどまることが判る．

（証明終）

▶補足

第 3 部では「積分論」を使わないと宣言したので，L^1 といった函数空間を設定するのは，方針を逸脱しているようだ．ただ，「使わない」意図は，積分論の定理であり，上では定理自体が簡潔に述べられるので，過剰な自主規制は避けた．Lebesgue 積分を知らない場合，定理は Riemann 積分の広義積分と解してもいいし，或いは連続函数に限ってしまってもさしたる不都合はない．

ただ，証明中の C^1 や階段函数での「近似」の部分は，確認しておくべきであろう．階段函数での近似は，連続函数の場合は，前回にも触れた Riemann 可積分性を導く「方正」という性質である．広義可積分でも，一旦有界なところで切る必要はあるが，殆ど定義から明らかである．だから近似は階段函数を用いるのが，直接的である．そしてその場合の Fourier 係数は，$0 \leqq a \leqq b \leqq 1$ に対して

$$c_n(1_{[a,b]}) = \begin{cases} \dfrac{e^{-2\pi ina} - e^{-2\pi inb}}{2\pi in} & (n \neq 0) \\ b-a & (n = 0) \end{cases}$$

と計算は容易．この場合も Fourier 係数は $O(1/n)$ である．これ

は，前章の区分的 C^1 の場合に含まれる．

「区分的」を許せば，C^1 の方が広くなるので，何も言うことはないが，連続の条件をつけても L^1 ノルムでの近似は正しい．それを示す汎用性のある方法は第4章で述べた「デルタ列」を使うものである．デルタ列 $\{\varphi_n\}$ から畳み込みによって

$$f*\varphi_n(x) = \int f(t)\varphi_n(x-t)dt$$

を作る．ノルムをもった函数空間で，平行移動が連続であれば，ノルムの意味で $f*\varphi_n \to f$ となる(ダメな例は f が不連続で，ノルムが一様ノルムの場合)．ここで「積分論」は，使うと言っても殆ど定義に近い部分のみである．さらに，デルタ列 φ_n が C^k なら，畳み込み $f*\varphi_n$ も C^k．それは積分記号下の微分の定理から判る．そして，C^k 函数からなるデルタ列を作ることも容易[注2]．このデルタ列を使う証明は根本に立ち戻ると，若干，循環論法の近傍をかするので，注意も必要である．

以上は「積分論」を知っている読者への補足も折り込んだ「一般論」である．より具体的には，例えば f が連続の時，C^1 級函数で近似するなら

$$F_\varepsilon(x) = \frac{1}{\varepsilon}\int_x^{x+\varepsilon} f(t)dt$$

と置けば，F_ε は C^1 であり，

$$|F_\varepsilon(x)-f(x)| \leqq \sup_{x \leqq t \leqq x+\varepsilon} |f(t)-f(x)|$$

だから，f の一様連続性から $\varepsilon \to 0$ で F_ε は f に一様収束する．これもデルタ列との畳み込みの例である．

3◉……一意性

第2章で少し触れたが，Fourier 級数は，$\mathbb{R}/\mathbb{Z}$ 上の函数空間と $\mathbb{Z}$ 上の函数空間(つまり，数列空間)の間の対応をもたらす．その対応

$$f(x) \quad (x \in \mathbb{R}/\mathbb{Z}) \longleftrightarrow c_n \quad (n \in \mathbb{Z})$$

は関係

$$c_n = \int_0^1 f(t)e^{-2\pi int}dt$$

$$f(x) = \sum_{n=-\infty}^{\infty} c_n e^{2\pi inx}$$

によって結ばれる．しかしこれは結果を書いたもので，矢印$\longleftrightarrow$は本来，2本に分解される．ここで右向きは函数からFourier係数を取り出し，左向きはFourier係数を足しあわせるものである．問題は，二つの矢印を「往って還ってくる」とどうなるかということだ．

この問いに対し，Fourierの公式は，左の函数から出発して，還ってくると元に戻るという答えを与える．もちろん，函数，乃至は「級数の和の意味」には適当な条件が要る．ここで矢印が両方ある分，状況が複雑になるので．片側ずつに分割する．まず，Fourier係数の定義には，積分ができればよく，函数が(L^1)なら左から右へ写像が作れる．しかも，評価式(B)から判るように，値の空間(l^∞)への「連続」写像となる．前節のRiemann-Lebesgueの定理は，より精密に，値が(c_0)に入ることを主張する．

今度はその反対向きを考えてみる．数列c_nが(l^1)なら，それから作った三角級数

$$g(x) = \sum_{n=-\infty}^{\infty} c_n e^{2\pi inx}$$

は一様に絶対収束するので，きちんと意味がある．さらに収束の一様性から，項別積分ができ，gから作ったFourier係数は元の数列に一致する．つまり，すべての$n \in \mathbb{Z}$に対し$c_n(g) = c_n$．この場合，状況はとてもやさしい．

それでは，と思い出すのは，前章で知った次の事実である：函数がC^2なら，そのFourier級数は絶対収束する．或いは，証明はC^2ほど直接ではないが，C^1でもFourier級数は絶対収束である．どちらを選ぶかは別として，ここから出発すると，すぐ上で見た「やさしい」話に帰着できるのではないか．それとも，これはムシの良すぎる話なのだろうか．

きちんと考えよう．函数fのFourier係数$c_n(f)$から作った級数

$$g(x) = \sum_{n=-\infty}^{\infty} c_n(f) e^{2\pi inx}$$

が絶対収束するとしても，この g が f と一致するかどうか判らない．しかし，g から作った Fourier 係数 $c_n(g)$ は，上に見たとおり $c_n(f)$ に戻る．つまり，f と g の Fourier 係数はすべて一致するわけだ．もし，これが $f=g$ を導くのなら，上の級数は実際 f の Fourier 級数展開を与えることになる．差 $f-g$ を考えると，「Fourier 係数がすべて 0 なら，元の函数は 0 か」という形に言い換えられる．つまり，これは函数から数列に移る写像 $f \mapsto c(f)$ の単射性(injectivity)である[注3]．

単射性は，Fourier 展開の問題とは独立して扱え，かなり広い範囲で成立する．

▶定理(一意性)

函数 f は周期 1 で連続とする．その Fourier 係数

$$c_n(f) = \int_0^1 f(t)e^{-2\pi int}dt$$

がすべて 0 ならば，f は恒等的に 0 である．

これより，上で見たように，系として Fourier の公式が得られる[注4]．下では，確かめるのが簡単な C^2 で述べたが，例えば Bessel の不等式を先に証明しておけば C^1 でもよい．

▶系(Fourier の公式)

函数 f は周期 1 で C^2 級とする．絶対収束する f の Fourier 級数

$$\sum_{n=-\infty}^{\infty} c_n e^{2\pi inx}$$

は f に収束する．

定理の証明：証明は幾つか考えられる．例えば

[1] 一様近似を用いる

[2] 直交ということを積極的に用いる

[3] 前回の超函数の議論を応用する

という手がある．「徹底入門」として，一応それぞれを説明するが，[1]と[2]は成書に見られるので，概略にとどめる．はじめに，f

のすべての Fourier 係数が 0 ならば，f と任意の三角多項式 h との内積は 0 ということに注意する．ここで三角多項式とは $e^{2\pi inx}$ の形の函数の有限線型結合のことである．

まず，[1]は，「連続函数は三角多項式によって一様に近似される」ことを用いる．これを認め，f を三角多項式 h で誤差 $\varepsilon > 0$ で L^2 近似する(測度有限なので一様近似は L^2 近似を導く)．この時，

$$\|f\|_{L^2}^2 = (f|f) = (f|f-h) \leqq \varepsilon\|f\|_{L^2}$$

で $\|f\|_{L^2} \neq 0$ なら ε を $\|f\|_{L^2} > \varepsilon$ と取れば矛盾．よって $f = 0$．簡単のため，見かけは L^2 を利用したように書いたが，そこは本質的ではない．

[2]は近似を経由せず，f が 0 でないとして直接矛盾を出す(Lebesgue による[注5])．三角多項式を上手く作り，f が 0 でない点の近くだけでドンドン大きくなり，それ以外で 0 に近づくようにできることを示す．デルタ列と似ているが，矛盾を出すだけだから，少々粗っぽくてもよい．邦書では，例えば，溝畑茂『ルベーグ積分』(岩波全書), pp. 200-201.

[3]は前章の議論をヒントにする．連続函数 f が周期 1 で，任意の $n \in \mathbb{Z}$ に対して $c_n(f) = 0$ としよう．一度積分して

$$F(x) = \int_0^x f(t)dt$$

と置くと，F は C^1 級である．また，$c_0(f) = 0$ より F も周期 1 である．実際，

$$\begin{aligned} F(x+1) &= \int_0^{x+1} f(t)dt \\ &= \int_0^1 f(t)dt + \int_1^{1+x} f(t)dt \\ &= c_0(f) + \int_0^x f(t)dt = F(x). \end{aligned}$$

また，$F' = f$ より $2\pi inc_n(F) = c_n(f)$．従って，特に $n \neq 0$ なら $c_n(F) = 0$ である．

今，u を任意に固定して

$$G(x) = \begin{cases} \dfrac{F(x+u)-F(u)}{e^{2\pi i x}-1} & (x \notin \mathbb{Z}) \\ \dfrac{f(u)}{2\pi i} & (x \in \mathbb{Z}) \end{cases}$$

と置く．すると，G は連続．これは定義に戻るだけだから，前回の C^∞ よりずっとやさしい．また，実際は $x \notin \mathbb{Z}$ で C^1 であり，微分可能性が保証されないのは整数点だけである．いずれにせよ $|n| \to \infty$ で $c_n(G) \to 0$ である．これは，「連続」だから前節の Riemann-Lebesgue の援用もあるが，連続かつ区分的に微分可能だから，直接に示すのが本来である．

さて，$F(x+u)-F(u) = (e^{2\pi i x}-1)G(x)$ の両辺の Fourier 係数を見ると，

$$c_n(F)e^{2\pi i n u}-F(u)\delta_{0,n} = c_{n-1}(G)-c_n(G)$$

となる．この左辺は $n=0$ なら $c_0(F)-F(u)$ であり，$n \neq 0$ なら 0，つまり，

$$\begin{cases} c_0(G) = c_1(G) = c_2(G) = \cdots \\ c_{-1}(G) = c_{-2}(G) = c_{-3}(G) = \cdots \end{cases}$$

である．ところが，上に見たように $n \to \pm\infty$ で $c_n(G)$ は 0 に収束する．「定数列」が 0 に収束するので，これらすべては 0，特に $c_0(G) = 0 = c_{-1}(G)$ となる．これより，

$$F(u)-c_0(F) = c_0(G)-c_{-1}(G) = 0.$$

即ち，$F(u) = c_0(F)$ は u によらない定数で，それを微分した f は 0 となる． （証明終）

▶注意

定理は連続函数としたが，実際は L^1 でよく，その代わり結論は，「殆どいたるところ 0」とする．証明は，[3]のように，f を積分した函数 F を考えれば，連続で，$n \neq 0$ について $c_n(F) = 0$ が判る．残る定数 $c_0(F)$ は，それを引き去っても他の Fourier 係数に影響を与えない．よって，$F-c_0(F)$ は連続で，かつ，全ての Fourier 係数が 0 となる．連続函数に対して証明した定理を使えば，$F = c_0(F)$ は定数．それを微分して，f は殆どいたるところ

0となる[注6].

4◉……さまざまな収束

本章では若干の函数解析的な思考方法が取り込まれた．つまり，函数空間や数列空間での「位相」である．この「位相」の強弱という考えは有用なので，それについて更に少し触れておこう．

まず，前節の一意性の証明[1]について一言注意する．第1章で説明したように L^2 理論では，多くの場合Parsevalの等式

$$\text{(P)} \qquad \|f\|_{L^2}^2 = \sum_{n=-\infty}^{\infty} |c_n(f)|^2$$

の証明に，三角多項式による連続函数の一様近似を使う．だから，L^2 的準備があれば，Parsevalの等式(P)と一様近似は，隣り合わせであり，L^2 函数(特に連続ならよい)に対する一意性はこれからすぐ判る．[1]の証明はこれを一部先取りしたものとも看做せる．但し，例えば第4章で見たFejérの定理を使えば，Fourier係数が函数を決めるのはより明白である．以下も似たようなことではあるが，近似という観点が主眼である．

第1章で概略を述べ，多くの教科書に説明のある L^2 理論，特にParsevalの等式(P)が確立したとしよう．これは，Fourier級数の部分和を

$$S_{M,N}(x) = S_{M,N}(x;f) = \sum_{n=-M}^{N} c_n(f) e^{2\pi inx}$$

とした時，連続函数に対し，L^2 収束

$$\lim_{M,N\to\infty} \|S_{M,N} - f\|_{L^2} = 0$$

を導く[注7]．L^2 収束は，流れはすっきりしているが，各点収束のような繊細なものではない．一方，前節でも見たように f が C^1 ならそのFourier級数は一様に絶対収束する．ただ，それだけでは，収束した級数が f に戻るかどうか不明で，前節では「一意性」を用いてその穴を埋めた．ここでは，代わりに L^2 収束を使っても，その場合のFourierの公式が導かれることを注意する[注8]．

状況は次のようである：C^1 級函数 f のFourier部分和 $S_{M,N}$ は，一

方でfにL^2の意味で収束し，他方でgに一様収束している．ここで，トーラス$\mathbb{R}/\mathbb{Z}$はコンパクトで測度(= 長さ)有限なので，一様収束はL^2収束を導く．よって，$S_{M,N}$はgにL^2収束している．つまり，$S_{M,N}$は，fにもgにもL^2収束している．これは$f=g$を導く(**演習問題!**)．元に戻れば，特に，$S_{M,N}$はfに一様収束すること，つまりC^1の場合のFourierの公式が証明された．

◆　◆　◆　◆　◆

上の論法の要点は「弱い」L^2収束の下でのFourierの公式が「一意性」を導くことにある．同様の議論は，超函数を用いてもできる．前章で確立した「超函数としてのデルタ」の公式を，Parsevalの等式代わりに使うのである．冒頭で触れたように，前章の結果はC^∞級函数に対するFourierの公式と見ることができる．それを基に「超函数のFourier展開」を示せば，展開の範囲はずっと広がる．上では，連続函数もL^2の意味で展開できたのだが，同様に「超函数の意味」でも可能となる．従って，それを用いて並行の議論ができる．因みに，更にこの方向で，超函数の「構造」，つまり，コンパクトな$\mathbb{R}/\mathbb{Z}$上で，超函数は連続函数の，超函数の意味での何回かの微分によって得られる，も示せる．しかし，今は粗筋の予告にとどめる．

これまで，何とおりと数えたらよいか，よく判らぬほど，異なる考えに基づく(C^1級函数に対する) Fourierの公式の証明を見てきた．これは単に「技法」のさまざまを紹介したのではない．各々には優劣長短もあるが，それぞれ「思想」があり，多様性はFourier級数の豊かさの表われである．その具体的な姿を一つの公式を巡って例示してきたのである．

この総括めいた言葉を以て，C^1級函数に対するFourierの公式は，一区切りとし，次章からは少し方向を転じる．具体的な級数について，今まで余り見ていないので，息抜きを兼ねて，まずはそのあたりに．

第6章　函数空間と数列空間

注

[注1]　S. Banachの歴史的著作“*Théorie des opérations linéaires*” (1932)では

空間に括弧をつけている．ここでは，しかし，Banach の記号法に全て従うわけではない．

［注 2］　空間がコンパクトでない時は，C^∞ から成るデルタ列で，台がコンパクトなものを作るには少し工夫がいる．実解析的 (C^ω) でも Gauss 分布 e^{-x^2} を使えばよいが，もちろん台はコンパクトにはできない．実解析的なデルタ列を作ることは，別の状況，例えば一般の Lie 群上では，違った工夫を要する．

［注 3］　三角級数論で「一意性」というと，逆方向の写像の単射の問題を指す．つまり，数列から三角級数を作り，それが収束して 0 を表わす時，もとの数列が 0 かという問題である．これは見かけよりずっと難しく，Riemann に発し，Cantor が決定的な結果を得た．その精密化が更に集合論の端緒である．歴史は予期できない方向に行くものである．尤も，Cantor の定理自体は，後に確立した Lebesgue 積分の援用でずっと簡単になる．Riemann に負う部分の証明も興味深く，紙幅が許せば，採り上げたい話題ではあるが，技術的に過ぎるかもしれない．この部分に関して Riemann 以外の証明があるのかどうか知らない．

［注 4］　Fourier の公式の，この道筋による証明は Galois の基本定理の証明を連想させないだろうか．この類似は，双対性の観点からは，単なる偶然でない並行性だと言える．

［注 5］　H. Lebesgue "*Leçon sur les séries trigonométriques*" (1906), pp. 37-38.

［注 6］　別証明は注 5 の文献の p. 91 にあり，注 3 の Riemann の議論に関係する．また，[3]の証明を f が絶対可積分として繰り返すという考えも浮かぶが，その場合は G が可積分とは限らないのでうまくない．ということで

演習問題：[0, 1] で絶対可積分な(広義 Riemann 可積分の意味でよい) f で，

$$M(x) = \frac{1}{x}\int_0^x f(t)dt$$

が可積分でない例を与えよ．

［注 7］　これらの事実には函数空間 (L^2) の完備性は不要である．しかしまた，完備性があれば，前節の「一意性」は正規直交系の完全性を導くから，このあたりの論理的関係と理論構成は，やや微妙なところがある．

［注 8］　第 1 章の 2 節で予告したことである(p. 108)．話を L^2 中心にすると，Riemann-Lebesgue は Bessel から，一意性は Fejér からも出るから，そこを経由する手もある．

第 **7** 章

デルタの積分

第 3 章で C^1 級函数の Fourier の公式を導いた基礎は，等比級数を一度積分して得られる

$$x-\frac{1}{2}+\sum_{n=1}^{N}\frac{\sin(2\pi nx)}{\pi n}=\int_{\frac{1}{2}}^{x}\frac{\sin((2N+1)\pi t)}{\sin\pi t}dt$$

であった．右辺は，開区間 $(0,1)$ に含まれる任意の閉区間上で一様に 0 に行き(補題 1)，広義可積分函数によって一様に押さえられる(補題 2)．定理に必要な極限の順序交換は，これら評価の下に正当化された．事実としては，両辺は N と x に関して一様に有界である．この証明はまだ与えていないが，それが示されれば，函数に対する条件がさらに少し弱められる．本章では，この補題 1，補題 2，及び有界収束性という三段階を軸に，デルタを積分した「格別な」この級数について，少し踏み込んでみよう．

1●……ゼータの特殊値へ

連続的微分可能 (C^1) 函数 f の Fourier 展開は，上の公式に導函数 f' を掛けて積分することで導けた．積分と極限の順序交換の保証する補題二つのうち，ここでは，補題 1 のみを使い，単純に積分してみる．次は補題 1 から直ちに従う：

▶命題 1

等式

(1) $$x-\frac{1}{2}=-\sum_{n=1}^{\infty}\frac{\sin(2\pi nx)}{\pi n}\qquad(0<x<1)$$

が成り立つ．収束は，任意の $0<\delta\leqq\frac{1}{2}$ に対して，$x\in[\delta,1-\delta]$ について一様．

この(1)を $1/2\sim x$ で積分する．但し，$x\in(0,1)$ とする．収束が一様だから，項別積分できて

$$(2)\qquad \frac{1}{2}\left(x-\frac{1}{2}\right)^2=\sum_{n=1}^{\infty}\frac{\cos(2\pi nx)-(-1)^n}{2\pi^2n^2}.$$

さらに，$x\to1$ の極限をとる．左辺はもちろん $1/8$ に収束．右辺は $[0,1]$ で一様に絶対収束しているので，x について連続．よって極限は $x=1$ と代入したものと等しい．つまり

$$\frac{1}{8}=\sum_{n=1}^{\infty}\frac{1-(-1)^n}{2\pi^2n^2}=\sum_{\substack{1\leqq n<\infty\\ n:\text{奇数}}}\frac{1}{\pi^2n^2}.$$

結果は単純に $1/2\sim1$ で項別積分したのと同じだが，背後の議論は細かい[注1]．これはまた

$$\sum_{n=1}^{\infty}\frac{1}{n^2}=\sum_{\substack{1\leqq n<\infty\\ n:\text{奇数}}}\frac{1}{n^2}+\sum_{\substack{1\leqq n<\infty\\ n:\text{偶数}}}\frac{1}{n^2}=\sum_{\substack{1\leqq n<\infty\\ n:\text{奇数}}}\frac{1}{n^2}+\frac{1}{4}\sum_{n=1}^{\infty}\frac{1}{n^2}$$

から判る

$$\sum_{\substack{1\leqq n<\infty\\ n:\text{奇数}}}\frac{1}{n^2}=\frac{3}{4}\sum_{n=1}^{\infty}\frac{1}{n^2}$$

に注意すると，Euler による有名な $\zeta(2)$ の求値

$$\sum_{n=1}^{\infty}\frac{1}{n^2}=\frac{\pi^2}{6}$$

を導く．この結果から

$$\sum_{n=1}^{\infty}\frac{(-1)^n}{n^2}=-\frac{\pi^2}{12}$$

も判るので，(2)に代入して

$$\frac{1}{2}\left(x^2-x+\frac{1}{6}\right)=\sum_{n=1}^{\infty}\frac{\cos(2\pi nx)}{2\pi^2n^2}$$

を得る．ここまで来ると，右辺は絶対収束であり，順次 $0\sim x$ での積分が項別にできるのみならず，$x=0,1$ とするのも自由．従って，整数 $m\geqq2$ について

（3）　$$-\sum_{1\leqq|n|<\infty}\frac{e^{2\pi inx}}{(2\pi in)^m}$$

が，$0\leqq x\leqq 1$ において，x の m 次式として表示される．また，その結果で $x=0$ とすれば，ゼータの正の偶数点での特殊値 $\zeta(2k)$ も具体的に得られる．なお，この計算は，命題1の右辺の級数を

（4）　$$\lim_{N\to\infty}\sum_{1\leqq|n|\leqq N}\frac{e^{2\pi inx}}{2\pi in}$$

と書き，指数函数で扱うのがよい．実は，区間の端を除けば，(3)は $m=1$ でも収束し，$0<x<1$ の時(4)は

$$\sum_{\substack{-\infty<n<\infty\\ n\neq 0}}\frac{e^{2\pi inx}}{2\pi in}=\lim_{M,N\to\infty}\sum_{\substack{-M<n<N\\ n\neq 0}}\frac{e^{2\pi inx}}{2\pi in}=\sum_{n=1}^{\infty}\frac{e^{2\pi inx}}{2\pi in}-\sum_{n=1}^{\infty}\frac{e^{-2\pi inx}}{2\pi in}$$

と等しいので，和 n については正負対称にとる必要はない．また，収束は $x\in[\delta,1-\delta]$ について一様である．これについてはあと(第4節)で述べる．

上の方針を実行に移し，ゼータの特殊値を計算するのは，少し先送りにして，Fourier の公式に関する当然の疑問をまず片付けよう．

2●……C^2 級函数の Fourier の公式

前節の議論を見ると，第3章の C^1 級函数に対する Fourier の公式の導出法との関連が気になる．そこでは，冒頭で述べたように，収束に関するより詳しい情報(補題2)を用いた．一方，前節は，補題1だけで済んだ．Fourier の公式も同様に扱えないのか，とは誰しも思うところだ．実際，もう一回微分できるなら，上と同じく Fourier の公式が導けるのである．

▶定理(Fourier の公式)

函数 f は開区間 $(0,1)$ で C^2 とし，片側極限 $f(+0), f(1-0)$ を持つとする．また，2階導函数 f'' は $(0,1)$ で絶対可積分とする．この時

$$\frac{1}{2}(f(+0)+f(1-0))=\lim_{N\to\infty}\sum_{n=-N}^{N}c_n(f)$$

が成り立つ.

証明：

$$t-\frac{1}{2}=-\sum_{n=1}^{\infty}\frac{\sin(2\pi nt)}{\pi n}$$

に $f'(t)$ を掛け $\delta\sim 1-\delta$ で積分する．積分区間で級数は一様収束だから，和と積分の順序交換ができ，

$$\int_{\delta}^{1-\delta}\left(t-\frac{1}{2}\right)f'(t)dt=-\sum_{n=1}^{\infty}\frac{1}{\pi n}\int_{\delta}^{1-\delta}\sin(2\pi nt)f'(t)dt$$

が得られる．左辺は部分積分により

$$\left(\frac{1}{2}-\delta\right)(f(1-\delta)+f(\delta))-\int_{\delta}^{1-\delta}f(t)dt$$

なので，$\delta\to 0$ の極限で

$$\frac{1}{2}(f(1-0)+f(+0))-c_0(f)$$

となる．一方，右辺の積分は，やはり部分積分で

$$\begin{aligned}&\int_{\delta}^{1-\delta}\sin(2\pi nt)f'(t)dt\\&\quad=\frac{1}{2\pi n}\Bigg((f'(\delta)-f'(1-\delta))\cos(2\pi n\delta)\\&\qquad\qquad+\int_{\delta}^{1-\delta}\cos(2\pi nt)f''(t)dt\Bigg)\end{aligned}$$

となり，よって

$$\left|\int_{\delta}^{1-\delta}\sin(2\pi nt)f'(t)dt\right|\leqq\frac{1}{\pi n}\int_{0}^{1}|f''(t)|dt$$

と評価される．従って，右辺は

$$\sum_{n=1}^{\infty}\frac{1}{2\pi^2n^2}\|f''\|_{L^1}$$

と絶対収束する級数で押さえられるので，δ について連続．よって $\delta\to 0$ の極限は形式的に $\delta=0$ として得られ，

$$-\sum_{n=1}^{\infty}\frac{1}{\pi n}\int_{0}^{1}\sin(2\pi nt)f'(t)dt$$

となる．級数の各項は，逆向きの部分積分で

$$-\frac{1}{\pi n}\int_{0}^{1}\sin(2\pi nt)f'(t)dt=2\int_{0}^{1}\cos(2\pi nt)f(t)dt$$

$$= c_n(f)+c_{-n}(f)$$

だから，これらを足し合わせて結論となる．　　　　　　　（証明終）

▶注意

（Ⅰ）定理で最初に仮定した f の片側極限の存在は，f'' の絶対可積分性から出るので実際は不要である（**演習問題**）．これは第3章の定理でも同様．ただ，定理の主張にあるので，仮定として先に述べるのが自然であり，そのような書き方をした．

（Ⅱ）上では和を正負対称に足すものにとどめたが，実際は，第1節の終わりに注意したように，

$$x-\frac{1}{2} = -\lim_{M,N\to\infty} \sum_{\substack{-M\leqq n\leqq N \\ n\neq 0}} \frac{e^{2\pi inx}}{2\pi in}$$

であり，収束は $x\in[\delta, 1-\delta]$ に対し一様．従って，第3章の定理の証明に戻れば，$f(+0) = f(1-0)$ の時

$$f(+0) = f(1-0) = \sum_{n=-\infty}^{\infty} c_n(f)$$

も言える．和は n の正負独立に極限をとってよい．

上の証明は，部分積分を行ったり来たりと（一歩進んで二歩さがる），見栄えはよくないが，ともかく，C^2 なら，補題1という，内側だけの一様収束で足りることが判った．一般に C^1 と C^2，或いは L^1 と L^2 など細かい差を気にするのが健全か，という身も蓋もない疑問も湧くが，「結果とそれに要する準備の量」の相関の見本としても意義がないわけではない[注2]．

3● Bernoulli 多項式

第1節で見たように，基本的な級数(1)の逐次積分で，特別な Fourier 展開が得られる．それはまたゼータの特殊値を与える．この節ではそれを実行する．但し，第1節の「原理的」な方法は見通しがよくないので，少し工夫をする．整数 $m\geqq 0$ に対し，函数 $f_m(x)$ を，$f_0(x) = 1$，及び，$m\geqq 1$ に対し級数(3)で与える．すると，f_1 は整数

点を含まない任意の閉区間で，またそれ以外のf_mは全体で一様収束する．項別微分の定理から，$m \geqq 1$に対し

(5)　$f_m(x) = f'_{m+1}(x) \qquad (x \notin \mathbb{Z})$

である．命題1の具体的結果から(5)は$m=0$でも正しい．従って特に，$0 < x < 1$に於いて，f_{m+1}はf_mの原始函数であり，その区間では$f_m(x)$はxのm次多項式となる．このようにf_mを決める時，原始函数というだけでは，定数差の不定性が残るが，三角級数表示(3)に「定数項」がないので，条件

(6)　$\int_0^1 f_m(t)dt = 0 \qquad (m \geqq 1)$

が課され，係数が確定していく．

条件(5)(6)を使って順次f_mを決める方法は，具体的計算にも有効である．例えば，$f_2(x)$なら

$$\int_0^1 (t^2 - t + c)dt = 0$$

から$c = 1/6$と決まる．第1節よりずっと簡単だ．しかし，これではまだ全体像が見えない．そこでいささか天下りに，「母函数」

$$F(x,u) = \sum_{m=0}^{\infty} f_m(x)u^m$$

を作る．これはuに関する「形式的冪級数」だが，より実体的にuを複素数とすることもできる．実際，級数は少なくとも$|u| < 1$で収束する．というのは，f_mを定義する級数の形から，mについての一様有界性が判るからである．しかし，ここでは差し当たり形式的に扱う．

条件(5)(6)から母函数$F(x,u)$は

(7)　$\frac{\partial}{\partial x}F(x,u) = uF(x,u)$

と

(8)　$\int_0^1 F(t,u)dt = 1$

を満たす[注3]．微分方程式(7)より

(9)　$F(x,u) = C(u)e^{ux}$

の形になることが判る[注4]．但し，$C(u)$はuのみの「函数」．それを決めるのが(8)で，(9)を積分して

$$1 = C(u)\frac{e^u - 1}{u}$$

を得るから，結論として

$$F(x, u) = \frac{ue^{ux}}{e^u - 1}$$

となる．この右辺は Bernoulli 多項式 $B_m(x)$ の母函数として知られる．即ち

$$\frac{ue^{ux}}{e^u - 1} = \sum_{m=0}^{\infty} \frac{B_m(x)u^m}{m!}$$

と展開した係数 $B_m(x)$ が Bernoulli 多項式で，定数項 $B_m = B_m(0)$ は Bernoulli 数と呼ばれる．これらは自然数の冪和にも関係し．自然数 n に対し

$$0^m + 1^m + \cdots + (n-1)^m = \frac{B_{m+1}(n) - B_{m+1}}{m+1}$$

でもある．こうして，$m!f_m(x)$ の正体が Bernoulli 多項式 $B_m(x)$ だと判り，ゼータの特殊値も

$$\zeta(2k) = \frac{(-1)^k 2^{2k-1} \pi^{2k} B_{2k}}{(2k)!}$$

と求められるのである[注5]．

母函数 $F(x, u)$ をめぐっては，さらに述べたい内容がある．特に u を複素数として扱うのが興味深いのだが，それは次章にまわそう．

4◉……Abelの変形

ここで，第2章に挙げた「初等解析の三種の神器」の三番目である，部分積分または部分和分について少し述べる．部分積分は，既に何度も使い，その有効性を見た．また「和分」についても，第4章の注1などで少し触れた．しかし，これら「技法」のまとまった解説の場がなかったので，それを補うことにする．

まず，より馴染みの深い「部分積分」について，その有効性を分析してみよう．主要な使い方として

（a） 既知の積分への変形

（b） 絶対収束する積分への変形

（c） 積分の順序交換

などが思いつくところだ．(a)は高校以来，普通に使うもので，例えば $\log x$ の原始函数を求める方法である．(b)は今回のテーマで，既に「超函数」の微分や，微分可能性の高い函数の Fourier 係数の減少度の評価に登場した．(c)の側面は，例えば Taylor の公式を導くいろいろな方法のうち，積分の順序交換を用いるものと，部分積分の繰り返しで導くものがあることに気づくと浮かび上がる[注6]．

ここでは(b)の使い方として

$$\int_0^{\to\infty} e^{it^\alpha}dt = \lim_{A\to\infty}\int_0^A e^{it^\alpha}dt$$

が $\alpha > 1$ で収束することを示してみよう[注7]．被積分函数の絶対値が 1 だから，知らないとちょっとギョッとする例である．まず，変数変換 $x = t^\alpha$ で，積分は

$$\frac{1}{\alpha}\int_0^{\to\infty} x^{\frac{1}{\alpha}-1}e^{ix}dx$$

とガンマ函数(Euler の積分)に似たものになる．変数変換くらいで絶対収束になるわけもないので，これももちろん絶対収束しない．これに「部分積分」を援用するのだが，ちょっと注意が必要である．ホントのガンマなら指数函数が無限遠 $(+\infty)$ での収束を一手に引き受けてくれるが，今は絶対値 1 と減少しないので，冪函数に責任を負ってもらう．その際，安直に全区間で部分積分をするとマズイ．つまり $+\infty$ の方を収束させるための変形が，反対の 0 も「みちづれ」にするのだ[注8]．そこで $\alpha > 1$ の時，収束性に関して心配のない 0 の方は切って

$$\int_1^{\to\infty} x^{\frac{1}{\alpha}-1}e^{ix}dx$$

を見る．積分の下端は正であれば何でもよく，1 は代表として採ったにすぎない．これは，部分積分で

$$-ix^{\frac{1}{\alpha}-1}e^{ix}\Big|_{x=1}^{\to\infty} + i\left(\frac{1}{\alpha}-1\right)\int_1^{\to\infty} x^{\frac{1}{\alpha}-2}e^{ix}dx$$

となる．第 2 項の積分は絶対収束し，第 1 項は $\alpha > 1$ なので $x\to\infty$ で収束する．

上で $\alpha\to\infty$ の場合として，或いは，もちろん同じ「技法」を直接適

用する方が簡単だが

$$(10)\qquad \int_0^{\to\infty}\frac{\sin t}{t}dt$$

の収束も判る．この値 $\pi/2$ は，次節で「副産物」として与える．

積分の代わりに，級数の和を考える場合は「Abel の変形」と呼ばれることも多い．積 $a_n b_n$ を項にもつ級数を扱う時，

$$s_n = \sum_{k=0}^{n} a_k$$

と置くと，規約 $s_{-1}=0$ の下，$a_n = s_n - s_{n-1}$ なので

$$\begin{aligned}\sum_{n=0}^{N} a_n b_n &= \sum_{n=0}^{N}(s_n - s_{n-1})b_n\\ &= \sum_{n=0}^{N} s_n b_n - \sum_{n=-1}^{N-1} s_n b_{n+1}\\ &= s_N b_N + \sum_{n=0}^{N-1} s_n(b_n - b_{n+1})\end{aligned}$$

と書きかえられる．部分積分と並行，或いはその原始形であり，絶対収束しないものを，絶対収束する級数に変形する「技法」としても使える．例えば，a_n が「振動」するようなものだと，その和 s_n は余り大きくならず，b_n の差分がそれを補う可能性がでる．この変形で絶対収束にできる典型的な状況を一つ挙げると，$\{s_n\}$ が有界で，$\{b_n\}$ が「有界変動」，つまり

$$\sum_{n=0}^{\infty}|b_n - b_{n+1}| < +\infty$$

と差分が絶対収束し，且つ，$s_N b_N$ が $N\to\infty$ で収束するならよい．特に，例えば，$\{s_n\}$ が有界であり，b_n が実数で，(広義)単調減少しつつ 0 に収束するなら，これらの条件が満たされる．さらに特殊化して $a_n = (-1)^n$ とすると，交代級数に関する Leibniz の定理(判定条件)となる．これは微積分の初歩でお馴染みであろう．

具体的な例として

$$\sum_{n=1}^{\infty}\frac{e^{2\pi i n x}}{n}$$

をとる．これは絶対収束しないが，x が整数でない時，

$$s_n = \sum_{k=0}^{n-1} e^{2\pi i k x} = \frac{e^{2\pi i n x}-1}{e^{2\pi i x}-1}$$

について

$$|s_n| \leqq \frac{1}{|\sin \pi x|}$$

なので $a_n = e^{2\pi inx}$, $b_n = 1/n$ として，Abelの変形で絶対収束の形になる．さらにまた，$\delta > 0$ に対し $x \in [\delta, 1-\delta]$ で一様な評価となるので，そこで一様収束でもある．

5●……有界収束性

級数(1)が有界収束であることの証明を与えよう．即ち，任意の N と $x \in \mathbb{R}$ に対して

$$\sum_{n=1}^{N} \frac{\sin(2\pi nx)}{\pi n} \tag{11}$$

が有界という主張である．もともとこれは，冒頭に掲げたように，等比級数を積分したもので，級数だけでなく，積分としても表示される．有界性は，そのどちらを使っても示すことができる．まずは積分表示から行こう．つまり

$$\int_{\frac{1}{2}}^{x} \frac{\sin((2N+1)\pi t)}{\sin \pi t} dt \tag{12}$$

が N と $0 < x < 1$ によらず有界ということを示す．この積分は x を $1-x$ にいれかえても不変なので，$0 < x \leqq 1/2$ に限定できる．ここで

$$h(x) = \frac{1}{\sin \pi x} - \frac{1}{\pi x}$$

は $x = 0$ の近傍でも C^∞ に延長できることに注意しよう．このとき $A > 0$ に対し，部分積分で

$$\int_0^x h(t) \sin At\, dt = -\left.\frac{h(t) \cos At}{A}\right|_{t=0}^{x} + \frac{1}{A}\int_0^x h'(t) \cos At\, dt$$

なので，

$$\left|\int_0^x h(t) \sin At\, dt\right| \leqq \frac{1}{A}(2\|h\|_{L^\infty} + \|h'\|_{L^1}).$$

但し，ノルム $\|\cdot\|_{L^\infty}$ 及び $\|\cdot\|_{L^1}$ は区間 $[0, 1/2]$ で考えた．これから積分は $A \to \infty$ で $x \in [0, 1/2]$ について一様に 0 に行く．従って(12)の有界性は，分母を置き換えた

(13) $\displaystyle\int_0^x \frac{\sin At}{t}dt$

が A について有界であることから従うが，これは変数変換で

(14) $\displaystyle\int_0^{Ax} \frac{\sin t}{t}dt$

となり，前節(10)の収束性から有界である．上の分母の置き換えは，基本的に Riemann-Lebesgue の適用であるが，一様性を言うために，部分積分による証明にまで戻った．

ついでに，本章の冒頭の式で $x=0$ とすれば

$$\int_0^{\frac{1}{2}} \frac{\sin((2N+1)\pi t)}{\sin \pi t}dt = \frac{1}{2}$$

であり，それが(14)で $x=1/2$, $A=2N+1$ として，$N\to\infty$ の極限に等しいことが示されたから，極限値(10)が $\pi/2$ であることも副産物として得られる．

級数の方での証明も発想は同じで，積分(13)の類似と看做す．部分積分の適用に際し，区間全体ではダメという前節の注意がここで効く．和を分けて

$$\sum_{n=1}^{M} \frac{\sin(2\pi nx)}{\pi n} + \sum_{n=M+1}^{N} \frac{\sin(2\pi nx)}{\pi n}$$

とし，M はあとで選ぶ．以下，$x=0$ だと和が 0 だから $0<x\leqq 1/2$ とする．基本的不等式をまず確認する：$0<t\leqq\pi$ に対し

(15) $\displaystyle 0<K\leqq \frac{\sin t}{t} \leqq L$

となる定数 K, L が存在する．値も具体的に判るが，使わない[注9]．この評価から，まず第1項は

$$\sum_{n=1}^{M} 2Lx = 2LMx$$

で押さえられる．ついで Abel の変形のために

$$s_n(x) = \sum_{k=0}^{n} \sin(2\pi kx)$$

と置く．これは $q=e^{\pi ix}$ と置いて，等比級数の和

$$1+q^2+\cdots+q^{2n} = \frac{q^{2n+2}-1}{q^2-1} = \frac{q^{n+1}-q^{-n-1}}{q-q^{-1}}\cdot q^n$$

から

第7章 デルタの積分

$$s_n(x) = \frac{\sin(n+1)\pi x \cdot \sin n\pi x}{\sin \pi x}$$

と計算できる[注10]．評価式(15)を使うと

$$|s_n(x)| \leqq \frac{1}{K\pi x}$$

である．第 2 項は Abel の変形で

$$\sum_{n=M+1}^{N} \frac{\sin(2\pi n x)}{n} = \sum_{n=M+1}^{N-1} s_n(x)\left(\frac{1}{n} - \frac{1}{n+1}\right) + \frac{s_N(x)}{N} - \frac{s_M(x)}{M+1}$$

となるから，上の評価より，

$$\frac{2}{K\pi(M+1)x}$$

で押さえられることが判る．以上を合わせて(11)の絶対値は

$$2LMx + \frac{2}{K\pi(M+1)x}$$

で押さえられる．そこで $M = [1/x]$，即ち

$$M \leqq \frac{1}{x} < M+1$$

を満たすようにとると，(11)は

$$2L + \frac{2}{K\pi}$$

で押さえられ，有界となる．

因みに，この M の選び方は，対応する積分で，下端を 0 から離して 1 としたことに対応している．つまり，積分の下端 1 と，分けた和の第 2 項の M が対応するのだが，それは(13)と(14)の書きかえに注意すると，恰度 $Mx \sim 1$ ということになるのである．

有界収束性に対する証明を二つ与えたが，ともかくこれが判ると，第 3 章の最後の注意から次が言える：

▶定理(Fourier の公式)

函数 f は開区間 $(0,1)$ で C^1 とし，片側極限 $f(+0), f(1-0)$ を持つとする．また，導函数 f' は $(0,1)$ で**絶対可積分**とする．この時，等式

$$\frac{1}{2}(f(+0)+f(1-0)) = \lim_{N\to\infty}\sum_{n=-N}^{N} c_n(f)$$

が成り立つ．

第3章の定理と比べてわずかな改良に見えるが，この「f' が絶対可積分」という条件は「f が有界変動」というはっきりした意味をもち，概念的にも明瞭な主張となっているのである．

注

［注1］ 議論の細かさが認識できない時は，微積分の「広義積分と極限の順序交換」を思い出したい．

［注2］ また，「神は細部に宿り給う」ことも忘れてはならない．

［注3］ 条件(6)に $m=0$ は入っていない．直接定数1の積分として，値が1となることは言うまでもない．

［注4］ 変数 u を定数だと思えば，微分方程式は $y'=uy$．これは「変数分離形」の最もやさしいもの，というまでもなく，指数函数の定義と思ってよいほど基本的．

［注5］ Bernoulli 数の定義は，文献で違うことがある．ゼータの特殊値を Bernoulli 数で表わすことに関して，ここでは違った扱いとして，多数ある文献のうち，筆者に近い「円とゼータ」(『ゼータの世界』所収)と野海正俊『オイラーに学ぶ』第4章(どちらも日本評論社刊)を挙げておく．

［注6］ これは部分積分のもとである「積の微分」(Leibniz rule)を思い起こせば判るが，

$$\int_a^b\left(f(s)\int^s g(t)dt\right)ds$$
$$=\left(\int^x f(s)ds\right)\left(\int^x g(t)ds\right)\Bigg|_{x=a}^{b}-\int_a^b\left(\int^t f(s)ds\, g(t)\right)dt$$

と書けばはっきりする．

［注7］ ちょっと見慣れない広義積分の記号

$$\int_a^{\to b}=\lim_{c\to b}\int_a^c$$

は L. Schwartz に倣った．例えば『物理数学の方法』(岩波書店)，p. 33，または『シュヴァルツ解析学4』(東京図書)，p. 80 など．絶対収束とは限らないことを想起させる良い工夫だと思う．

［注8］ 冪函数の積分

$$\int_0^\infty x^{\beta-1}dx$$

はどんなβでも絶対収束しない．現象的には0と∞での収束の条件が排反的だからであるが，そもそも，この積分は正の実数のなす乗法群$\mathbb{R}_{>0}^\times$の乗法的函数の不変積分だから，収束するわけがない．これについては，第2章の議論と，$\mathbb{R}_{>0}^\times$が群として実数の加法群$\mathbb{R}$と同型であり，従って体積は無限大であることに注意されたい．因みに$\mathbb{R}_{>0}^\times$ではdx/xが，乗法に関して不変な積分である．

［注9］ 実際は$K=1/\pi$，$L=1$ととれる．

［注10］ これは第4章の最後に触れたq-整数で言えば

$$1+2+\cdots+n=\frac{n(n+1)}{2}$$

の類似である．

第8章

三角函数とデルタ

0◉……三角函数

Fourier級数は，言うまでもなく三角函数と関係が深い．何しろ三角函数で展開するのだから．そこには，三角函数についてはよく判っているという前提がある．しかし，三角函数についてキチンと知ることとFourier級数展開は，実は表裏一体をなすのであって，一方的で単純な関係ではない．特殊な級数が一般の展開を実は含んでいるという，一見逆説的な事実を既に見てきたので，これも想像力を働かせれば充分推察できることかもしれない．そもそも，上の前提も，三角函数の重要な性質をすべて知っているなどとは期待していないのだ．ここで，そのよく知っている筈の三角函数について少し反省してみよう．

我々は，中学・高校あたりで三角函数に出会い，定義とともに，初等的性質について知る[注1]．また，大学入試などの「お蔭で」いろいろな公式に習熟する．苦労した分，それであらかた判った気になってしまう．ところが，大学では，Eulerの公式という三角函数と指数函数の「統一」により，高校での労苦の大半は無用となる．初級段階の締めくくりであり，大学初年級乃至はもう少し上級で得られる幸せな止揚体験である．しかし，まだ，無限乗積展開，部分分数展開など，本質に関わる深い部分には触れられず，それが例えば「函数論」などの科目に出てくるとしても，一般的定理の適用例として，どちらかというと「エライ定理の卑近な応用」との扱いを受けることも多い．その「つまらなさ」には，三角函数を「よく知っている」という思い込みが反映しているのではないだろうか．

このような刷り込みは，三角函数という，親しみ深い「初等特殊函数」の姿を歪める不幸の種である．と言うのも，この本質的部分は多く Euler の仕事であり，函数論成立の遥か以前に得られた画期的成果だからだ．実際，前章にも触れたゼータの特殊値の探求はこの発展の原動力となったのである．更にまた，当然の流れとして「楕円函数」など新世界へもつながった．もちろん「函数論」以前のことである．この文脈では，三角函数についてよく知ることは，楕円函数を知る上で必要なだけでなく，そこへあと一歩と迫る充分熟成した足がかりともなっている[注2]．

ところが，三角函数の，この本質的部分を切り捨てると，三角函数はやさしい初等函数だが，楕円函数はむずかしい高等函数だとの断絶感を生む．現行の大学課程で多く採用される順序として，「一般」函数論や Fourier 級数の「一般論」を先にするのは，確かに効率の面で優るだろうが，この分断を招き，最終的には「先の後」を引く，という危惧を抱かせる．

典型的な一例は，高木貞治の『近世数学史談』(共立出版，岩波文庫)の読み方に関わる．例えば，「上記アーベルの方法は着意に於いて極めて単純である．それはオイラーが三角函数においてなした所のものを，最も自然的に楕円函数の上に拡張したのである」(20 章：岩波文庫版では p. 163) という記述は理解が困難になり，逆に「現代的の楕円函数論では高度に発達した函数論を用いるから，すべてが簡単にでてしまう」(6 章：同 p. 43) とか「(1)の無限積を(4)の無限級数に変形する方法は現今の楕円函数論では実に容易で，一時間の講義で片が附くのであるが，…」(7 章：同 p. 51) など「現代数学の御利益」の部分にのみ目が向く結果になる．これでは，何のための「史談」だか判らなくなる．

そういう悲しいことがないように，三角函数と親しくつきあえるようにしたいものである．

1◉……Kroneckerの公式

この章では，三角函数を「函数論」や「Fourier 級数論」の一般論から離れて扱うのだが，その前に，前章のゼータの特殊値や Bernoulli

多項式が，上の「部分分数展開」と関わる点に注意したい．そもそもEulerによるゼータの特殊値の求値こそsinの無限乗積展開をもたらしたのだと思い至れば，当然ではある．

前章(第3節)，$f_0(x)=1$ 及び，$m \geqq 1$ に対し

$$f_m(x) = -\sum_{1 \leqq |n| < \infty} \frac{e^{2\pi inx}}{(2\pi in)^m}$$

と置き，形式的な母函数

$$F(x,u) = \sum_{m=0}^{\infty} f_m(x) u^m$$

を作ると，それが

$$F(x,u) = \frac{ue^{ux}}{e^u - 1}$$

となった．この扱いは u を形式変数としたが，複素数としてもよい．また，$F(x,u)$ を定義する級数の収束について，f_m 自身が有界ということより，大雑把に $|u|<1$ としたが，2π の冪を除いても，

$$\zeta(m) = \sum_{n=1}^{\infty} \frac{1}{n^m}$$

が $m \geqq 2$ について有界なので，級数は $|u|<2\pi$ で収束する．これは，今からやることに関係して予め注意したのである．さて，収束についてキチンと見ることもできるが，とりあえず形式的に運ぶ．二重級数

$$F(x,u) = 1 - \sum_{m=1}^{\infty} \sum_{1 \leqq |n| < \infty} \left(\frac{u}{2\pi in}\right)^m e^{2\pi inx}$$

で和の順序を変え，先に m で足す．すると，その和は，やはり等比級数で，$|u|<2\pi$ に対し

$$\sum_{m=1}^{\infty} \left(\frac{u}{2\pi in}\right)^m = \frac{(u/2\pi in)}{1-(u/2\pi in)} = \frac{u}{2\pi in - u}$$

となり，さらに n で足すと

$$F(x,u) = 1 + \sum_{1 \leqq |n| < \infty} \frac{ue^{2\pi inx}}{u - 2\pi in} = \sum_{n=-\infty}^{\infty} \frac{ue^{2\pi inx}}{u - 2\pi in}.$$

一方，これが $ue^{ux}/(e^u - 1)$ に等しいというのが前章の結果だから，両辺を比較して

$$\sum_{n=-\infty}^{\infty} \frac{e^{2\pi inx}}{u - 2\pi in} = \frac{e^{ux}}{e^u - 1}$$

を得る．ここで $u=2\pi iz$ と変数を取り替えれば

$$\sum_{n=-\infty}^{\infty}\frac{e^{2\pi inx}}{z-n}=2\pi i\frac{e^{2\pi izx}}{e^{2\pi iz}-1}.$$

順序交換等の正当化は別に行なわないといけないが，結果としては $0<x<1$ で正しい．Kronecker の公式として知られているものである[注3]．より微妙な $x=0$ の場合は f_1 に問題があり，上で形式的な極限をとった式は成り立たない．この「不連続性」は f_1（の微分）に潜むデルタに由来する．正しい式は

$$\lim_{N\to\infty}\sum_{n=-N}^{N}\frac{1}{z-n}=\pi i\frac{e^{2\pi iz}+1}{e^{2\pi iz}-1}=\pi\frac{\cos(\pi z)}{\sin(\pi z)}$$

という $\cot(\pi z)$ の部分分数展開である．

ここに出来した「不連続性」は，実は Fourier の公式を用いて明解に理解できる．実際，x に関する函数 $e^{2\pi izx}/(e^{2\pi iz}-1)$ を $0<x<1$ に制限したものの第 n Fourier 係数は，簡単な積分

$$\frac{1}{e^{2\pi iz}-1}\int_0^1 e^{2\pi izt}e^{-2\pi int}dt=\frac{1}{2\pi i(z-n)}$$

となり，Kronecker の公式は，この Fourier 級数展開に他ならない．函数は $x=0$ で不連続であり，Fourier の公式によれば，その点での片側極限の平均

$$\frac{1}{2}\cdot\frac{e^{2\pi iz}+1}{e^{2\pi iz}-1}$$

が，Fourier 係数を n について正負で対称に足した和と等しいのであった．これが Kronecker の公式に於ける $x=0$ という特殊化の扱い方である．

因みに，Kronecker の公式で $x=1/2$ とすると

$$\sum_{n=-\infty}^{\infty}\frac{(-1)^n}{z-n}=\frac{\pi}{\sin(\pi z)},$$

即ち，$\sin(\pi z)$ の逆数(cosecant = 余割)の部分分数展開になる．これら三角函数の展開は Euler に遡る[注4]．

2 ● Euler から Kronecker へ

第1節では，Kronecker の公式を，デルタを表わす Fourier 級数の

逐次積分に関わる母函数の決定から形式的に導き，ついで，それが指数函数のFourier級数展開であることも明かした．後者はKroneckerの公式の特殊化に於ける$x=0$の例外的扱いを説明し，Fourierの公式の御利益を端的に見せる．しかしまた，その例外的な特殊化であるcotの部分分数展開から出発すれば，第2章で触れた「有限Fourier級数」の応用として，Kroneckerの公式に到達できる．以下に見るように，道筋はEulerが行なわなかったのが不思議なほど「Euler的」である[注5]．Eulerは，しかし，何故か交代和(実指標)にのみ専心し，自ら発見した複素指数函数を活用しなかった．――謎である．

Kroneckerの公式の両辺は，$0<x<1$で連続である．実際，右辺は当然だが，左辺もAbelの変形により一様収束の形になる．従って，証明にはxを有理数と限ってよく，$0<k<L$なる正整数Lとkを以て$x=k/L$とする．また，$q=q(z)=e^{2\pi iz}$に対し$q^a=q(az)$とする．頻繁に現われる，正負対称にとる和に対し，**ここだけの記号**として次を用いる[注6]：

$$\lim_{N\to\infty}\sum_{n=-N}^{N}=\sum_{|n|\to\infty}$$

出発点は

$$\text{(C)}\qquad \sum_{|n|\to\infty}\frac{1}{z-n}=\pi i\frac{q+1}{q-1}=\frac{2\pi i}{q-1}+\pi i$$

であり，目標は

$$\text{(K)}\qquad \sum_{|n|\to\infty}\frac{e^{2\pi inx}}{z-n}=2\pi i\frac{q^x}{q-1}$$

である[注7]．まず，(C)の両辺を$h(z)$と置いて，左辺で変数を$(z-r)/L$で置き換え，全体をLで割る：

$$\text{(D}_r\text{)}\qquad \frac{1}{L}h\left(\frac{z-r}{L}\right)=\sum_{|n|\to\infty}\frac{1}{z-(r+nL)}.$$

これはLを法としてrと合同な整数を拾う和である．そこで簡単のため$\alpha=e^{2\pi i/L}$と置き，(D_r)にα^{kr}を掛けてrについて足せば

$$\text{(E)}\qquad \sum_{|n|\to\infty}\frac{e^{2\pi inx}}{z-n}=\frac{1}{L}\sum_{r=0}^{L-1}h\left(\frac{z-r}{L}\right)\alpha^{kr}$$

と目標(K)の左辺がhを用いた有限和になる．ここで$w=q^{1/L}$と置くと，(E)の右辺は

(F)　$\dfrac{2\pi i}{L}\sum_{r=0}^{L-1}\dfrac{\alpha^{rk}}{\alpha^{-r}w-1}$

となる．実際，(C)の右端の表示の πi が，α^{kr} の r に関する和として消える．第2章最初の冪和の計算である．注意として，これが消える前提は $0<x<1$，即ち，k が0や L と異なることである．有限和ながらも，デルタが顔を出しているのだ．さて，式(F)は，実は次の有理式の部分分数分解

(G)　$\dfrac{w^k}{w^L-1}=\dfrac{1}{L}\sum_{r=0}^{L-1}\dfrac{\alpha^{rk}}{\alpha^{-r}w-1}$

の右辺であり，それを認めると，結局

$$\frac{w^k}{w^L-1}=\frac{q^x}{q-1}$$

に達して証明が終わる．

部分分数分解(G)の一つの理解の仕方はLagrangeの補間公式である．一般に多項式 $P(w)$ と $Q(w)$ について，$Q(w)$ の次数が $P(w)$ の次数より低く，また $P(w)$ はすべて単根だとする．この時，

(H)　$\dfrac{Q(w)}{P(w)}=\sum_{\gamma:P(\gamma)=0}\dfrac{Q(\gamma)}{P'(\gamma)}\dfrac{1}{w-\gamma}$

と分解ができる．証明は，未定係数を用いて部分分数を書き，分母を払って極限 $w\to\gamma$ により，係数を決定すればよい．式(H)の分母を払った

$$Q(w)=\sum_{\gamma:P(\gamma)=0}\frac{Q(\gamma)}{P'(\gamma)}\frac{P(w)}{w-\gamma}$$

がLagrangeの補間公式である．この形での証明は，右辺が多項式で，$P(w)$ の根 γ に於いて値 $Q(\gamma)$ をとることに注意する：右辺と $Q(w)$ はともに次数が $P(w)$ より低く，二つの多項式は次数より多くの点で値が一致するので，等しくならざるを得ない．補間(interpolation)とは，証明で判るように，与えられた γ で与えられた値 $Q(\gamma)$ をもつ多項式が，右辺で作れるという意味である．いずれにせよ，上の一般的な部分分数分解(H)を $P(w)=w^L-1$ と $Q(w)=w^k$ に用いれば，目的の分解(G)になる[注8]．

部分分数分解(G)のもう一つの証明は，直接に等比級数の和の公式を用いて展開する．両辺(の符号を変えた式)の展開

(I) $$\frac{w^k}{1-w^L}=\sum_{n=0}^{\infty}w^{k+nL}$$

と

(J) $$\frac{1}{L}\sum_{r=0}^{L-1}\frac{\alpha^{rk}}{1-\alpha^{-r}w}=\sum_{m=0}^{\infty}\left(\frac{1}{L}\sum_{r=0}^{L-1}\alpha^{(k-m)r}\right)w^m$$

を比較する．(J)で w^m の係数は，1 の L 乗根 α^{k-m} の冪和であり，第2章の最初で見たように，$k-m$ が L で割り切れなければ消え，割り切れれば1となる．つまり，(I)の右辺は(J)の右辺と等しいので(G)が判る．

3●……cot πz の部分分数展開

前節で Kronecker の公式を導いた cot の部分分数展開は，sin の無限乗積展開

$$\sin z = z\prod_{k=1}^{\infty}\left(1-\frac{z^2}{\pi^2k^2}\right)$$

の対数微分である．この無限乗積も函数論によらず導くことが可能である．部分分数展開を直接出す方法もある．例えば，本章の注4での sin の逆数の展開をまねる．難しくはないが，発散積分の「主値」を扱うことになり，少し注意深くなる必要がある．他に，注2に引用の Weil の本の Ch.II §3 もある．これは，級数

$$h(z)=\sum_{|n|\to\infty}\frac{1}{z-n}$$

の同定に，非線型の微分方程式

$$h'(z)+h(z)^2=C \qquad (C：定数)$$

を用いる．微分方程式は一応 Riccati 型だが，容易に解ける(後述)．Weil はこの微分方程式を一直線に目指したのではなく，他の必要な公式とともに導いている．「賢い」計算ではあるが，詳細は行間にあって，見た目ほど簡単ではないかもしれない．以下，同じ方向で，直接的な正面突破を敢行する．補足として，その前に直観的説明の寄り道を入れる．

寄り道の最初に $y=1/(z-a)$ という分数函数が $y'+y^2=0$ を満た

すことを注意する．つまり，上の h の満たす方程式で $C=0$ という場合である．このような函数を二つ加えて

$$y=\frac{1}{z-a_1}+\frac{1}{z-a_2}$$

を考えると，任意定数 a_1, a_2 を消去して得られる微分方程式は

$$y''+3yy'+y^3=0$$

である．同じように分数函数を足していくと，満たすべき微分方程式の階数は増える．ところが，今から示すのは，整然と定数を揃えて無限に足す時，任意定数が1箇の場合と類似の，ずっと低階なものになるということである．その代わり方程式は，無限の「協調」の結果，定数 C だけズレる．

以下，

$$C(z)=h'(z)+h(z)^2$$

と置く．目標はこれが定数となること．ここで

$$h'(z)=-\sum_{n=-\infty}^{\infty}\frac{1}{(z-n)^2}$$

は $z\notin\mathbb{Z}$ で広義一様に絶対収束．また

$$h(z)^2=\sum_{n=-\infty}^{\infty}\frac{1}{(z-n)^2}+\sum_{\substack{n\neq m\\|n|,|m|\to\infty}}\frac{1}{(z-n)(z-m)}$$

なので，この第2項が $C(z)$．更に $n\neq m$ ならば，

$$\frac{1}{(z-n)(z-m)}=\frac{1}{n-m}\left(\frac{1}{z-n}-\frac{1}{z-m}\right)$$

だから，$C(z)$ は

$$\sum_{\substack{n\neq m\\|n|,|m|\to\infty}}\frac{1}{n-m}\left(\frac{1}{z-n}-\frac{1}{z-m}\right)$$

に等しい．ここで，大胆に和の順序交換をしてみる．まず，$k=n-m$ として n と k の和に書き換える：

$$\sum_{\substack{-\infty<n<\infty\\k\neq0}}\frac{1}{k}\left(\frac{1}{z-n}-\frac{1}{z-n+k}\right).$$

もし，**二重級数**が**絶対収束**しているなら，n で先に和をとることが許され，さらに括弧の和が**別々**に収束しているなら，n での和は k によらず

$$\sum_{-\infty<n<\infty}\left(\frac{1}{z-n}-\frac{1}{z-n+k}\right)=0,$$

つまり，$C(z)=0$ になってしまう．これでは最初の $1/(z-a)$ と同じ．大胆すぎだ．でも，惜しい．結論から言えば，$C(z)$ は定数．そこで z について微分すればどうか．「絶対収束」に近づくという利点もある．少なくとも n についての和は絶対収束だから上ほど無茶ではないし，正当化できるなら0となって尤もらしい．ところが，上と同じように $k=n-m$ として，n と k の和と見た形で，微分した時，収束はよくなるものの，二重級数として絶対収束するわけでなく，順序交換はすぐには実行できないのだ．

4◉……$\cot \pi z$ の満たす微分方程式

困った．が，こういう時は有限に戻るに限る．有限和をきっちり見て，極限移行する地道を行くのが，結局は速い[注9]．そこで

$$h_N(z)=\sum_{-N\leqq n\leqq N}\frac{1}{z-n}$$

として，$C_N(z)=h'_N(z)+h_N(z)^2$ と置く．上の無限和と全く同様に $C_N(z)$ も $C'_N(z)$ も次の形の和

$$\sum_{\substack{n\neq m\\ -N\leqq n,\, m\leqq N}}\frac{1}{n-m}(\lambda_n-\lambda_m)$$

である．但し，$\lambda_n=1/(z-n)$ とか $\lambda_n=1/(z-n)^2$ などが実際に入る．これは，n, m の対称性を考えれば，$n>m$ に限ったものの2倍となる．更に，先ほどからやっているように $k=n-m$ でまとめて考え，正確に計算すると，$n>m$ の和は次のようになる：

$$R_N=\sum_{k=1}^{N}\frac{1}{k}p_k^{(N)}+\sum_{k=1}^{N}\frac{1}{N+k}p_{N+1-k}^{(N)},$$

但し，

$$p_k^{(N)}=\sum_{j=1}^{k}(\lambda_{N+1-j}-\lambda_{-N+1+j}).$$

この変形を元に，以下，$\lambda_n=1/(z-n)^2$ として，$C'_N(z)=-2R_N\to 0$ $(N\to\infty)$ という目標に向かう．

まず，R_N の第1項を見る．それが判ると第2項の評価も同様にで

きる．ここで$h(z)$は周期1なので，zは，実部$\mathrm{Re}(z)=\xi$について$0\leqq\xi<1$としてよい．またNを$2N$に置き換え

$$\sum_{k=1}^{2N}=\sum_{k=1}^{N}+\sum_{k=N+1}^{2N}$$

と分ける．前半$(1\sim N)$のために，上のzに対し

（1）　$|n-z|\geqq|n'-z|\qquad(n\geqq n'\geqq 1)$

（2）　$|n-z|\geqq|n-\xi|$

（3）　$\dfrac{1}{(n-\xi)^2}\leqq\displaystyle\int_{n-1}^{n}\frac{1}{(t-\xi)^2}dt$

に注意する．すると$\lambda_n=1/(z-n)^2$に対し，(1)より

$$|\lambda_{2N}|\leqq|\lambda_{2N-1}|\leqq\cdots\leqq|\lambda_{2N+1-k}|$$

であり，更に(2)を用いて

$$\frac{1}{k}\sum_{j=1}^{k}|\lambda_{2N+1-j}|\leqq|\lambda_{2N+1-k}|\leqq\frac{1}{(2N+1-k-\xi)^2}$$

と判る．よって(3)より

$$\sum_{k=1}^{N}\frac{1}{k}\sum_{j=1}^{k}|\lambda_{2N+1-j}|\leqq\int_{N}^{2N}\frac{1}{(\xi-t)^2}dt=\frac{1}{N-\xi}-\frac{1}{2N-\xi}.$$

これは$N\to\infty$に行く．同様に$\lambda_{-2N-1+j}$の方も評価できるので，前半は0に行く．後半$(N+1\sim 2N)$はもう少し細かく見る．まず$n>0$として

$$\lambda_n-\lambda_{-n}=\frac{4nz}{(z^2-n^2)^2}$$

だから

$$|\lambda_n-\lambda_{-n}|\leqq\frac{4|z|n}{|\xi^2-n^2|^2}\leqq\frac{4|z|(n+\xi)}{|\xi^2-n^2|^2}$$

$$\leqq\frac{4|z|}{(n-\xi)^2(n+\xi)}\leqq\frac{4|z|}{(n-\xi)^3}\leqq\int_{n-1}^{n}\frac{4|z|}{(t-\xi)^3}dt$$

を得る．つまり，

$$|\lambda_n-\lambda_{-n}|\leqq 2|z|\left(\frac{1}{(n-1-\xi)^2}-\frac{1}{(n-\xi)^2}\right).$$

これより

$$\sum_{k=N+1}^{2N}\frac{1}{k}\sum_{j=1}^{k}|\lambda_{2N+1-j}-\lambda_{-2N-1+j}|$$

$$
\begin{aligned}
&\leqq \frac{1}{N+1}\sum_{k=N+1}^{2N}\sum_{j=1}^{k}|\lambda_{2N+1-j}-\lambda_{-2N-1+j}| \\
&\leqq \frac{2|z|}{N+1}\sum_{k=N+1}^{2N}\left(\frac{1}{(2N-k-\xi)^2}-\frac{1}{(2N-\xi)^2}\right) \\
&\leqq \frac{2|z|}{N+1}\sum_{k=N+1}^{2N}\frac{1}{(2N-k-\xi)^2} \\
&\leqq \frac{2|z|}{N+1}\sum_{k=0}^{\infty}\frac{1}{(k-\xi)^2}
\end{aligned}
$$

となって，$N\to\infty$ で 0 に行く[注10].

正面突破は，このように幾分面倒である．正確さのため積分など使ったが，実践は，もっと粗い計算で見当をつける．解説は長くなるので勘弁願う．上の評価にうんざりした読者は，他の手を探し，自ら工夫してほしい．例えば，ちょっと評価の「手を抜く」には，もう一度微分する．それだと $C(z)$ は 1 次式となるが，周期函数だから，定数しかありえない．

5 解と定数の決定

前節で，$h(z)$ の満たす微分方程式

$$y'+y^2=C$$

を導いた．Weil の本には，これを三角函数の定義とする展開も示唆されているが，ここでは普通に解く．ちょっとしたトリックとして $y=v'/v$ と未知函数 v を導入する[注11]．つまり y を積分して指数函数に乗せる．簡単な計算から $v''=Cv$ と方程式が線型化される．定数係数だし，すぐ解けて，定数 c_1, c_2 を以て

$$v=c_1e^{\sqrt{C}z}+c_2e^{-\sqrt{C}z}$$

となる．従って

$$y=\sqrt{C}\,\frac{c_1e^{\sqrt{C}z}-c_2e^{-\sqrt{C}z}}{c_1e^{\sqrt{C}z}+c_2e^{-\sqrt{C}z}}$$

もとの $h(z)$ は $z=0$ で極をもつから，$c_1+c_2=0$ となり，

$$h(z)=\sqrt{C}\,\frac{e^{\sqrt{C}z}+e^{-\sqrt{C}z}}{e^{\sqrt{C}z}-e^{-\sqrt{C}z}}.$$

平方根$\sqrt{C}$はどちらをとっても同じ式になる．更に，最小周期が1なので$\sqrt{C}=\pm\pi i$と決まり，

$$h(z)=\pi i\frac{e^{\pi iz}+e^{-\pi iz}}{e^{\pi iz}-e^{-\pi iz}}=\pi\frac{\cos(\pi z)}{\sin(\pi z)},$$

即ち，目標である$h(z)$の正体が明らかとなった．

ついでに，定数$C=-\pi^2$を手に，級数表示に戻る：

$$\varphi(z)=\sum_{n=1}^{\infty}\left(\frac{1}{z-n}+\frac{1}{z+n}\right)=\sum_{n=1}^{\infty}\frac{2z}{z^2-n^2}$$

と置くと$h(z)=1/z+\varphi(z)$だが，$C=h'(z)+h(z)^2$に代入すれば，

$$-\pi^2=C=\varphi'(z)+\frac{2\varphi(z)}{z}+\varphi(z)^2.$$

ここで$z=0$として有名な$\zeta(2)=\pi^2/6$に何度目かの再会である．

注

［注1］ 例えば昭和33年度版（昭和33年10月施行）の中学校学習指導要領だと3年次に三角比があった．その次の中学校指導要領（昭和44年度版＝昭和47年4月施行）で，三角比は高校に回されたようである．

［注2］ この直接の流れを，より洗練した形で再現・解説したものにA. Weil "*Elliptic Functions according to Eisenstein and Kronecker*" (Springer 1976)がある．邦訳（『アイゼンシュタインとクロネッカーによる楕円関数論』，数学クラシックス16，丸善出版）．

［注3］ 注2の文献のCh. VII §4（原著p. 54；邦訳p. 65）参照．

［注4］ このsinの逆数の部分分数展開は「円とゼータ」（『ゼータの世界』（日本評論社）所収）のpp. 13-16に別の扱いがある．からくりはガンマ函数の相反公式とガンマとベータの関係より判る

$$\frac{\pi}{\sin\pi s}=\Gamma(s)\Gamma(1-s)=B(s,1-s)$$

にある．ガンマやベータも三角函数と同様ごひいきに．

［注5］ Eulerの技法の一端は，例えば，野海『オイラーに学ぶ』（日本評論社）第5章を参照されたい．

［注6］ この記号はここではじめて使う．従って，余所で断りなしに使ってはいけない．注2のWeilの本では，Eisensteinに因む和として記号$\sum_e$を導入している．我々のは，前回の広義積分に関するSchwartzの記号のまね．判りやすさの点で$\sum_{|n|\leq N\to\infty}$かと迷ったが，どうせなら短い方がよいだろう．

［注 7］ こちらの和は正負対称でなくても収束することが判っているが，それ故，より特殊な正負対称の和の場合に等式が言えればよいのである．

［注 8］ 注 4 の引用部分においても，この部分分数分解が用いられる．少し詳しく解説してある．

［注 9］ 無限和のままでは，和の境界が霞んで見えにくい．順序交換ができる場合でも，折に触れて有限和に立ち戻る習慣をつけたい．

［注 10］ 本当は $\xi=0$ の時，困る．回避する一つの手は，和を $N+1\sim 2N-1$ で止めて，$2N$ だけ別扱いにする．

［注 11］ 微分方程式の解法での定跡(Hopf-Cole 変換というらしい)だが，もう少し背景を知るには『佐藤幹夫講義録』(数理解析レクチャーノート 5)の第 11 回(pp. 195-215)と，そこを敷衍・展開した野海「非線型常微分方程式の可積分系」(『数学のあゆみ』No. 28(1985), pp. 70-81)がある．第 3 節のはじめの微分方程式 $y''+3yy'+y^3=0$ も同じ由来である．これらは微分作用素の因数分解と密接に関係する．ついでに，解の形からも判るが，この微分方程式の系列は互いに整合的である．例えば $y'+y^2=0$ ならば $y''+3yy'+y^3=0$ が判る．

第9章 変奏とその技法

第7章で，デルタを表わす級数を積分した

$$-x+\frac{1}{2}=\sum_{n=1}^{\infty}\frac{\sin(2\pi nx)}{\pi n}$$

が有界収束であることを確立した．それにより，対称に足した形のFourierの公式は，函数 f の導函数 f' が絶対可積分，即ち，f が C^1 かつ「有界変動」であれば成り立つことを見た．実際は微分可能性はなくてもよい．教科書にも多く述べられているDirichlet-Jordanの定理である．これも，第3章の最後に予告したとおり，C^1 級函数に対するのと同様，上の級数に導函数を掛けて積分するという筋で導ける．つまり，この章は，第3章の主題の変奏なのである．そして，微分可能性がないところはStieltjes積分という技法で議論を補う．級数の有界収束性の使い方も C^1 の場合と同じである．証明は，一見，教科書と別のように感じるかもしれないが，本質は寸分も違わないのだ．

1◉……有界変動函数

今まで，名前を出しただけなので，定義を確認する．区間 $[a,b]$ で定義された函数 f，及び，区間の分割

$$\Delta : a=x_0<x_1<\cdots<x_{N-1}<x_N=b$$

について，分割 Δ に対する f の変動量を

$$V_\Delta(f)=\sum_{k=0}^{N-1}|f(x_{k+1})-f(x_k)|$$

と置き，$[a,b]$ での**全変動**(total variation) $V(f)$ を，すべての分割に対する上限

$$V(f) = \sup_{\Delta} V_{\Delta}(f)$$

で定義する．この $V(f)$ が有限の時，f は $[a, b]$ で**有界変動**(bounded variation)であるという．区間を明示したい場合は $V(f; [a, b])$ と書く．函数値の差は全変動で押さえられるので，有界変動ならば有界である．

▶命題 1

有界変動函数 f は，任意の $c \in [a, b]$ に於いて，片側極限

$$f(c+0) = \lim_{\substack{t \to c \\ c<t}} f(t), \qquad f(c-0) = \lim_{\substack{t \to c \\ t<c}} f(t)$$

を持つ．つまり，有界変動なら方正(regulated)である．

証明：例えば，$f(c+0)$ が存在しないとする．収束に関する Cauchy の条件の否定で，或る $\varepsilon > 0$ が存在して，どんな $c < \gamma$ に対しても，$c < s < t < \gamma$ かつ

$$|f(s) - f(t)| \geqq \varepsilon$$

となる s, t がとれる．ついで，この s を γ として仮定を使えば，同様の $c < s_1 < t_1 < s$ がとれる．これを繰り返せば

$$c < s_N < t_N < \cdots < s_1 < t_1$$

がとれて

$$|f(s_k) - f(t_k)| \geqq \varepsilon \qquad (k = 1, \cdots, N)$$

となる．この列を分点にもつ分割に対して，変動量は少なくとも $N\varepsilon$ あるが，N はいくらでも大きく取れるので，有界変動の仮定に反する．　(証明終)

▶命題 2

函数 f の全変動は，区間に対して加法的である．即ち，$a \leqq c \leqq b$ ならば

$$V(f; [a, b]) = V(f; [a, c]) + V(f; [c, b])$$

証明は定義に戻ればやさしい．読者の練習問題とする．

実数値の場合，有界変動函数は，増加函数の差として書ける．実際，$g(x) = V(f;[a,x])$，$h(x) = g(x)-f(x)$ とすれば，$f = g-h$ であるが，g も h も増加函数である：g については当たり前で，h については命題 2 の加法性を用いればよい．この事実は，片側極限の存在を納得する材料でもある．なお，ベクトル値函数の場合は，連続であれば f は曲線を表わしていると思えるが，有界変動とは，その曲線の「長さが有限」(rectifiable) ということになる．

▶命題 3

函数 f は $[a,b]$ で有界変動とする．区間内の点 c で，f が右連続，つまり $f(c) = f(c+0)$，であれば，$V(f;[a,x])$ も $x = c$ で右連続．

証明：全変動の単調性と加法性より，$V(f;[a,x])$ が $x = c$ で右連続でないとすれば，$c < x$ に対する $V(f;[c,x])$ の下限 m は正．一方，f が c で右連続なので，$c < d$ が存在し，$c < c' \leqq d$ なる任意の c' に対して $|f(c)-f(c')| \leqq m/4$ とできる．全変動 $V(f;[c,x])$ の下限が m なので，$c < c_1 \leqq d$ に対し，$[c,c_1]$ の分割で，f の変動が $m/2$ 以上となるものがある．この分割の分点で c の次に小さい c_2 をとれば，$|f(c)-f(c_2)| \leqq m/4$．従って $V(f;[c_2,c_1]) \geqq m/4$．議論を c_1 の代わりに c_2 から始めると，$c < c_3 < c_2$ があって $V(f;[c_3,c_2]) \geqq m/4$．以下，次々続けられるので $V(f;[c,c_1])$ の有限性に反する．（証明終）

▶注意

函数値の差は全変動で押さえられるので，逆に，或る点で全変動が右連続なら，函数もその点で右連続．よって，有界変動のとき，その二つは同値．

▶命題 4

区間 $[a,b]$ で定義された函数 f が (a,b) で C^1 で，導函数が絶対可積分，つまり，

$$\int_a^b |f'(t)|dt < \infty$$

とする．この時，f は $[a,b]$ で有界変動である．

証明：可積分性の仮定から $f(a+0)$ と $f(b-0)$ が存在する．有界変動であることを示すには，必要なら端 a,b での値を $f(a+0)$, $f(b-0)$ で置き換えて f は $[a,b]$ で連続と仮定してよい．この時，区間の分割 $\Delta : a = x_0 < \cdots < x_N = b$ に対し，微分積分法の基本公式より

$$\begin{aligned} V_\Delta(f) &= \sum_{k=0}^{N-1} |f(x_{k+1}) - f(x_k)| \\ &\leqq \sum_{k=0}^{N-1} \int_{x_k}^{x_{k+1}} |f'(t)|dt = \int_a^b |f'(t)|dt \end{aligned}$$

となり，有界変動である．　　　　　　　　　　　　(証明終)

2● Stieltjes積分の定義

今度はRiemann-Stieltjes積分について説明する．Riemann-という冠は，Lebesgue-Stieltjes積分との区別のため．違いは定式化にある．以下では，Riemann式を主に扱い，冠は省略する．定義は，どこにでも書いてあるので何でもないようだが，よく考えると多くの問題を孕んでいる．詳しく見ると，それだけで別立ての「徹底入門」ができるほどだ．しかし，ここでは踏み込まず，問題点の指摘程度にとどめる．

函数 φ と f が，区間 $[a,b]$ で定義されている時，$[a,b]$ の分割

$$\Delta : a = x_0 < x_1 < \cdots < x_{N-1} < x_N = b$$

に対し，Riemann和の類似

$$\text{(S)} \qquad S_\Delta = \sum_{k=0}^{N-1} \varphi(\xi_k)(f(x_{k+1}) - f(x_k))$$

を考える．但し $\xi_k \in [x_k, x_{k+1}]$．ここで分割を細かくする時，和 S_Δ が ξ_k の取り方によらず一定値に近づくならば，その値を

$$\int_a^b \varphi(t)df(t)$$

と書き，φ の f に関するStieltjes積分という．特に，$f(x) = x$ なら

ば，普通の Riemann 積分．線型性や，積分区間に関する加法性など基本的なことは当然成り立つ．定義に f の限定は不要だが，以下，f は有界変動とする．全変動量の定義から，類似の記号で

$$V(f;[a,b])=\int_a^b |df(t)|$$

と書くと感じがでる．また，定義から明らかな評価式

$$\text{(U)}\qquad \left|\int_a^b \varphi(t)df(t)\right| \leqq \|\varphi\|_{L^\infty}\int_a^b |df(t)|$$

が成り立つ．但し，一様ノルム $\|\varphi\|_{L^\infty}$ は $[a,b]$ で取る．

ここで，定義を少し検討する．まず，分岐点は，「分割を細かくする」という概念．Riemann 積分でも同じだが，一つは分割の最大幅で細かさを測るやり方．Stieltjes 積分でも，通常はこれが定義である．対して，分割の「細分」という半順序によるのもある．「強い」のは最大幅の方で，それで「極限」があれば，当然「細分」での収束になる．この「細分」がピンとこない人のために言い添えると，φ が実数値で f が単調増加の場合，上積分と下積分の一致に当たる[注1]．Riemann 積分では，どちらの定義も同じになる（Darboux の定理）ので，実質違いはない．ところが，Stieltjes 積分では，一般に二つは異なる[注2]．「細分」の方が「最大幅」による定義より広くて自然なら，そちらを採ればよさそうだが，話はそう単純ではない．

ところで，φ が**連続**の時は，一様連続なので，有界変動な f に対して，最大幅を使った定義で，Stieltjes 積分の存在が証明できる[注3]．だから，上のどちらでも同じ．これは Riemann 積分と同様である．

さて，何が問題か．「分割を細かくする」分岐だけではないのだ．Riemann 積分は Fourier 級数に関係して，不連続函数にも積分を定義するという意図の下で生まれた．にも拘わらず，不連続函数の積分としては不徹底で，不都合も多々ある（また皮肉なことに，連続函数に対する積分可能性ですら当初は明らかでなかった）．Stieltjes 積分になると，それがより顕著となる．つまり，df は f の不連続点に於いて結果としてデルタ（点測度）を与えるが，被積分函数の不連続点がそこに重なると，積分できるかどうかは定義の仕方に左右される[注4]．そこで，二通りの考えが対峙する：

（A） どうせ不徹底なら，最低限必要な連続函数の積分ができればいい．それで Radon 測度が得られるのだから，あとの延長は必要に応じて行なえばよい．

（B） そうではあっても，積分論の援用以前に，簡単で広い定義ができるなら，それに越したことはない．

この(B)を補足：Riemann 積分と違って，Stieltjes 積分では「点」は必ずしも「長さ 0」でなく，無視できない．だから，積分区域も開区間と閉区間，或いは半開区間などを区別すべきである．上の Riemann 和の類似(S)は，この点が考慮されず，粗っぽい．それを手当てして，例えば，Lebesgue 式を部分的に取り入れ，区間の測度を，端が入るかどうか区別しつつ，f の片側極限を用いて決めるというのも有力な案だ．因みに，前節の全変動の定義でも，考える区間の端が開と閉で区別するのが本来である．

ここまで気を遣って補足して，何が悪いのか．広い範囲の函数に対する積分を目標にするならそれでいい．しかし，我々が使う重要な性質として「部分積分」がある．そこでは f と φ の役目が入れ替わる．その場合すべてに対し，広げた定義が適切であるとは限らない．不連続函数を取り込みつつ，しかも「部分積分」が成り立つようにするには，積分の定義を，もう一つ別に用意して，二つを使い分けないといけなくなるのだ．とすると，片方は「連続」に限るのが無難で，だったら，どれを採用しても大同小異．定義に神経を使うのは無駄．つまり，(A)の意見が実質勝利する．尤も，(A)の勝利は，このような分析の結果というより，単に Riemann の権威によるのだろうが[注5]．

3◉……Stieltjes積分の性質

定義に関わってついつい細かいことを述べたが，「妥協」にも理由があるという説明でもあった．ここで後で使う重要な二つの性質を述べよう．

▶命題 5

函数 f は $[a,b]$ で C^1 とする．また，函数 φ は $[a,b]$ で連続と

する．この時，

$$\int_a^b \varphi(t)df(t) = \int_a^b \varphi(t)f'(t)dt$$

が成り立つ．

証明：命題 4 より，f は有界変動で，Stieltjes 積分は存在する．区間の分割 $a = x_0 < x_1 < \cdots < x_N = b$ をとる．函数 φ の一様連続性から，任意の $\varepsilon > 0$ に対し，分点を充分細かく取れば，小区間 $[x_k, x_{k+1}]$ 内で φ の値の差の絶対値は ε 以下とできる．この時，任意の $\xi_k \in [x_k, x_{k+1}]$ に対し，

$$\left|\varphi(\xi_k)(f(x_{k+1})-f(x_k))-\int_{x_k}^{x_{k+1}}\varphi(t)f'(t)dt\right|$$
$$\leqq \int_{x_k}^{x_{k+1}}|(\varphi(\xi_k)-\varphi(t))||f'(t)|dt \leqq \varepsilon\int_{x_k}^{x_{k+1}}|f'(t)|dt$$

である．よって，これらを加え

$$\left|S_\Delta-\int_a^b\varphi(t)f'(t)dt\right| \leqq \varepsilon\int_a^b|f'(t)|dt$$

となる．分割が細かければ，積和 S_Δ は Stieltjes 積分に近いから，命題の主張が判る．（証明終）

▶命題 6（部分積分）

函数 f は $[a,b]$ で有界変動とし，函数 φ は $[a,b]$ で連続とする．また，f の φ に関する Stieltjes 積分が存在するとする．この時，

$$\int_a^b\varphi(t)df(t) = \varphi(t)f(t)\Big|_{t=a}^{b}-\int_a^b f(t)d\varphi(t)$$

が成り立つ．

証明：区間の分割 $a = x_0 < x_1 < \cdots < x_N = b$ 及び $x_k \leqq \xi_k \leqq x_{k+1}$ をとる．積和 S_Δ は Abel の変形で

$$\sum_{k=0}^{N-1}\varphi(\xi_k)(f(x_{k+1})-f(x_k))$$
$$=\sum_{k=1}^{N-1}(\varphi(\xi_{k-1})-\varphi(\xi_k))f(x_k)+\varphi(\xi_{N-1})f(x_N)-\varphi(\xi_0)f(x_0)$$

となる．分割が充分細かければ，両辺の積和は定理中の Stieltjes

積分に近くなる．またφが連続なので最後の項は当然$\varphi(b)f(b)-\varphi(a)f(a)$ に近づく．（証明終）

▶注意

きっちり見れば，仮定した f の φ に関する Stieltjes 積分の存在も証明できるが，使わないので省略した．ついでに，部分積分も，この形になると，「微分積分法の基本定理 + 積の微分」という別の定理に従属した感じは薄れ，技法として独立して見える．

▶系 7（部分積分）

函数 f は $[a,b]$ で有界変動とし，函数 φ は $[a,b]$ で C^1 とする．この時，次が成り立つ：

$$\int_a^b \varphi(t)df(t) = \varphi(t)f(t)\Big|_{t=a}^{b} - \int_a^b f(t)\varphi'(t)dt.$$

4 ◉ Dirichlet-Jordanの定理

以上の準備の下，第３章と並行な議論を行なう．

▶定理 I（Dirichlet-Jordan）

函数 f は $[0,1]$ で有界変動とする．その第 n Fourier 係数を

$$c_n = \int_0^1 f(t)e^{-2\pi int}dt$$

とする時，次が成り立つ：

$$\frac{1}{2}(f(+0)+f(1-0)) = \lim_{N\to\infty}\sum_{n=-N}^{N} c_n.$$

証明：第３章の最初で導いた式を思い出そう：

（１）$$x-\frac{1}{2}+\sum_{k=1}^{N}\frac{\sin(2\pi kx)}{\pi k} = \int_{\frac{1}{2}}^{x}\frac{\sin((2N+1)\pi t)}{\sin \pi t}dt.$$

この右辺を $E_N(x)$ と置く．この時，E_N について，次の二つの性質が成り立つ：

（イ） 一様有界 （第７章，第５節）；

(ロ) 任意の $0<\delta\leqq 1/2$ に対して $[\delta, 1-\delta]$ で一様に 0 に収束する (第3章, 命題1).

式(1)を f に関して Stieltjes 積分する. ここで, f の 0, 1 での値を $f(0)=f(+0)$ 及び $f(1)=f(1-0)$ と置き換えて, それぞれで, 右連続, 左連続となるようにしておく. 左辺については, 部分積分(系7)で

$$\int_0^1\left(t-\frac{1}{2}\right)df(t)=\frac{1}{2}(f(0)+f(1))-\int_0^1 f(t)dt$$

及び

$$\int_0^1\frac{\sin(2\pi kx)}{\pi k}df(t)=-\int_0^1 f(t)\cos(2\pi kt)dt$$

なので, 結局

$$(2)\qquad \frac{1}{2}(f(0)+f(1))-\sum_{k=-N}^{N}c_k=\int_0^1 E_N(t)df(t)$$

となる. そこで, この右辺を(イ), (ロ)を用いて評価し, $N\to\infty$ で 0 に行くことを示せば証明が完了する. 命題3より, f の全変動は $x=0,1$ で(右または左)連続. 従って, 任意の $\varepsilon>0$ に対し,

$$\left(\int_0^\delta+\int_{1-\delta}^1\right)|df(t)|\leqq\varepsilon$$

となる $0<\delta\leqq 1/2$ が存在する. 積分区間を分けて,

$$\int_0^1=\left(\int_0^\delta+\int_{1-\delta}^1\right)+\int_\delta^{1-\delta}$$

とする. (イ)より N によらず, $\|E_N\|_{L^\infty}\leqq M$ となる定数 M がとれる. また, (ロ)より N を充分大きくとれば, E_N は $[\delta, 1-\delta]$ で絶対値が一様に ε で押さえられる. よって, 評価式(U)を用いて

$$\left|\left(\int_0^\delta+\int_{1-\delta}^1\right)E_N(t)df(t)\right|\leqq\|E_N\|_{L^\infty}\left(\int_0^\delta+\int_{1-\delta}^1\right)|df(t)|\leqq M\varepsilon$$

及び

$$\left|\int_\delta^{1-\delta}E_N(t)df(t)\right|\leqq\varepsilon\int_0^1|df(t)|$$

を得るから, (2)の右辺は $N\to\infty$ で 0 に行く. (証明終)

▶注意

上で命題3を用い，そのため端の値を置き換えたが，積分を内側から近づけることにすれば，これらの手続きは省略できる[注6].

次に，Dirichlet-Jordan の定理の条件を少し弱めたものに移ろう．第1章に述べた形である．この場合は単純に Stieltjes 積分というわけにはいかないが，殆ど同じことである．通常の教科書に書かれている証明との関連が，ここではっきりすることになる．

▶定理II（Dirichlet-Jordan）

函数 f は $[0,1]$ で絶対可積分な函数で，$x=0$ 及び $x=1$ の近傍で有界変動とする．この時，次が成り立つ：

$$\frac{1}{2}(f(+0)+f(1-0)) = \lim_{N\to\infty}\sum_{n=-N}^{N} c_n.$$

証明：今度は Dirichlet 核に登場ねがう：

$$D_N(x) = \sum_{k=-N}^{N} e^{2\pi ikx} = \frac{\sin((2N+1)\pi x)}{\sin(\pi x)}.$$

この時，定理の主張の右辺は，次の積分の極限：

$$\lim_{N\to\infty}\int_0^1 D_N(t)f(t)dt.$$

仮定から，$0<a\leqq 1/2$ があって，f は $[0,a]$ 及び $[1-a,1]$ で有界変動．これに基づき，積分区間を $[0,a]$ と $[a,1-a]$ と $[1-a,1]$ とに分ける，まず，真ん中の積分は

$$\int_a^{1-a}\frac{f(t)}{\sin(\pi t)}\sin((2N+1)\pi t)dt$$

と書けば $f(t)/\sin(\pi t)$ がこの区間で可積分だから，第6章で述べた Riemann-Lebesgue の定理により，$N\to\infty$ で0に行く[注7].

次は $[0,a]$ での積分であるが，前定理の証明と同じく，f の函数値を $x=0,1$ で置き換えて，それぞれ右連続，左連続となるようにしておく．また，

$$\varphi_N(x) = \int_x^a D_N(t)dt = E_N(a)-E_N(x)$$

と置く．これは C^1 級であり，$\varphi_N' = -D_N$ だから，系 7 の部分積分を用いると，

$$\int_0^a D_N(t)f(t)dt = f(0)\varphi_N(0) + \int_0^a \varphi_N(t)df(t)$$

となる．右辺第二項は前定理の証明と同じで $N \to \infty$ で 0 に行く．というのも，上の表示から φ_N は E_N で書けていることからも判るように，一様有界であり，かつ $(0, a]$ の任意の閉部分区間上で一様に 0 に行くからである．あとは(1)で $x = 0$ と置いて得られる $-E_N(0) = 1/2$ から

$$\lim_{N\to\infty} \varphi_N(0) = -\lim_{N\to\infty} E_N(0) = \frac{1}{2}$$

が判るので

$$\lim_{N\to\infty} \int_0^a D_N(t)f(t)dt = \frac{1}{2}f(0) = \frac{1}{2}f(+0)$$

となる．同様に

$$\lim_{N\to\infty} \int_{1-a}^1 D_N(t)f(t)dt = \frac{1}{2}f(1) = \frac{1}{2}f(1-0)$$

であり，これらを加えて結論となる．（証明終）

▶補足的注意

証明の比較をしてみよう．仮定が定理 I と同じであれば，実際は Riemann-Lebesgue を使う必要はないが，それは措くとして，多くの教科書では「積分法の第二平均値定理」と「Dirichlet の積分」という二つの標語に要点が集約される．前者は Stieltjes 積分に関する部分積分から従うし，それを用いての評価も，区間を二つに分けるのは同じだが，ここで述べた方が直接的であろう．従って，敢えて独立した定理として見出しを立てるほどのことはない[注8]．後者は，定理 II の証明の最後に登場した式と似た

$$\lim_{u\to\infty} \int_0^a \frac{\sin ut}{t} f(t)dt = \frac{\pi}{2} f(+0)$$

が 0 の近傍で有界変動な f に対し成り立つというものである．「第二平均値定理」の適用例だが，上の証明と並行に部分積分をすればよい．定数の由来は

$$\int_0^\infty \frac{\sin t}{t}\,dt = \frac{\pi}{2}$$

である．ところが，Dirichlet 積分から Fourier の公式を導くのは Riemann-Lebesgue を用いて分母を置き換えるという手を経由し，定数の決定は上に述べたように Dirichlet 核の積分から出る（第7章参照）ので，ここはむしろ遠回りと言える．しかし，それは全くの無駄ではなく，第7章の「有界収束性」の証明がこの置き換えから出ることを思い出せば，差し引き損得は全体として生じていない．つまり，同じことも視点の違いにより，変わって見えるということだ．ということで，話の流れは上の証明で判りやすくなったと思うが，本質は教科書の証明と変わるところはない．

注

［注1］ 上積分と下積分の一致で定義するものは，W. Rudin "*Principles of Mathematical Analysis*" (McGrawhill 3rd ed 1976)．第2版の邦訳は『現代解析学』(共立出版 1971)．

［注2］ デルタ測度もでてくるので，分割の幅を小さくしても積分が小さくなるとは限らず，謂わば「当たり前」．

［注3］ 念のため証明の概略を述べると，一様連続性から任意の $\varepsilon>0$ に対し $\delta>0$ が存在して，$|x-y|\leqq\delta$ なら $|\varphi(x)-\varphi(y)|\leqq\varepsilon$ となる．この δ より分割の最大幅を小さくとれば，$\xi_k, \xi'_k\in[x_k, x_{k+1}]$ に対し

$$\left|\sum_{k=0}^{n-1}(\varphi(\xi_k)-\varphi(\xi'_k))(f(x_{k+1})-f(x_k))\right|\leqq\varepsilon V(f)$$

となるので，極限の存在が判る．

［注4］ 紙幅の関係で省略するが，階段函数を使って，いろいろ例を考えるといい．

［注5］ ところが，日本数学会編『数学辞典 第4版』(岩波書店)の「積分法」の項では，Riemann 積分を上積分と下積分の一致を以って定義とする．一方，Riemann-Stieltjes 積分は分割の最大幅で定義しているので，統一感がない．定義は初版から一貫しているが，元々違う項目を，第4版で一つにしたので，齟齬が目立つようになった．これらの扱いは高木貞治『解析概論』の影響が大きいように見える．『解析概論』の講座版では，定義に際し Riemann への言及があるが，単行本では落ちている．このあたりの揺れもなかなか面白い．ついでに，第1部も参照されたい．

［注 6］ ただ，命題 3 は，はっきりした主張だし，その割には，採り上げる成書も少ないようなので，述べておいた．述べたからには，使うのが自然であろう．

［注 7］ 問題の点 $(x = 0, 1)$ から離れた函数値は，Fourier 級数展開に関与しない，という「局所化」の原理である．定理 I と II の違いはこの点だけにあるとも言える．

［注 8］ 微分にしろ，積分にしろ，平均値定理は，実数値函数に対してしか有効でない．適用範囲が限定的なこの定理が重用されるのは，解析学がまだ成熟しておらず，不等式より等式主体で書かれていた時代の名残であろう．

第10章 総和法

Cauchy 以来，級数の和の定義は，部分和の極限という形に確定していて，例えば，それ以前に Euler が行なったとされる

$$1-1+1-1+\cdots=\frac{1}{2}$$

などはこの枠外に置かれる．厳密でないと，不合理な結論の出る可能性があるので，怪しいものは容認されない．ということで，安全な定義が選択された．しかし，それだけでは息苦しいし，切り捨てられたものたちも，自由を求めて，時に復活する．この章で，採り上げるのは，このような「広義の和」である．現在では「総和法」という名前の下，厳密な数学として拾い上げられているが，これも Fourier 級数といろいろ関係したデルタの変容の一種である[注1]．

第 4 章では，デルタ列という概念を導入した．例えば Dirichlet 核を平均した Fejér 核がその条件を満たし，Fourier 級数を少し変形したもので，任意の連続函数を表わすことができる，という説明をした．具体的には

$$f(x)=\lim_{N\to\infty}\sum_{n=-N+1}^{N-1}\left(1-\frac{|n|}{N}\right)c_n(f)e^{2\pi inx}$$

である．これは，級数のままでは収束しないところを「平均」することで収束しやすくしたという意味で，まず「総和法」と関係し，その結果としてデルタ列ができるという意味で「総和法」と同じ思想に出会うのである．上の式は，単なる部分和ではなく，その係数に因子の掛かった和の極限という「広義の和」で，因子の分，収束しやすくなっていると見ることができる．

1◉……総和法

級数の和は，部分和 $s_n = a_0 + \cdots + a_n$ の極限だが,「総和法」は，s_n を少し変形して

$$\text{(T)} \qquad t_n = \sum_{k=0}^{\infty} \Phi_{n,k} s_k$$

を作り，この t_n に極限があるなら，それを以って一種の「和」と看做そうという考えである．但し，普通の意味で和がある時,「広義の和」も同じ値でなくては困る．即ち，$s_n \to s\ (n \to \infty)$ が $t_n \to s\ (n \to \infty)$ を導いてほしい．このための $\Phi_{n,k}$ の条件が調べられている：

▶定理(Toeplitz)

上の(T)を定義する $(\Phi_{n,k})_{n,k=0,1,\cdots}$ に対し，以下の条件(i)(ii)(iii)を考える：

（i） 各 k について $\Phi_{n,k} \to 0\ (n \to \infty)$.

（ii） 各 n について k に関する和

$$\sigma_n = \sum_{k=0}^{\infty} |\Phi_{n,k}|$$

が一様に有界．つまり，定数 M が存在して n によらず $\sigma_n \leqq M$.

（iii） 次の極限値が存在する：

$$\lim_{n \to \infty} \sum_{k=0}^{\infty} \Phi_{n,k} = \alpha.$$

この時,

（イ） (i)(ii)の下，$s_n \to 0\ (n \to \infty)$ ならば，$t_n \to 0\ (n \to \infty)$ が成り立つ.

（ロ） (i)(ii)に加えて(iii)を仮定すると，$s_n \to s\ (n \to \infty)$ ならば，$t_n \to s\alpha\ (n \to \infty)$ が成り立つ.

証明：(イ)は，まず，$s_n \to 0\ (n \to \infty)$ より，任意の $\varepsilon > 0$ に対して N が存在して，$k \geqq N$ なら $|s_k| \leqq \varepsilon$ とできる．また，s_n は有界だから，$|s_k| \leqq M_1$ となる定数 M_1 がある．よって

$$
\begin{aligned}
|t_n| &\leqq \sum_{k=0}^{N-1} |\Phi_{n,k}|\,|s_k| + \sum_{k=N}^{\infty} |\Phi_{n,k}|\,|s_k| \\
&\leqq M_1 \sum_{k=0}^{N-1} |\Phi_{n,k}| + \varepsilon \sum_{k=N}^{\infty} |\Phi_{n,k}| \\
&\leqq M_1 \sum_{k=0}^{N-1} |\Phi_{n,k}| + \varepsilon\sigma_n \\
&\leqq M_1 \sum_{k=0}^{N-1} |\Phi_{n,k}| + \varepsilon M
\end{aligned}
$$

条件(i)から $\Phi_{n,k} \to 0\ (n \to \infty)$ で，右辺の第1項はこれらの有限和だから $n \to \infty$ で0に行く．よって $t_n \to 0\ (n \to \infty)$．

(ロ)は，$s_n - s$ を考えると，0に収束する数列なので，(イ)が適用できて，

$$
t_n - s\sum_{k=0}^{\infty} \Phi_{n,k} = \sum_{k=0}^{\infty} \Phi_{n,k}(s_k - s)
$$

は $n \to \infty$ で0に行く．条件(iii)より，左辺第2項は $n \to \infty$ で $s\alpha$ に収束するから，結論を得る．　(証明終)

▶注意

(イ)(ロ)ともに，必要充分の形に言える(小島(1917)，Schur(1921)，Toeplitz(1911))．『数学辞典第4版』(岩波書店)の項目「級数」(91.L)を参照のこと．ちなみに『数学辞典』も第2版では独立した項目「総和法」があり，引用も詳しい．邦書では，岡田良知『級数概論』(岩波全書)，小松勇作『無理数と極限』(共立全書)などにも見られる．なお，この定理はEulerの五角数定理とも無縁ではない．「跡公式としての五角数定理」(数理解析研究所講究録 **1498**(2006)，pp. 88-102)の最後あたりを参照されたい．ついでに，上に言及した人名のうち，小島鉄蔵については『数学のたのしみ』(2006冬)の「東北帝国大学における数学研究」(上野健爾)の中に簡単な紹介がある．

さて，上の定理と第4章に述べたデルタ列との類似は明らかであろう．条件の数も3で，順番は違うが各々対応しているし，証明も本質的に同じである．今は数列を数列に移すという形式にしたので，n は

離散的な $0, 1, 2, \cdots$ としたが，これは連続変数にしてもよい．実際，あとで扱う Abel の総和法はその形である．

デルタ列の箇所でも述べたが，「正値性」がある場合は，条件が確かめやすい．例えば，$\Phi_{n,k} \geqq 0$ として，(iii)の代わりに，最初から

$$\sum_{k=0}^{\infty} \Phi_{n,k} = 1$$

とすると(ii)は不要．この場合，s_n から t_n を作るのは，文字通り重み付きの「平均」操作である．条件(i)は，重みが有限の所に(極限として)残らないということで，結果，s_n の $n \to \infty$ の状態だけを拾う．

ところで，上記の定理は，第8章の第4節の証明に適用できることをついでに指摘しておく．そこでは $\lambda_n = 1/(z-n)^2$ として，

$$R_N = \sum_{k=1}^{N} \frac{1}{k} p_k^{(N)} + \sum_{k=1}^{N} \frac{1}{N+k} p_{N+1-k}^{(N)},$$

但し，

$$p_k^{(N)} = \sum_{j=1}^{k} (\lambda_{N+1-j} - \lambda_{-N-1+j})$$

について $R_N \to 0\ (N \to \infty)$ を示した．この R_N を構成する二つの和のうち，前半と後半は殆ど同じなので，前半だけ見ると，数列 $1/k$ を「行列」$p_k^{(N)}$ で変換した形である．数列 $1/k$ は $k \to \infty$ で0に行くから，定理の適用には

(i)　$p_k^{(N)} \to 0 \quad (N \to \infty)$

と

(ii)　$\sum_{k=1}^{N} \sum_{j=1}^{k} |\lambda_{N+1-j} - \lambda_{-N-1+j}|$

が一様有界を見ればよい．このうち(i)は容易であり，(ii)は第8章の評価から出る．後者は2回和をとるが，それらの項が j について j^{-3} 程度の減少であることに注意すればよかったのである．

ここで s_n でなく，a_n を使って t_n を書くとどうなるか見ておこう．

$$t_n = \sum_{k=0}^{\infty} \Phi_{n,k} s_k = \sum_{k=0}^{\infty} \left(\sum_{j=0}^{k} \Phi_{n,k} a_j \right) = \sum_{j=0}^{\infty} \left(\sum_{k=j}^{\infty} \Phi_{n,k} a_j \right)$$

なので

$$\Psi_{n,j} = \sum_{k=j}^{\infty} \Phi_{n,k}$$

と置くと

$$t_n = \sum_{j=0}^{\infty} \Psi_{n,j} a_j$$

となる．

2◉……Cesàro総和法

Dirichlet 核から平均を取って Fejér 核を作ったのは Cesàro 総和法というものの適用である．つまり，

$$t_n = \frac{1}{n}(s_0 + \cdots + s_{n-1})$$

である．大学初年級で学ぶ「エプシロン・デルタ論法の練習」：s_n が収束するなら，この平均を取った t_n も同じ値に収束する(Cauchy の定理)，これが実は総和法との出会いだったのだ．この場合は

$$\Phi_{n,k} = \begin{cases} \dfrac{1}{n} & (0 \leqq k \leqq n-1) \\ 0 & (\text{その他}) \end{cases}$$

従って

$$\Psi_{n,j} = \begin{cases} 1-\dfrac{j}{n} & (0 \leqq j \leqq n-1) \\ 0 & (\text{その他}) \end{cases}$$

である．

冒頭の Euler の計算 $1-1+1-\cdots$ は，k が偶数なら $s_k=1$ であり，奇数なら $s_k=0$ なので

$$t_n = \begin{cases} \dfrac{1}{2} & (n：\text{偶数}) \\ \dfrac{n+1}{2n} & (n：\text{奇数}) \end{cases}$$

となり，$t_n \to 1/2$ になる．つまり，広義の和の一つである Cesàro 和と解釈して正しい値だったのだ．

平均して，収束しやすくなるのなら，「平均の平均」を考えれば，もっと収束しやすくなるはず．そのようにして高次の Cesàro 和も考えられる．但し，単純に平均を繰り返すわけではなく，重みをつける．

例えば，

$$u_n = 1 \cdot t_1 + 2 \cdot t_2 + \cdots + (n-1) \cdot t_{n-1}$$

として，これを $1+2+\cdots+(n-1) = n(n-1)/2$ で割って「平均」する．その極限があるなら「2次」の Cesàro 和だと考えるわけである．ちょっと計算してみると

$$u_n = (n-1)s_0 + (n-2)s_1 + \cdots + s_{n-2} = \sum_{j=0}^{n-2} \frac{(n-j)(n-j-1)}{2} a_j$$

なので

$$\Phi_{n,k} = \begin{cases} \dfrac{2(n-k-1)}{n(n-1)} & (0 \leqq k \leqq n-2) \\ 0 & (\text{その他}) \end{cases}$$

及び

$$\Psi_{n,j} = \begin{cases} \left(1-\dfrac{j}{n}\right)\left(1-\dfrac{j}{n-1}\right) & (0 \leqq j \leqq n-2) \\ 0 & (\text{その他}) \end{cases}$$

である．これを見ていると，より高い「ν 次」の Cesàro 和の作り方も類推できるだろう．更に一般の「分数次」，つまり ν が正の実数の場合の Cesàro 和も定義できる．詳しいことは省略するが，次のような形になる：

$$\Psi^{(\nu)}_{n+\nu,j} = \frac{\Gamma(n+1)\Gamma(n+\nu-j+1)}{\Gamma(n+1-j)\Gamma(n+\nu+1)}$$

とし，

$$\Phi^{(\nu)}_{n+\nu,k} = \Psi^{(\nu-1)}_{n+\nu-1,k}$$

と置く．この時，

$$s^{(\nu)}_{n+\nu} = \sum_{k=0}^{n} \Phi^{(\nu)}_{n+\nu,k} s_k = \sum_{j=0}^{n} \Psi^{(\nu)}_{n+\nu,j} a_j$$

について，$s^{(\nu)}_{n+\nu}$ の極限が存在するなら，それを ν 次の Cesàro 和というのである[注2]．

3◉……Abel総和法

今度は，やはり微積分に登場する「Abel の連続性定理」に関係した総和法である[注3]．知らず知らずの裡に，何度も「総和法」に出会っ

ていたのである．冒頭の Euler の $1-1+1-\cdots$ は，むしろこちらと結びついて記憶されているかもしれない．つまり，単純な和の代わりに z という変数をとって

$$1-z+z^2-\cdots$$

を作る．これは $|z|<1$ なら等比級数の和として $1/(1+z)$ と計算されるが，その場合に $z=1$ とすることが可能で，値 $1/2$ が得られるというわけである．さらに同様の計算を実行すると

$$1^m-2^m+3^m-\cdots$$

の「広義の和」が得られるので，それを通じてゼータの負の整数点での値が求まるのであった．

Abel の総和法の場合は n のところが連続変数 z であり，$n\to\infty$ の代わりに $z\to 1$ という極限をとる．従って，形式はちょっと変わるが

$$\Psi_j(z)=z^j\,; \qquad \Phi_k(z)=z^k(1-z)$$

である．なお，$z\to 1$ という近づき方について，「総和法」の観点からは，単に z が実で $z\to 1-0$ でよいのだが，より一般に複素数として近づく場合には或る種の限定が要る．それについてはあとで注意する．

ここで「Abel の連続性定理」を復習しておこう．

▶定理（Abel）

級数

$$\sum_{n=0}^{\infty} a_n$$

が収束して，その和が s の時，

$$\lim_{z\to 1}\sum_{n=0}^{\infty} a_n z^n = s$$

である．

証明：既に一般的定理が証明されているから，それが適用されることを確かめればよいのでやさしい．これに関して一つ注意する．条件の(ii)は，この場合

$$V(z)=|1-z|\sum_{k=0}^{\infty}|z^k|=\frac{|1-z|}{1-|z|}$$

が $z\to 1$ で有界という条件である．もちろん z が正数の範囲で動

くなら，右辺は1なので有界は当たり前だが，複素数として近づける場合も考えられる．この時は，1を頂点として，頂点以外の境界が左半平面に含まれる角領域で，頂角が平角 ($\pi = 180°$) より真に小さいもの(**Stolz 領域**)の中を通って $z \to 1$ とするならば，右辺は有界である[注4]．実際，$z = x+yi$ として

$$\frac{V(z)}{1+|z|} = \frac{|1-z|}{1-|z|^2} = \frac{\sqrt{(1-x)^2+y^2}}{1-x^2-y^2}$$

について，$\tau = y/(1-x)$ と置いて変形すると

$$\frac{V(z)}{1+|z|} = \frac{1}{1+x}\cdot\frac{\sqrt{1+\tau^2}}{1-\dfrac{1-x}{1+x}\tau^2}$$

となるので，$|\tau| \leqq M$ の下で $z \to 1$ とするなら

$$\limsup_{z\to 1} V(z) \leqq \sqrt{1+M^2}$$

と有界になる．これは上の定理の適用条件と捉えた場合だが，別に「Abelの連続性定理」をAbelの変形で証明する際にどのように利くか注意する．まず数列 s_n が**有界**で，且つ，z^n を差分した数列 $z^n(1-z)$ が**有界変動**ならば，級数

$$\text{(A)} \qquad F(z) = \sum_{n=0}^{\infty} a_n z^n$$

は収束する(第7章，第4節)．この時，z に関する一様性の評価は，数列 $z^n(1-z)$ の総変動量 $V(z)$ の一様有界性から従う．それが成り立つ範囲では，連続函数の一様収束極限として，級数は連続であり，よって $z \to 1$ という極限は $z=1$ という代入で置き換えられるのである．上のStolz角領域でよいというのは，このようにも理解できる．　(証明終)

4◉……総和法の強さの比較

総和法にもいろいろあるので，広義の和が求まる範囲は，各々の方法で違う．そして，方法の「強力さ」が比較できる場合もある．例えばAbelの総和法はCesàroの総和法より「強い」．この事実は「多項式」より「指数函数」の方が「強い」(支配的である)ということの反映

でもある．一般のν次Cesàro和でも正しいが，今は1次に限って証明しよう．

▶**定理**

級数

$$\sum_{n=0}^{\infty} a_n$$

が(1次)Cesàro和tをもつならば，

$$\lim_{z\to 1}\sum_{n=0}^{\infty} a_n z^n = t.$$

但し，$z\to 1$はStolzの路に沿って近づく．

証明：前節のAbelの連続性定理と同様の道筋で示すことができる．第2節と同様に

$$s_n = a_0+a_1+\cdots+a_n,$$
$$nt_n = s_0+s_1+\cdots+s_{n-1},$$

という記号を使う．仮定よりt_nは有界であるから$n\to\infty$でs_nは$O(n)$，従って更にa_nも$O(n)$程度の増大度となる．よって，等比級数の和

$$\text{(G)}\qquad \frac{1}{1-z} = \sum_{n=0}^{\infty} z^n$$

と比較すると，前節(A)で定義される函数$F(z)$は$|z|<1$で収束．より詳しく，任意の$r<1$に対して$|z|\leqq r$で一様に絶対収束である．従って，級数(A)と(G)の積を$|z|<1$で考えると，足す順序は任意に変えられ，

$$\frac{1}{1-z}F(z) = \sum_{n=0}^{\infty} s_n z^n$$

及び，同様に

$$\frac{1}{(1-z)^2}F(z) = \sum_{n=1}^{\infty} nt_n z^{n-1}$$

が得られる．この両辺から$t/(1-z)^2$を引くと

$$\frac{1}{(1-z)^2}(F(z)-t) = \sum_{n=1}^{\infty} n(t_n-t)z^{n-1}$$

となるので，t_n を $t_n - t$ で置き換えることにより，次のことを示せばよくなる：$t_n \to 0\ (n \to \infty)$ ならば

$$\lim_{z \to 1}(1-z)^2 \sum_{n=1}^{\infty} n t_n z^{n-1} = 0.$$

この仮定の下，任意の $\varepsilon > 0$ に対し，N が存在して，$n \geqq N$ ならば $|t_n| \leqq \varepsilon$. よって，まず

$$\begin{aligned}\left|\sum_{n=N}^{\infty} n t_n z^{n-1}\right| &\leqq \sum_{n=N}^{\infty} n|t_n||z|^{n-1} \\ &\leqq \varepsilon \sum_{n=1}^{\infty} n|z|^{n-1} \\ &= \varepsilon \frac{1}{(1-|z|)^2}\end{aligned}$$

であり，従って，

$$\begin{aligned}|1-z|^2\left|\sum_{n=1}^{\infty} n t_n z^{n-1}\right| &\leqq |1-z|^2\left(\left|\sum_{n=1}^{N-1} n t_n z^{n-1}\right| + \left|\sum_{n=N}^{\infty} n t_n z^{n-1}\right|\right) \\ &\leqq |1-z|^2 \sum_{n=1}^{N-1} |n t_n z^{n-1}| + \varepsilon\left(\frac{|1-z|}{(1-|z|)}\right)^2\end{aligned}$$

となる．有限和である第 1 項は $z \to 1$ で 0 に行き，第 2 項にある $|1-z|/(1-|z|)$ は前節の定理の証明で注意したとおり，Stolz の角領域内ならば有界であるから，結論を得る．（証明終）

この証明は，Abel の定理の証明，及び，一般に ν 次の Cesàro 和で前提を置き換えた命題にも，必要な変更を加えれば，そのまま通用する[注 5]．

5◉……Fourier 級数と Abel 総和法

（1 次の）Cesàro 和が，Fourier 級数において有効である様子は，第 4 章に Fejér の定理として見た．より強力な Abel の総和法を使うとどうなるだろうか．上に扱った場合では，和は片側のみ無限に延びるが，Fourier 級数は n が $-\infty \sim \infty$ と両側に延びる．それを考慮して，正と負の側を分けて収束因子を掛ける．まず，実数 $0 \leqq r < 1$ に対し

$$\text{(S)} \qquad F(r, x) = \sum_{n=-\infty}^{\infty} r^{|n|} c_n(f) e^{2\pi i n x}$$

を作る．但し，$c_n(f)$ は函数 f の n 番目の Fourier 係数：

$$c_n(f)=\int_0^1 f(t)e^{2\pi int}dt.$$

「通常の」函数(例えば L^1)の Fourier 係数は有界だから，この和は絶対収束している．ここで $r\to 1$ と近づける時，Fejér の定理と，前節の定理から，f が連続ならば $F(r,x)\to f(x)$ が判る．しかし，そのような途でなく，この事実は直接に導ける筈である．以下，それを見よう．正と負の扱いが分かれるので

$$F_+(r,x)=\sum_{n=0}^{\infty} r^n c_n(f)e^{2\pi inx}$$

$$F_-(r,x)=\sum_{n=1}^{\infty} r^n c_{-n}(f)e^{-2\pi inx}$$

と置く．Fourier 係数の定義の積分を代入すると

$$F_+(r,x)=\sum_{n=0}^{\infty} r^n\int_0^1 f(t)e^{2\pi in(x-t)}dt$$

だが，r^n の係数は一様有界なので，積分と和の順序が交換できる．よって，

$$F_+(r,x)=\int_0^1 f(t)\left(\sum_{n=0}^{\infty} r^n e^{2\pi in(x-t)}\right)dt$$

$$=\int_0^1 f(t)\frac{1}{1-re^{2\pi in(x-t)}}dt.$$

同様に

$$F_-(r,x)=\int_0^1 f(t)\frac{re^{2\pi i(t-x)}}{1-re^{2\pi i(t-x)}}dt$$

$$=-\int_0^1 f(t)\frac{1}{1-r^{-1}e^{2\pi i(x-t)}}dt.$$

よって

$$P_r(x,t)=\frac{1}{1-re^{2\pi i(x-t)}}+\frac{re^{2\pi i(t-x)}}{1-re^{2\pi i(t-x)}}=\frac{1-r^2}{|1-re^{2\pi i(x-t)}|^2}$$

と置くと，

（Ｉ）　$F(r,x)=\int_0^1 f(t)P_r(x,t)dt$

と書ける．この $P_r(x,t)$ を Poisson 核といい，積分表示(I)を f の Poisson 積分という．まず，形から明らかなように，Poisson 核は正値である．また，任意の $\delta>0$ に対して $|x-t|\leqq\delta$ の外側では

$$P_r(x,t) \leqq \frac{1-r^2}{r^2\sin^2 2\pi\delta}$$

と，一様に押さえられる．さらに

$$\text{(P)} \qquad P_r(x,t) = \sum_{n=-\infty}^{\infty} r^{|n|} e^{2\pi in(x-t)}$$

から判るように

$$\int_0^1 P_r(x,t)dt = 1$$

よって，Poisson 核はデルタ列を与える．その結果，

▶定理

函数 f が周期 1 の連続函数の時，

$$\lim_{r\to 1-0} \sum_{n=-\infty}^{\infty} r^{|n|} c_n(f) e^{2\pi inx} = f(x)$$

が成り立つ．収束は x について一様である．

上では，Fourier 級数に Abel 総和法を適用するという流れから，積分表示を導いたが，デルタを表わす

$$\sum_{n=-\infty}^{\infty} e^{2\pi inx}$$

の変形を，収束因子 $r^{|n|}$ を用いて直接行ない，Poisson 核(P)に至るという考えもある．いずれにしろ，指数的な Abel 総和法の方が，いろいろ見やすいし，馴染み深い議論でもあるから，「伝統的」で多項式的な Fejér の定理経由より，効率もよいと思う．例えば，今まで余り触れてこなかった Parseval の等式は，つぎのように導ける．

▶定理(Parseval の等式)

函数 f が周期 1 で自乗可積分 (L^2) 函数とする．この時，

$$\text{(Q)} \qquad \int_0^1 |f(t)|^2 dt = \sum_{n=-\infty}^{\infty} |c_n(f)|^2$$

が成り立つ．

証明：まず $\bar{f}(x) = \overline{f(x)}$ とし，その Fourier 係数を計算すると $c_n(\bar{f}) = \overline{c_{-n}(f)}$ なので，$\bar{f}$ の Poisson 積分を $\bar{F}(r,x)$ と書けば，

(S)から

$$\bar{F}(r,x) = \sum_{n=-\infty}^{\infty} r^{|n|}\overline{c_{-n}(f)}e^{2\pi inx}$$
$$= \sum_{n=-\infty}^{\infty} r^{|n|}\overline{c_n(f)}e^{-2\pi inx}$$
$$= \overline{F(r,x)}$$

であり[注6]，級数は絶対収束するので

$$F(r,x)\bar{F}(r,x) = \sum_{-\infty<n,m<\infty} r^{|n|+|m|}c_n(f)\overline{c_m(f)}e^{2\pi i(n-m)x}$$

だが，これを積分すると $n = m$ だけが残るから

$$\int_0^1 |F(r,t)|^2 dt = \sum_{n=-\infty}^{\infty} r^{2|n|}|c_n(f)|^2$$

となる．ここで $r \to 1$ とする．まず，f が連続と，強い限定の下での寄り道をしてみる．すると上の定理から，一様収束なので左辺での積分と極限は交換できる．また，Fourier 係数の自乗和が収束 (l^2) も既知(例えば Bessel の不等式)とすれば，右辺も Abel の定理より極限の順序交換ができる．よって Parseval の等式が判る．

しかし，実はすべて正の数を扱うので，右辺での極限移行はずっと容易で，Abel の定理などによらずとも，値に $+\infty$ を許せば，常に

$$\lim_{r\to 1}\sum_{n=-\infty}^{\infty} r^{2|n|}|c_n(f)|^2 = \sum_{n=-\infty}^{\infty}|c_n(f)|^2$$

が判る．両辺とも極限であるが，正数ばかりなので，実際は上限で置き換えられることに注意しよう．つまり，左辺は $r<1$ についての sup であり，右辺は $|n| \leqq N$ なる有限和の N についての sup である．また，明らかに左辺 ≦ 右辺なので，証明には逆向きの不等式を示せばよい．これは，任意の N について

$$\sum_{|n|\leqq N}|c_n(f)|^2 = \sup_{r<1}\sum_{|n|\leqq N} r^{2|n|}|c_n(f)|^2$$
$$\leqq \sup_{r<1}\sum_{n=-\infty}^{\infty} r^{2|n|}|c_n(f)|^2$$

だから，容易に判る．

Parseval の等式の左辺についても，Poisson 核がデルタ列を与

えるので，一般に f が L^2 ならば，$r \to 1$ の時，$F(r,x) \to f(x)$ は L^2 の意味で正しく，よって左辺の極限の順序交換ができる．つまり L^2 函数を直接扱っても Parseval の等式が証明できる．

この L^2 収束は，「積分論」が関わる内容なので，デルタ列を述べた第4章や第6章では軽くほのめかす程度にしか言及しなかった．しかし，それで終わるのは不親切すぎるだろうから，この機会に簡単に補足しておく．より「厳密さ」をもった書き方もできるが，汎用性があり，かつ直観的に判りやすい説明をしよう．今，φ_n を

$$\int \varphi_n(t)dt = 1$$

を満たすデルタ列とし，

$$(\varphi_n * f)(x) = \int \varphi_n(t)f(x-t)dt$$

という畳み込み(convolution)を考える．これは以前用いた「平行移動」$f_t(x) = f(x+t)$ の記号を使って書くと，「ベクトル値」積分として

$$\varphi_n * f = \int \varphi_n(t)f_{-t}\,dt$$

と書ける．ここで「ベクトル」というのは，例えば L^2 など，f が属する「函数空間」をベクトル空間と見てのことである．さて，

$$\varphi_n * f - f = \int \varphi_n(t)(f_{-t} - f)dt$$

なので，空間にノルム $\|\cdot\|$ が入っているとすると

$$\|\varphi_n * f - f\| \leqq \int |\varphi_n(t)|\,\|f_{-t} - f\|dt.$$

右辺で積分領域を分けて

$$\int = \int_{|t|\leqq\delta} + \int_{|t|>\delta}$$

とする．ここで，考えている f について，$|t| \leqq \delta$ ならば，$\|f_{-t} - f\| \leqq \varepsilon$ とノルムが小さくできるとすると，

$$\|\varphi_n * f - f\| \leqq \varepsilon\int_{|t|\leqq\delta}|\varphi_n(t)|dt + (2\|f\| + \varepsilon)\int_{|t|>\delta}|\varphi_n(t)|dt$$

となる．従って，右辺にデルタ列の定義の評価を適用すると，$\varphi_n * f \to f$ という収束がノルムの意味で正しいことが判る．ポイ

ントである $|t|$ が小さければ $f_{-t}-f$ のノルムが小さいという仮定は，函数空間，或いは f 自身に拠るもので，個別に証明が必要である．今扱っている L^2 などでは，まず，f がコンパクト台の連続函数の場合に，一様連続性を用いて示し，一般の L^2 の函数に対しては，そのような連続函数による L^2 の意味での近似を経由するのである．その意味では f が連続の場合に Parseval を「一様収束」を用いる極限移行によって示すのと，本質的差はないと言える．しかし，ここで述べた一般化は典型的なので，補足しておいたのである．因みに，当たり前のことであるが，$\varphi_n * f \to f$ がノルムの意味で収束するなら，$\varphi_n * f$ のノルムは f のノルムに収束する．

ついでながら，ユークリッド型 (L^2) ノルムの等式(Q)が得られたので，それを用いれば，内積の等式

$$\int_0^1 f(t)\overline{g(t)}dt = \sum_{n=-\infty}^{\infty} c_n(f)\overline{c_n(g)}$$

は全く代数的に導ける．いちいち極限にまで戻る必要はない[注7]．

（証明終）

注

[注1] 厳密に言えば「広義の和」は「総和法」に限ったものではない．例えば，解析接続を使うものもある．

[注2] 本稿の定義は，添え字等で成書と違うところがあるので注意したい．また，定義については注5も参照のこと．

[注3] 最近では，微積分の初年度で扱うとは限らないかもしれない．しかし，連続函数の一様収束極限が連続ということに関係して扱われるし，歴史的にも「一様収束」概念や「Abel の変形」が生まれた例として重要である．

[注4] そのような経路を「Stolz の路」と呼ぶ．

[注5] Cesàro 和を定義する $s_{n+\nu}^{(\nu)}$ は

$$(1-z)^{-\nu-1}F(z) = \frac{1}{\nu!}\left(\frac{d}{dz}\right)^{\nu}\sum_{n=0}^{\infty} s_{n+\nu}^{(\nu)} z^{n+\nu}$$

から決まるので，これを用いる．自然数でない ν については，解釈を拡大しなくてはならないが，詳しいことは省略する．

［注 6］ Poisson 核が実なので $\bar{F}(r,x) = \overline{F(r,x)}$ は直ちに判り，それを使ってもよい．

［注 7］ 或る本で，そのような回りくどい議論を重ねていたので，念のため注意した．

第 11 章

円周から円板へ

前章では「総和法」という「広義の和」についてその一端を紹介した．最も典型的なものを Fourier 級数との関係で復習しておくと，デルタ超函数を表わす級数

$$\sum_{n=-\infty}^{\infty} e^{2\pi inx}$$

を，有限で打ち切ったもの(部分和)が Dirichlet 核

$$D_n(x) = \frac{\sin(2n+1)\pi x}{\sin \pi x}$$

であるが，これに対する(1 次の) Cesàro 部分和が Fejér 核

$$F_n(x) = \frac{1}{n}\left(\frac{\sin n\pi x}{\sin \pi x}\right)^2$$

で，収束因子 $r^{|n|}$ を掛けて変形した Abel 和として Poisson 核

$$P_r(x) = \sum_{n=-\infty}^{\infty} r^{|n|}e^{2\pi inx} = \frac{1-r^2}{|1-re^{2\pi ix}|^2}$$

が現われた．Dirichlet 核自身は，測度としての「デルタ列」ではないが，上のように平均をとった Fejér 核や Poisson 核は，性質のよい「デルタ列」になったのである．このように，総和法は二重の意味で「δ の変容」として Fourier 級数と結びつくのであった．

Abel の総和法の場合は，デルタに漸近させるパラメータ r が連続変数であり，従って，Abel の連続性定理の証明中に注意したように，実数から複素数に延長して考えることもできた．本章では，Poisson 核について，複素函数の観点からもう少し突っ込むことにしたい．Poisson 核は Abel 総和法の適用とはいえ，和をとる n が正負両方に延びているので，Abel の定理そのままではないところがある．

上では，対比のために，記号をちょっと変えた．前章の $P_r(x,t)$ は，

上の記号では $P_r(x-t)$ に他ならない．つまり，

$$P_r(x,t) = \frac{1-r^2}{|1-re^{2\pi i(x-t)}|^2}$$

だが，複素数

$$z = re^{2\pi ix}, \qquad \zeta = e^{2\pi it}$$

を用いれば

$$P(z,\zeta) = \frac{1-|z|^2}{|1-\bar{\zeta}z|^2} = \frac{1-|z|^2}{|1-\bar{z}\zeta|^2}$$

となる．この形で書いたものも Poisson 核と呼ぶ．

1◉……複素函数への延長

Abel の総和法の考えは，Fourier 級数

$$\text{(F)} \qquad \sum_{n=-\infty}^{\infty} c_n e^{2\pi inx}$$

で，円周上(実1次元)を動く $e^{2\pi ix}$ を複素数 z にして

$$\text{(L)} \qquad \sum_{n=-\infty}^{\infty} c_n z^n$$

という複素領域(実2次元)への自然な延長を与える．本章と次章では，このように1次元高めた視点から Fourier 級数を見る．

今述べた Fourier 級数(F)も Laurent 級数(L)も，収束について，とりあえず厳密に言わない形式的なものである．複素領域に行ったとしても，このままではいずれにしろ収束は望めないので，前章同様，和を n の正負で二つに分けて，

$$F_{内}(z) = \sum_{n=0}^{\infty} c_n z^n,$$

$$F_{外}(z) = \sum_{n=1}^{\infty} c_{-n} z^{-n}$$

と置く．係数 c_n の増大度が，それほど大きくないとしよう．その時，この二つの級数 $F_{内}(z)$ と $F_{外}(z)$ は，それぞれ，少なくとも単位円の内 $|z|<1$ 及び，外 $|z|>1$ で収束して，その領域で正則な函数を表わす．増大度の条件は，例えば L^1 函数の Fourier 係数なら有界だからもちろん問題なく満たされるが，より正確に，上の領域で収束するた

めの増大度の条件を述べることができる．等比級数との比較によって判る冪級数の収束半径に関する基本的な事実から，

（B） 任意の $r<1$ に対し，$|c_n|r^{|n|}$ は有界

が，各々 $F_{内}(z)$ と $F_{外}(z)$ が，単位円の内と外で収束する条件と判る．例えば，c_n が有界数列なら，この条件は満たされるが，$F_{内}(z)$ と $F_{外}(z)$ の収束域に共通部分があるとは限らない．

一方，上の(B)と同じ冪級数の収束の判定条件を用いれば，$F_{内}(z)$ と $F_{外}(z)$ の収束域に共通部分がある条件は，双対的に

（A） 或る $1<R$ が存在して，$|c_n|R^{|n|}$ は有界

であり，$F_{内}(z)$ と $F_{外}(z)$ は円環 $R^{-1}<|z|<R$ という共通の収束域をもつ．そして Laurent 級数

$$F(z)=F_{内}(z)+F_{外}(z)=\sum_{n=-\infty}^{\infty}c_nz^n$$

は，その円環領域で正則な函数を表わす．

逆に円環 $R^{-1}<|z|<R$ で一価正則な函数 $F(z)$ は Laurent 級数に展開される．これは複素函数論で学ぶが，その根拠は Cauchy の積分公式であり，

$$F_{内}(z)=\frac{1}{2\pi i}\int_{C_1}\frac{F(\zeta)}{\zeta-z}d\zeta$$

及び

$$F_{外}(z)=-\frac{1}{2\pi i}\int_{C_1'}\frac{F(\zeta)}{\zeta-z}d\zeta$$

と与えられることから従う．但し，積分路 C_1 及び C_1' は，それぞれ原点中心の半径 R_1, R_1^{-1} の円周を正の向きに一周とったもので，R_1 は $R_1<R$ を満たすものとする．積分路の半径 R_1 が一定していないのが，ちょっとイヤだが，円環領域 $R^{-1}<|z|<R$ は，その部分円環領域 $R_1^{-1}<|z|<R_1$ の合併なので，z を決めると充分 R に近い R_1 によって上の Cauchy 型の積分で表示される．積分表示から Laurent 展開は，積分核 $1/(\zeta-z)$ を等比級数に展開して得られるのであった．

上のような円環領域で Laurent 展開できる函数は，「実」(1 次元) 世界である円周の上の函数として捉えた場合，内在的にもはっきりとした意味をもつ．それは**実解析的**(real analytic；記号で C^{ω}) というクラ

スである．実解析的の定義は，各点の近傍で冪級数に展開できるという局所的なものである．冪級数に展開できるなら，その収束円は複素数に延長して考えることができるから，実解析的なら，それら収束(開)円板の合併という複素領域まで函数が自動的に延長されて，そこで複素解析的(正則)な函数を与える[注1]．逆に言えば，実解析的函数とは，実の世界を含む或る複素領域で複素解析的な函数の実領域への制限と言える．一般的には，そこまでしか言えないが，今考えている単位円周(1次元トーラス)はコンパクトなので，それを含む複素領域は「一様な幅」をもっている，つまり，そこに円環領域が含まれているとしてよいのである．

この注意に加えて上に述べた円環領域での収束の判定を併せると，Fourier係数に関する(A)は，実解析的(周期)函数であるための必要かつ充分な条件であることが判る．つまり，実解析的(C^{ω})であることは，そのFourier係数が，**或る**指数orderで減少すること，と言い換えられる．因みに，第6章で注意したが，無限階微分可能(C^{∞})の場合は，Fourier係数が「急減少」として特徴づけられた．こちらの場合は，**どんな**多項式よりも早く減少するということであった．単に何度も微分できるというだけのC^{∞}は多項式的に，より強く冪級数に展開できるC^{ω}は指数的に特徴づけられる．この対比は心に止めておく価値のある事実である．

2◉……調和函数

上ではFourier級数を素直に複素領域に拡げてみた．しかし，それでは，和をとるnの正負別々に，複素(正則)函数としての存在域が単位円周の内と外に分かれた．そのように二つの正則函数に分け，境界である単位円周上の函数を捉えるのは**佐藤超函数**(hyperfunction)の考えである．これは第5章で解説したSchwartzの超函数(distribution)よりも広い「一般函数」のクラスを与えるが，そもそもの発想が根本的に異なる．佐藤超函数の見方でデルタ，もしくはFourier級数を扱うのは，次章にまわす．

二つの領域を扱う代わりに，外の領域を「反転」して内側にもってくれば，単位円板の中だけで話ができる．そこで，例えば $z \mapsto z^{-1}$ と逆元をとれば，解析性を保ったまま，単位円の外を内に写すことができる．しかし，これではちょっとマズイ．単位円周の内，または外から，その単位円周上の点 ζ に近づける時，$z \to \zeta$ なら $z^{-1} \to \zeta^{-1} = \bar{\zeta}$ と，逆元は一般に違う点に近づく．この難点を除くには，$z \mapsto \bar{z}^{-1}$ とするとよい．これは幾何的な意味でも「反転」である．但し，複素共軛 $\bar{z}$ が入っているので「複素解析性」は保たれない．二つ良いことはないのである．

少々の不満はあるにしろ，ともかく，この反転を用いて，Fourier 級数から，単位開円板上の函数を

$$h(z) = F_{内}(z) + F_{外}(\bar{z}^{-1}) \qquad (|z| < 1)$$

と作る．上に書いたように $z = re^{2\pi ix}$ とすると，

$$F_{内}(z) = \sum_{n=0}^{\infty} c_n r^n e^{2\pi inx},$$

$$F_{外}(\bar{z}^{-1}) = \sum_{n=1}^{\infty} c_{-n} r^n e^{-2\pi inx}$$

となり，これはそれぞれ前章5節の $F_{\pm}(r, x)$ なので，それらを足した $h(z)$ はそこで $F(r, x)$ と書いたものに他ならない．つまり，$h(z)$ とは f の Poisson 積分である．記号がちょっと変わっただけであるが，その確認も込めて改めて書くと

$$h(z) = \frac{1}{2\pi i} \int_{|\zeta|=1} P(z, \zeta) \varphi(\zeta) \frac{d\zeta}{\zeta}$$

である．但し $\varphi(\zeta) = f(t)$ と，変数 t の代わりに複素数 $\zeta = e^{2\pi it}$ で書いたものを φ とし，積分路は単位円周を正の向きに一周とする．もちろん，前章の結果に拠らなくても，Fourier 係数の定義を代入して等比級数の和を計算すれば出るが，繰り返しは避けよう．

このようにして得られた $h(z)$ は，複素解析的ではないが，よい性質を持つクラスに属する．この節のタイトルにある**調和**(harmonic) というものである．直交座標 (u, v) を $z = u + iv$ から定めて[注2]，Laplacian という2階の微分作用素を

$$\Delta = \frac{\partial^2}{\partial u^2} + \frac{\partial^2}{\partial v^2}$$

と定義する．この時，函数 g が調和とは，Laplacian Δ によって消え

る，つまり，$\Delta g=0$ を満たすということである．Poisson 積分 $h(z)$ が調和なのは，$z^n, \bar{z}^n$ が調和であるという簡単な事実からすぐに判る．

今，単位円周上に与えられた f（即ち，φ）が連続だとすると，前章で見たように，Poisson 核がデルタ列となっていることより，$h(z)$ は単位円の内部で調和であり，z が境界点 ξ に近づく時，極限は $\varphi(\xi)$ となる．もう少し詳しく，$h(z)$ は，境界を含めた単位閉円板上の連続函数として延長できる．これは，境界へ近づく時の収束の一様性を意味する．前章で，一様性について充分詳しく述べなかったが，f の一様連続性からと Poisson 核の性質を見れば判るのである．このように境界で函数 f を与えて，それを「境界値」にもつような「調和函数」を見出せ，という形の問題を **Dirichlet 問題**というが，Poisson 積分は円板の場合にその解を与える「核函数」だったのだ．

3◉……微分作用素の変換

上で Laplacian という重要な微分作用素が出てきた．これを別の座標で書くとどうなるか見る．まず，$(z, \bar{z})$ という，今考えている「複素」の座標では

$$
(0)\qquad
\begin{cases}
\dfrac{\partial}{\partial z} = \dfrac{1}{2}\left(\dfrac{\partial}{\partial u} - i\dfrac{\partial}{\partial v}\right) \\[2ex]
\dfrac{\partial}{\partial \bar{z}} = \dfrac{1}{2}\left(\dfrac{\partial}{\partial u} + i\dfrac{\partial}{\partial v}\right)
\end{cases}
$$

なので

$$
(1)\qquad \Delta = 4\frac{\partial}{\partial z}\frac{\partial}{\partial \bar{z}}
$$

となる．複素函数論で学んだことと思うが，「複素形」の微分作用素を用いると，函数 w が z について正則(holomorphic)ということは $\partial w/\partial \bar{z}=0$ という Cauchy-Riemann の微分方程式を満たすことであり，函数 w が z について反正則(anti-holomorphic)，つまり $\bar{z}$ について正則，ということは $\partial w/\partial z=0$ を満たすこととなる．これと，上の Laplacian の表示(1)から，まず，z の正則函数，もしくは反正則函数は調和であり，逆に，調和であれば，z についての正則函数と反正則函

数の和に書けるということが判る[注3].

次に極座標に移るとどうなるか．つまり，$z = re^{i\theta}$ として，(r, θ) という座標で見るのだが，この時も結果はきれいに書け

$$(2) \qquad r^2\Delta = \left(r\frac{\partial}{\partial r}\right)^2 + \left(\frac{\partial}{\partial \theta}\right)^2$$

となる．これは或る種の Capelli 恒等式(の最も簡単な場合)でもある[注4].

微分作用素の変換は，微積分(多変数の微分)で学習済みとして，敢えて説明の必要はない．通常，そのように，あっさり通り過ぎるところだ．しかし，本書は「徹底入門」であるし，学習記事としての役割を鑑み，幾分，主題から外れるようでも，少し立ち入って解説することにする[注5]．実は，これは意外に，教科書で系統立って扱われることが少ない事項なのだ．

状況を一般的にする．とは言っても，記号が面倒なので，2変数で話をする．座標変換は，例えば，座標 (u, v) を別の座標 (s, t) に

$$(\mathrm{I}) \qquad u = u(s, t), \qquad v = v(s, t)$$

と変換することで，従って，逆

$$(\mathrm{II}) \qquad s = s(u, v), \qquad t = t(u, v)$$

もある．詳しく言えば，局所的に考え，そこで双連続で微分可能な写像とするわけだが，今，細かいことにはこだわらない．このような時，最初 (u, v) で書かれたことを，すべて (s, t) の言葉で書き直す必要がある．函数だけならば，u, v の函数を s, t の函数にするのは，単に(I)を代入すればよい．しかし，話はそれだけではない．微分作用素も当然移したい．そのために，基本となる1階の偏微分作用素 $\partial/\partial u, \partial/\partial v$ を $\partial/\partial s, \partial/\partial t$ で書き換える．これは，合成写像の微分の公式，いわゆる「連鎖律」(chain rule)の直接の適用で済む，と考えがちである．確かに「理論上」はそれでよい．多くの微積分の教科書でも，そのように書かれ，具体例でも実際，そういう扱いをしている．ところが，これは「実践上」は効率的ではない．

連鎖律を使うとは，具体的には

$$
(\mathrm{III})\qquad \begin{cases} \dfrac{\partial}{\partial u} = \dfrac{\partial s}{\partial u}\dfrac{\partial}{\partial s} + \dfrac{\partial t}{\partial u}\dfrac{\partial}{\partial t} \\ \dfrac{\partial}{\partial v} = \dfrac{\partial s}{\partial v}\dfrac{\partial}{\partial s} + \dfrac{\partial t}{\partial v}\dfrac{\partial}{\partial t} \end{cases}
$$

である．何の問題もないようだが，よく見ると，偏微分微分作用素の係数にある函数の微分は s,t を u,v で微分している．つまり，変換(I)でなく(II)という逆解きを使って計算することになる．更に，その結果，係数に現われる函数は u,v の函数であるから，(I)を使って s,t に書き直さなくてはいけないのだ．つまり，(I)という式だけ与えられても，それを逆に解いた(II)を使わないと計算ができず，計算の結果が出ても更に，もう一度変数を取り替えるという手順になる．これは実に二度手間以上であるし，そもそも函数(写像)レベルで，逆に解くことが具体的に可能かどうかすら判らない．では,「正しい」やり方はどうなのか．連鎖律レベルでは，むしろ，逆の

$$
(\mathrm{IV})\qquad \begin{cases} \dfrac{\partial}{\partial s} = \dfrac{\partial u}{\partial s}\dfrac{\partial}{\partial u} + \dfrac{\partial v}{\partial s}\dfrac{\partial}{\partial v} \\ \dfrac{\partial}{\partial t} = \dfrac{\partial u}{\partial t}\dfrac{\partial}{\partial u} + \dfrac{\partial v}{\partial t}\dfrac{\partial}{\partial v} \end{cases}
$$

を用いて，この「線型」方程式を逆に解くのがよい．係数についても(I)で与えられた関係から素直に「偏微分」すればよいし，それらは最初から s,t で表示されているのである．つまり，逆に解くにしても,「微分」して線型化する方がやさしいわけで，それこそ「微分」の根本的な思想である．線型化すれば，逆行列を求めるだけのことになる．

余談になるが，この微分作用素の変数変換を講義する際，比較のため，上の二通りの方法で，実際に(2変数で)極座標への変換をやって見せると，試験の答案では「やってはいけない」と注意した方法もかなりの割合を占める．ノートにあるので，使いたくなるのだろう(きっと口頭での注意は記録されていないのだ)．一方，既存の教科書も「非推奨版」でやっているのだから，学生ばかりを責めることもできない[注6]．

以下，もう少し説明を加えるが，計算のために，簡略な $\partial_u = \partial/\partial u$ 等々の記号を用いることにする．ついでに注意するが，偏微分の記号

で，例えば∂_uは函数(座標函数)uのみで決まるものでなく，座標系(座標函数の全体)を決めてはじめて決まるということを思い出しておいてほしい．これはベクトルを決めて定義できる「方向微分」と対照的である．線型代数で言えば，基底$e_1, e_2, \cdots, e_n$があれば，それに対する双対基底(dual basis) $e_1^*, e_2^*, \cdots, e_n^*$が決まるが，この場合，$e_j$から何らかの写像によって$e_j^*$が定まっているのではない．そのようにも見える記号の慣例用法が紛らわしさの原因でもあるが，偏微分の記号もこれと全く同じ習慣に拠っているのである[注7]．

さて，座標変換(I)が与えられていると，素直に計算できるのは，その微分で，行列形で書けば

(dI) $\quad [du\ \ dv] = [ds\ \ dt]\,J.$

但し，JはJacobi行列(＝多変数での微分係数)

$$J = \begin{bmatrix} \partial_s(u) & \partial_s(v) \\ \partial_t(u) & \partial_t(v) \end{bmatrix}$$

である．一方，微分(＝全微分)は座標に拠らないので

$$d = [du\ \ dv]\begin{bmatrix} \partial_u \\ \partial_v \end{bmatrix} = [ds\ \ dt]\begin{bmatrix} \partial_s \\ \partial_t \end{bmatrix}$$

が成り立つ．これに(dI)を代入すると，

$$[ds\ \ dt]\,J\begin{bmatrix} \partial_u \\ \partial_v \end{bmatrix} = [ds\ \ dt]\begin{bmatrix} \partial_s \\ \partial_t \end{bmatrix},$$

つまり，

$$J\begin{bmatrix} \partial_u \\ \partial_v \end{bmatrix} = \begin{bmatrix} \partial_s \\ \partial_t \end{bmatrix}$$

と，先に述べた連鎖律(Ⅳ)になる．これを逆に解いた

(dI*) $\quad \begin{bmatrix} \partial_u \\ \partial_v \end{bmatrix} = J^{-1}\begin{bmatrix} \partial_s \\ \partial_t \end{bmatrix}$

が，求めたい微分作用素の変換である．微分(形式)と偏微分(作用素)で，ヨコとタテに書き分けたが，もし，同じヨコで統一するなら，偏微分作用素の変換は，さらに転置をとった${}^tJ^{-1}$で与えられる．これらは互いに双対的で，**反傾的**(contragredient)な変換を受けるのである[注8]．

連鎖律と同じなら，わざわざ「微分」を持ち出さなくともよいと思

うかもしれないが，微分(1階の微分形式)の変換の方が素直だし，不変性が見やすいので融通も利く．

ここまでは1階の微分作用素の変換だが，高階のものは，原理的には，これから計算できる．その際，函数の掛け算と，微分作用素の交換は「おつり」がつくということに注意しなくてはいけない．例えば，∂を1階の微分作用素，ψを函数として，函数は掛け算作用素と看做す時，作用素レベルで

$$\partial\psi = \psi\partial + \partial(\psi)$$

という関係になる．但し$\partial(\psi)$はψに∂を作用させた函数で，それを掛け算作用素と見ている．この交換関係は，積の微分の公式(Leibniz rule)に他ならない．このように，微分作用素の変換は，出発点の1階の変換と，さらに高階の場合は，交換関係を気にしつつ計算するという二つの行程に分けて行なうのが原則だが，なかなか面倒な作業となる．具体的な場合には，工夫によって楽な計算ができる場合もある．

4◉……具体的な計算

前節の一般論の適用を$z = u+iv$, $\bar{z} = u-iv$とすれば，u, vと$z, \bar{z}$を結ぶ変換自体が線型で

$$\text{(a)} \qquad [dz \;\; d\bar{z}] = [du \;\; dv]\begin{bmatrix} 1 & 1 \\ i & -i \end{bmatrix}$$

であり

$$\text{(b)} \qquad \begin{bmatrix} 1 & 1 \\ i & -i \end{bmatrix}^{-1} = \frac{1}{2}\begin{bmatrix} 1 & -i \\ 1 & i \end{bmatrix}$$

なので(0)を得る．これは全く形式的である．複素函数論の最初では「複素変数での微分」は，厳めしく，どことなく「神秘的」だが，できればそういうイメージは消し去ったほうがよい．変数u, vで書かれたものは，すべて$z, \bar{z}$で書けるから，その各々での偏微分が$\partial_z, \partial_{\bar{z}}$というだけのことである．従って，もし$\partial_{\bar{z}}(w) = 0$なら，$w$を書くのに$\bar{z}$は要らず，$z$だけで書けるということで，これが正則函数を特徴づけるCauchy-Riemannの微分方程式なのである．

次いで，極座標に移る．直交座標(u, v)の場合は多くの本にあるの

で，複素形でやってみる．まず

$$z = re^{i\theta}, \quad \bar{z} = re^{-i\theta}$$

を微分して(一つ計算すると，他は複素共軛で移るだけなので，楽ができる)，

$$dz = (dr + ird\theta)e^{i\theta}, \quad d\bar{z} = (dr - ird\theta)e^{-i\theta}.$$

このまま一般論の適用では，単なる例示だから，少しひねる．割り算して対数微分の形にすると

$$\frac{dz}{z} = \frac{dr}{r} + id\theta, \quad \frac{d\bar{z}}{\bar{z}} = \frac{dr}{r} - id\theta$$

なので

$$\text{(c)} \quad \begin{bmatrix} \frac{dz}{z} & \frac{d\bar{z}}{\bar{z}} \end{bmatrix} = \begin{bmatrix} \frac{dr}{r} & d\theta \end{bmatrix} \begin{bmatrix} 1 & 1 \\ i & -i \end{bmatrix}.$$

「微分」の基底をこの形に取ると (u, v) と $(z, \bar{z})$ の関係(a)と同じになってしまう．対応する微分作用素の方も

$$d = \begin{bmatrix} \frac{dz}{z} & \frac{d\bar{z}}{\bar{z}} \end{bmatrix} \begin{bmatrix} z\partial_z \\ \bar{z}\partial_{\bar{z}} \end{bmatrix} = \begin{bmatrix} \frac{dr}{r} & d\theta \end{bmatrix} \begin{bmatrix} r\partial_r \\ \partial_\theta \end{bmatrix}$$

より，

$$\text{(d)} \quad \begin{bmatrix} r\partial_r \\ \partial_\theta \end{bmatrix} = \begin{bmatrix} 1 & 1 \\ i & -i \end{bmatrix} \begin{bmatrix} z\partial_z \\ \bar{z}\partial_{\bar{z}} \end{bmatrix}$$

となる．つまり，

$$\text{(V)} \quad \begin{cases} r\partial_r = z\partial_z + \bar{z}\partial_{\bar{z}} \\ \partial_\theta = i(z\partial_z - \bar{z}\partial_{\bar{z}}) \end{cases}$$

である．これは「順方向」なので，連鎖律で直接出るが，形がきれいなので記録した．この(d)に逆行列(b)を掛けて解けば，

$$\text{(e)} \quad \begin{bmatrix} z\partial_z \\ \bar{z}\partial_{\bar{z}} \end{bmatrix} = \frac{1}{2} \begin{bmatrix} 1 & -i \\ 1 & i \end{bmatrix} \begin{bmatrix} r\partial_r \\ \partial_\theta \end{bmatrix}$$

となる．つまり，

$$\text{(VI)} \quad \begin{cases} z\partial_z = \frac{1}{2}(r\partial_r - i\partial_\theta) \\ \bar{z}\partial_{\bar{z}} = \frac{1}{2}(r\partial_r + i\partial_\theta) \end{cases}$$

である．普通にやれば係数は函数となるが，形を変えることで，不思議なことに $(u, v) \rightleftarrows (z, \bar{z})$ と同じ定数係数の行列の変換になってし

まった[注9]．注意すべきは，(VI)に出てくる$r\partial_r$と∂_θが可換であること．この形で書けばLaplacianの変換も楽にできてしまう．事実，(VI)の両辺を掛け合わせると

$$z\bar{z}\partial_z\partial_{\bar{z}} = z\partial_z\,\bar{z}\partial_{\bar{z}} = \frac{1}{4}((r\partial_r)^2+\partial_\theta^2)$$

と前節のCapelli恒等式(2)が判る．この式の最初の等号は∂_zと$\bar{z}$の可換性であるし，(VI)の右辺を掛け合わせたものが，この式の右辺になるのは，$r\partial_r$と∂_θの可換性である．可換だから，中学校で学んだとおり「和と差の積は二乗の差」という公式がそのまま使える(非可換なら使えない)．

通常の形も(VI)から

$$\begin{cases} \partial_z = \dfrac{1}{2}(e^{-i\theta}\partial_r - ir^{-1}e^{-i\theta}\partial_\theta) \\ \partial_{\bar{z}} = \dfrac{1}{2}(e^{i\theta}\partial_r + ir^{-1}e^{i\theta}\partial_\theta) \end{cases}$$

と出るが，この時は，係数に出てくる函数が入り交じり，右辺にある二つの微分作用素の交換関係は暗算で計算できるほど明らかでない．

ついでに，直交座標(u,v)と極座標(r,θ)の変換も，書いておこう．まず，

$$r\partial_r = u\partial_u + v\partial_v, \qquad \partial_\theta = -v\partial_u + u\partial_v$$

であり，それを解いて

$$\begin{cases} \partial_u = \cos\theta\,\partial_r - \dfrac{\sin\theta}{r}\partial_\theta \\ \partial_v = \sin\theta\,\partial_r + \dfrac{\cos\theta}{r}\partial_\theta \end{cases}$$

を得る．これは，どこにでも書いてある式だが，ここからLaplacianの極座標表示を計算するのは結構面倒である．因みにCapelli恒等式は，直交座標では

$$(u^2+v^2)(\partial_u^2+\partial_v^2) = (u\partial_u+v\partial_v)^2+(v\partial_u-u\partial_v)^2$$

となる．よく見ると，これは複素数の絶対値の積公式$|\alpha|^2|\beta|^2 = |\alpha\beta|^2$を実部・虚部の成分で書いた式(その一般化はLagrangeの恒等式)の「非可換版」である．但し，この場合は「非可換」であることは確かだが，結果は「可換版」と同じ形である．上に導出したやり方は，複素

数の場合の

$$(\alpha\bar{\alpha})(\beta\bar{\beta}) = (\alpha\beta)(\overline{\alpha\beta})$$

と全く並行である．

5 円板内での調和函数

微分作用素の話で，脇道にそれたように見えるが，実は Laplacian を極座標で書くことと Fourier 級数は密接に関係するのである．単位(開)円板で C^2 級の函数 $g(z)$ が調和だとする．それを $|z| = r$ という円上で Fourier 級数に展開すれば

$$\text{(f)} \qquad g(z) = g(re^{2\pi ix}) = \sum_{n=-\infty}^{\infty} C_n(r)e^{2\pi inx}$$

と書ける．但し，

$$C_n(r) = \int_0^1 g(re^{2\pi it})e^{-2\pi int}dt$$

は，半径 r の円周上に g を制限した函数の Fourier 係数．このように Fourier 級数によって z の函数が r と x に「変数分離」される．また，積分表示から，$C_n(r)$ は r に関して C^2 級であることが判る．調和，つまり，$\Delta g = 0$ という条件を，係数 $C_n(r)$ に対する方程式として書くのに Δ の極座標表示(2)を用いる．但し，$\theta = 2\pi x$ と定数倍の変更をするが，その時，

$$r^2\Delta = (r\partial_r)^2 + \left(\frac{\partial_x}{2\pi}\right)^2$$

なので

$$r^2\Delta g(z) = \sum_{n=-\infty}^{\infty}((r\partial_r)^2 - n^2)C_n(r)e^{2\pi inx}$$

となるから，g が調和ということは，全ての n に対し，

$$(\mathrm{f}_n) \qquad ((r\partial_r)^2 - n^2)C_n(r) = 0$$

と同じ．ここに現われる r に関する微分作用素は

$$(r\partial_r - n)(r\partial_r + n)$$

と因数分解され，また，$r\partial_r$ とは r に関する次数を表わす微分作用素(Euler 作用素)だから，微分方程式(f_n)から $C_n(r)$ は，2 箇の定数 C_n^+ と C_n^- を以て

$$C_n(r) = C_n^+ r^n + C_n^- r^{-n}$$

と書ける[注10]．ここまでは，極座標への変換で，特異な $r=0$ という原点は除いて考えているが，g が原点も込めて単位円板全体で C^2（従って，特に連続）ならば，係数 $C_n(r)$ もそうなので，原点で無限大となる方の係数は 0 とならなくてはいけない．つまり，

$$\begin{cases} C_n^- = 0 & (n>0) \\ C_n^+ = 0 & (n<0) \end{cases}$$

である[注11]．これより，調和な g の Fourier 展開(f)は，生き残った方の定数を c_n と書けば

$$\text{(g)} \qquad g(z) = g(re^{2\pi ix}) = \sum_{n=-\infty}^{\infty} c_n r^{|n|} e^{2\pi inx}$$

となる．これは Poisson 積分と同じ形だが，単に単位開円板で調和ということだけから出発して得られたことに注意したい．例えば，もし，g が調和であって，かつ境界も含めて単位閉円板で連続なら，ここに現われる c_n は境界での Fourier 展開係数である．従って，そのような函数は**境界値で一意的に決まる**．通常は，この事実は「最大値の原理」によって示すが，ここでは，微分方程式から導いてみた．また，同時にこれは，単位円の内部で調和な函数が，境界の函数から Poisson 積分で得られることも示している．今は境界で「連続」という条件に限定したが，「境界値」概念を適切に指定すれば，同様の結論が得られるだろう．

次章では，Poisson 核の幾何学的・群論的意味と，境界値という概念について，もう少し踏み込み，デルタの別の相貌に迫ろう．

注

[注1]　複素解析ででてくる，正則(regular, holomorphic)，解析的(analytic)といった言葉は，最初の頃は，その違いが明確には感じられないかもしれないが，若干，語感が違う．例えば「解析的」の場合は特異点も許容することがある．

[注2]　本当なら $z=x+iy$ と書くべきだろうが，単位円周の座標を x としているので，仕方なく u, v を使っている．

[注3]　多くの本では，調和函数を実数値函数に限って扱う．それは「最大値

原理」を述べる時のためだが，調和函数の定義自体にその限定は必要なものではない．ここで見た，(2変数)調和函数の「正則と反正則の和」としての特徴づけから，実調和函数の「正則函数の実部(または虚部)」としての特徴付けを導くことも容易である．

［注4］ この系列の Capelli 恒等式は，H. Weyl "*The Classical Groups*" (Princeton Univ. Press)の Supplement(p. 293)にある．筆者は Capelli 恒等式の専門家なので，話したい内容は山ほどあるが，キリがないので，名前を出すだけに止める．

［注5］「学習記事」という用語は，高橋利衛『基礎工学セミナー』(現代数学社，1974年)の最初の章に見える．

［注6］ 例えば，高木貞治『解析概論』(岩波書店)p. 61.「正しい」方法で述べているのもある：原岡喜重『教程 微分積分』(日本評論社)p. 139. 意外なことに，そもそも微積分の教科書で微分作用素の変換を扱うことは少なく，Laplacian の極座標表示でも2次元か，せいぜい3次元．確かに計算は面倒で，重積分では n 次元極座標への変換が扱われることすらあるのと対照的である．その中で，森毅『現代の古典解析』(ちくま学芸文庫など)は珍しく一章を割いて(10章は微分作用素というタイトル)，微分(微分形式)から微分作用素に変換を出す仕方を説明する．極座標変換を n 次元で書いてあるわけではないが，他の典型的な変換を述べるなど高い見識を示している．

［注7］ 例えば $u=s$, $v=s+t$ という変換を考えると，函数としては $u=s$ だが，$\partial_u=\partial_s-\partial_t$, $\partial_v=\partial_t$ となるので，座標の相方が変われば，偏微分も変わるのである．だから微分作用素の変換に際しては，文字の使い方に注意しないと間違える．計算の面倒さに加えて，記号の意味にまで神経を使わなくてはいけないのだ．

［注8］ 幾何学的(或いは群論的)には，「共変」と「反変」という「ベクトル量」の違いである．尤も，この用語はどちらがどちらかすぐ混乱して判らなくなる．W. Pauli も『相対性理論』(ちくま学芸文庫など)の註57aで文句をつけている．

［注9］ こういったことができるのが，「微分」を持ち出す利点である．

［注10］ これは $n\neq 0$ の場合．$n=0$ のときは，微分方程式は

$$(r\partial_r)^2 C_0(r)=0$$

となって，この解は任意定数 C_0, C_0' を用いて

$$C_0(r)=C_0+C_0'\log r$$

と書ける．

［注11］ $n=0$ の場合に原点での正則性を考えれば $C_0'=0$ のみが採られる．

第11章 円周から円板へ

第12章

デルタと幾何

Poisson 積分とは，Poisson 核を用いて，円周上の「函数」を，円板内に調和函数として拡張する自然な方法である．Poisson 核自体，既に見てきたように，等比級数の和からできているので扱いやすく，いろいろな見方のできる対象である．復習すると：

$$(0) \qquad P_r(x,t) = \sum_{n=-\infty}^{\infty} r^{|n|} e^{2\pi in(x-t)} = \frac{1-r^2}{|1-re^{2\pi i(x-t)}|^2}$$

で，$z = re^{2\pi ix}$，$\zeta = e^{2\pi it}$ を用いれば

$$(1) \qquad P(z,\zeta) = \frac{1-|z|^2}{|1-\bar{\zeta}z|^2} = \frac{1-|z|^2}{|1-\bar{z}\zeta|^2}$$

となる．これは元々，2つの等比級数の和として

$$(2) \qquad P(z,\zeta) = \frac{1}{1-\bar{\zeta}z} + \frac{\zeta\bar{z}}{1-\zeta\bar{z}}$$

を素直に計算したものだが，$n=0$ の項である1を別にするとか，含めるとかして，n の正負を対称に扱ったり，或いは1を半分に分けるなどすると

$$(3) \qquad P(z,\zeta) = 2\,\mathrm{Re}\left(\frac{\bar{\zeta}z}{1-\bar{\zeta}z}\right)+1 = \mathrm{Re}\left(\frac{1+\bar{\zeta}z}{1-\bar{\zeta}z}\right)$$

$$= 2\,\mathrm{Re}\left(\frac{\zeta}{\zeta-z}\right)-1 = \mathrm{Re}\left(\frac{\zeta+z}{\zeta-z}\right)$$

という表示もできる．正則函数の実部としての「調和函数」が明瞭になるので，このような形も好まれる．

1◉……Poisson積分の例

周期1の函数 $f(t)$ もしくは，それを $\zeta=e^{2\pi it}$ を通じて単位円周上の函数 $\varphi(\zeta)=f(t)$ と看做した時，その Poisson 積分を

$$(4)\qquad (\mathrm{P}f)(r,x)=\langle f(\cdot),P_r(x,\cdot)\rangle=\int_0^1 P_r(x,t)f(t)dt$$

$$(5)\qquad (P\varphi)(z)=\langle \varphi(\cdot),P(z,\cdot)\rangle=\frac{1}{2\pi i}\int_{|\zeta|=1}P(z,\zeta)\varphi(\zeta)\frac{d\zeta}{\zeta}$$

と書く．式中で真ん中の表示は f や φ を「函数」に限らず「超函数」(distribution)を含めた場合を想定している．ドット(・)で扱う変数を指示し，それ以外はパラメータと考える．混乱を避けるため，上と下で記号をわずかに変えたが，以下，記号の混用も許すことにする．

まず，最も基本的な，f がデルタ超函数(測度)の場合，その Poisson 積分は，Poisson 核に $t=0$，或いは $\zeta=1$ と代入するだけだから

$$(6)\qquad (P\delta)(z)=\frac{1-|z|^2}{|1-z|^2}$$

と容易．更にデルタの微分 δ' だとどうなるか．一般に，部分積分で，もしくは超函数なら定義に従って，

$$(\mathrm{P}f')(r,x)=-\int_0^1\partial_t P_r(x,t)f(t)dt$$

だが，$P_r(x,t)$ が $x-t$ の函数なので

$$(\partial_x+\partial_t)P_r(x,t)=0$$

であり，$\mathrm{P}f'=\partial_x(\mathrm{P}f)$ と，Poisson 積分の微分で計算できる．更に z に関する微分として書くならば

$$\partial_x=2\pi i(z\partial_z-\bar{z}\partial_{\bar{z}})$$

を用いるとよい．これは前回の微分作用素の変換(V)から出るが，そのような形式的計算を経なくても，手っ取り早く，両辺の z と $\bar{z}$ への作用が等しいことを見てもよい．デルタの微分の Poisson 積分は，従って，

$$(P\delta')(z)=2\pi i(z\partial_z-\bar{z}\partial_{\bar{z}})\left(\frac{1-|z|^2}{|1-z|^2}\right)$$

である．微分は(2)で $\zeta=1$ とした形を用いて，

$$(z\partial_z - \bar{z}\partial_{\bar{z}})\left(\frac{1-|z|^2}{|1-z|^2}\right) = \frac{z}{(1-z)^2} - \frac{\bar{z}}{(1-\bar{z})^2}$$
$$= \frac{(z-\bar{z})(1-|z|^2)}{|1-z|^4}$$

と計算するとよい．以上より

$$(7) \qquad (P\delta')(z) = 2\pi i \frac{(z-\bar{z})(1-|z|^2)}{|1-z|^4}.$$

デルタとその微分の Poisson 積分を計算したので，今度はデルタの「積分」を考えよう．つまり，区間の定義函数 $f = 1_{[a,b]}$ の場合である．今，$0 \leqq a \leqq b \leqq 1$ として，$\alpha = e^{2\pi ia}$，$\beta = e^{2\pi ib}$ と置く．公式(5)より

$$(P1_{[a,b]})(z) = \frac{1}{2\pi i}\int_\alpha^\beta P(z,\zeta)\frac{d\zeta}{\zeta}$$

だが，(3)を使って

$$\frac{1}{\pi}\int_\alpha^\beta \mathrm{Re}\left(\frac{\zeta}{\zeta-z} - \frac{1}{2}\right)\frac{d\zeta}{i\zeta} = \frac{1}{\pi}\mathrm{Im}\left(\int_\alpha^\beta\left(\frac{\zeta}{\zeta-z} - \frac{1}{2}\right)\frac{d\zeta}{\zeta}\right)$$
$$= \frac{1}{\pi}\mathrm{Im}\left(\log\frac{\beta-z}{\alpha-z} - \frac{1}{2}\log\frac{\beta}{\alpha}\right)$$
$$= \frac{1}{\pi}\arg\frac{\beta-z}{\alpha-z} - \frac{1}{2\pi}\arg\frac{\beta}{\alpha}$$

となる．偏角 arg は多価なので微妙だが，z が単位円板内にある限り紛れはない．但し，どの角度を見るかは注意が要る．間違わないためには，明白な基準を一つ決め，z が連続的に動くのに伴い，偏角も連続的に動くように測る(図 1 参照)．ついでに，上の計算では，$d\zeta/i\zeta$ が実だから，それをそのまま実部 Re の中に入れることができて，中味を i で割ったものの虚部に変えるというのが，最初の変形．後は $1/\zeta$ の積分が対数になることと，複素対数について

$$\log z = \log|z| + i\arg z$$

を用いた．対数の多価性は，虚部の偏角に由来する．多価函数を自信をもって扱うことができるようになれば，複素函数論の初級段階は修了である．

ここで，z を単位円周上の ζ に近づける．点 ζ が「円弧」$\widehat{\alpha\beta}$ の内か外にあるかどうかで，この値が 1 か 0 となるのだが，絵を描いてみると判るように，それは中学か高校で習った「円周角定理」の内容なの

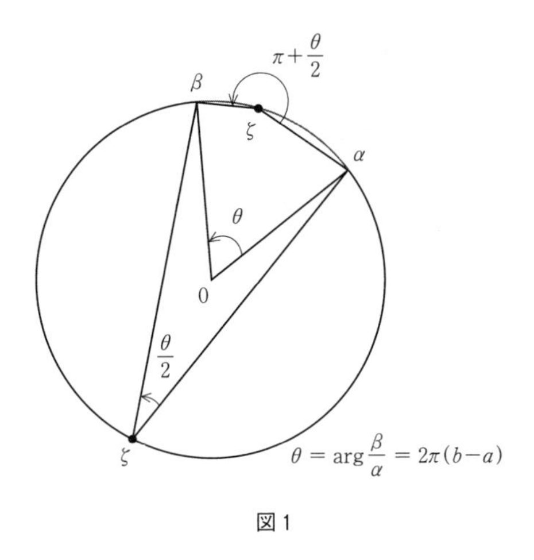

図 1

である．ちょっと感動的な再会ではないか[注 1]．

2 一次分数変換

円板は円周より，ずっと複雑で面白い．本格的に遊ぶのに良い対象である．以下，$\mathbb{D}$ で単位開円板を表わす．その $\mathbb{D}$ の解析的自己同型（$\mathbb{D}$ からそれ自身への複素解析的な双射）が一次分数変換になることは，函数論の演習問題である[注 2]．前段階として，実際に $\mathbb{D}$ をそれ自身に写す一次分数変換を作ることも重要である．例えば，θ を実数，$\alpha\in\mathbb{C}$ を $|\alpha|<1$ として

$$z\longmapsto e^{i\theta}\frac{z-\alpha}{1-\bar{\alpha}z} \tag{8}$$

は $\mathbb{D}$ をそれ自身に写す．また，結果として，そのような変換で $\mathbb{D}$ の解析的自己同型は尽きる．

「尽きる」部分はここでは示さないが，少なくとも，上の変換が，$\mathbb{D}$ をそれ自身に写すことは納得しておきたい．確認は，単なる計算で

$$|z-\alpha|^2-|1-\bar{\alpha}z|^2=(1-|\alpha|^2)(1-|z|^2)$$

に注意すれば明確．しかし，これでは満足できないという人もいるだろう．詳しい解説は端折るが，$\mathbb{D}$ をそれ自身に写す一次分数変換の決定を幾分「発見的」にするのに，前章で使った「反転」$z\mapsto\bar{z}^{-1}$ を利用

する手がある．この，反転の不動点とは単位円周上の点である．よって，もし Riemann 球面 $\hat{\mathbb{C}} = \mathbb{C} \cup \{\infty\}$ の変換が「反転」と可換ならば，それによる $\mathbb{D}$ の像は連結なので，単位円周と交わることはない．従って，その像は単位開円板か，単位閉円板の補集合(円板の外側)になる．どちらになるかは一点(例えば原点)の行き先を見ればよい．そこで，「反転」と可換な一次分数変換がどうなるか調べる．変換を決める行列を

$$\begin{bmatrix} a & b \\ c & d \end{bmatrix}$$

として

$$\frac{a\bar{z}^{-1}+b}{c\bar{z}^{-1}+d} = \frac{\bar{c}\bar{z}+\bar{d}}{\bar{a}\bar{z}+\bar{b}}$$

が任意の z で成り立つなら，$k \in \mathbb{C}$ があって

$$ka = \bar{d}, \quad kb = \bar{c}, \quad kc = \bar{b}, \quad kd = \bar{a}$$

となる．これから k の絶対値は 1 で，変換は

$$k\frac{az+b}{\bar{b}z+\bar{a}} = k\frac{a}{\bar{a}}\frac{z-\alpha}{1-\bar{\alpha}z}$$

と(8)の形．但し，$\alpha = -b/a$．もちろん $a = 0$ の可能性もあるが，それだと，$\mathbb{D}$ をその外側に写し，目的に合致しない．また，この形で 0 の行き先が単位開円板 $\mathbb{D}$ に属する条件から $|\alpha| < 1$ という制限が入る．

3◉……Poisson 核の群論的背景

上の一次分数変換は，なにやら形が Poisson 核と似ている．それは偶然ではなく，群論的背景がある．Fourier 級数の場合は，関係する群は単位円周の回転や，周期を表わす整数という可換群だった．単位開円板だと，一次分数変換という，より「本格的」な群が絡む．最終章で，触れるのはごく一端だが，Fourier 解析の重要な発展はこの先にも待っている．

函数論，或いは，2 次元の等角写像は，物理的な描像として電磁気学のモデルと関係が深い[注3]．イメージがつかみやすいので，用語を借用する．まず，原点に点電荷が置かれ，そこから空間(= 平面)に等方

的に「電気力線」が拡がっている様子を思い浮かべよう．Riemann 球面 $\hat{\mathbb{C}}$ では，**湧き出し**が 0 で，**吸い込み**が ∞ という絵になる．力線は，途中で単位円周と交わるが，「等方的」なので「力線密度」は一様．より数学的には密度が回転不変(一様)ということ．単位円周の「普通の測度」dz/z は，原点中心の回転で不変だから，「力線密度」はこれで測って「定数」となる．次に，この原点を，円板を不変にする等角写像(8)で写す．但し，「力線」は函数もしくは微分形式に対応しているので，「写す」のは逆像による引き戻しである．ともかく，(8)から直接「湧き出し」が α，「吸い込み」が反転の $\bar{\alpha}^{-1}$ と読み取れる．この時，等角写像で，直線の「力線」は円弧に写る．「歪んだレンズ」で見ているようである．さらに，単位円周との交わりの密度も変わる(図 2 参照)．その特徴は，点 α を固定する群で不変ということだ．二つの比較は，どちらかの測度を固定して密度を測ればよい．これを計算してみよう[注4]．

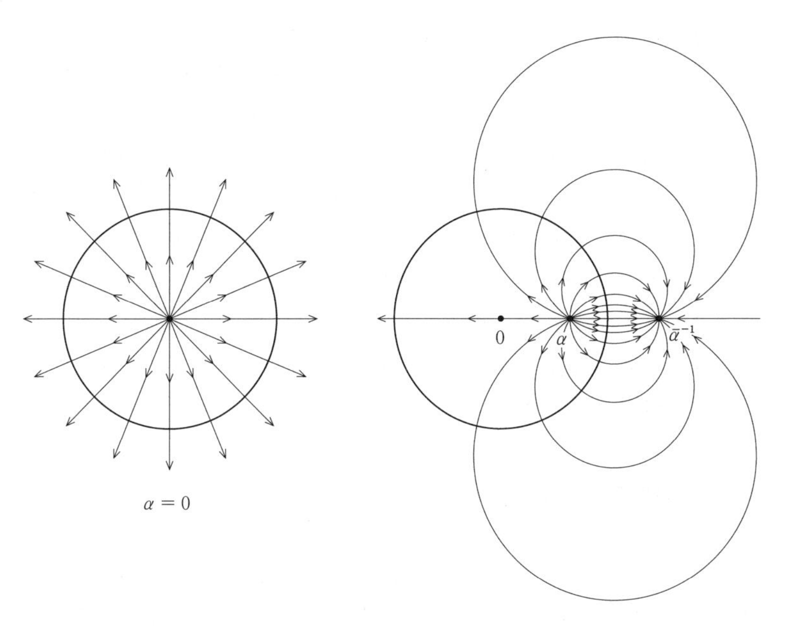

図 2

一次分数変換

$$w = \frac{z-\alpha}{1-\bar{\alpha}z}$$

を「対数微分」する：

$$(9)\qquad \frac{dw}{w} = \frac{dz}{z-\alpha} + \frac{\bar{\alpha}dz}{1-\bar{\alpha}z} = \left(\frac{1}{1-z^{-1}\alpha} + \frac{\bar{\alpha}z}{1-\bar{\alpha}z}\right)\frac{dz}{z} = \frac{1-|\alpha|^2}{(1-z^{-1}\alpha)(1-\bar{\alpha}z)}\cdot\frac{dz}{z}.$$

ここで $|z|=1$ なら $|w|=1$ であり，単位円周上では，まさしく他ならぬ Poisson 核 $P(\alpha, z)$ が dz/z の係数に現われている．得られた

$$(10)\qquad \frac{dw}{w} = P(\alpha, z)\frac{dz}{z}$$

にどういう意味があるのだろう．変数 w での原点とは，変数 z では α になる．だから w で見て普通の回転が，先ほど言った「α を固定する一次分数変換」になり，dw/w はそれで不変な測度である．式(10)は，それを z で見て，単位円周の「普通の」測度を基準にした密度が $P(\alpha, z)$ だという．湧き出し α と吸い込み $\bar{\alpha}^{-1}$ の 2 点を，「力線」の円弧が繋ぐが，α に於いて力線は，無限小的に均等な「角度」の等方性をもって湧き出す．それらが単位円周と交わる時には，1 の近くでは密であり，遠くでは疎になっている．「電荷」α が，単位元 1 に近づくなら，α と $\bar{\alpha}^{-1}$ も近づき，1 の近くで力線密度はドンドン大きくなる．このように，「力線密度」の増えるさまから，「デルタ列」としての Poisson 核が視覚的になる．また，背景で，「等方性」をきちんと捉えていたのが群論なのである[注5]．

4●……境界値について

Poisson 核を通じて，単位円周上の函数と，それを「境界値」にもつ単位円板内の調和函数が結びつく．それが第 10, 11 章の主要なテーマであった．単位円周上の函数が連続ならば，「境界値」も常識的に，内側からの極限値と捉えてよい．しかし，単なる「数値的」極限が「境

界値」だろうか．例えば，次を考える：

▶問題

単位開円板 $\mathbb{D}$ で調和な函数 h に対し，

$$\lim_{r\to 1} h(re^{2\pi ix}) = 0$$

が任意の $x \in \mathbb{R}$ で成り立つとき，h は $\mathbb{D}$ で恒等的に 0 であるか．

答えが肯定的だと希望的に見るなら，次のように考える．調和函数は，例えば「最大値の原理」から，内部の函数は境界値で一意的に決まる．従って「境界値」が 0 ならば h も 0．問題の状況は，まさしく「境界値」が 0 なので，これは《正しい》．

前章では「最大値の原理」を使わなかったが，「境界」を含めて連続なら，上の考えの**前半**は確かに正しい．しかし，問題に述べたのは，各方向 $e^{2\pi ix}$ を決めた時，半径に沿って，円周上の点に近づくのは**各点収束**でしかない．一様収束と各点収束の**微妙な**違いに敏感な人なら，ここまで考えて**反例**を探すだろう．或いは，肯定的となる充分条件に向かうなら，「函数が**有界**なら，極限と積分の順序が交換できるから…」などと考察を始めてもよいが，そう考えるのは，逆に「無条件」ではダメだというカンが働いていると言える．

反例を作るのに，正則函数の「実部」や「虚部」が調和だという事実は有効だ．また，半平面と，単位円板が等角写像(簡単な一次分数変換)で写りあうことも思い出したい．具体的には，$\mathbb{H}$ で上半面(複素数で虚部が正なもの全体)を表わす時，

$$z = \frac{w-i}{w+i}, \qquad w = i\frac{1+z}{1-z}$$

が単位開円板と上半面の対応

$$\mathbb{D} \ni z \longleftrightarrow w \in \mathbb{H}$$

を与える．これは，境界の対応として，単位円周を実軸に写す．また，単位円板内の実軸は上半面の虚軸に写る．半平面で考えると，簡単な正則函数 $w \mapsto w^2$ は，実軸上で実数値だが，虚軸上で実数値も明らかで，その虚部は，実軸及び虚軸で 0．つまり，境界と，それに直交する

半径方向のどちらでも 0 である．これを反例の「モト」として円板に写す：

$$\mathbb{D} \ni z \longmapsto \mathrm{Im}\left(\frac{1+z}{1-z}\right)^2$$

は，正則函数の虚部として単位円の内部で調和だが，$z=1$ 以外の単位円周で 0 になり，実軸上でも 0．従って，この函数は，1 以外の円周の点では，連続で値が 0 であり，1 に近づける時も，半径方向，つまり実軸上に限定するなら，その上で値が 0 だから，極限も 0．つまり，先ほどの「問題」に対する**反例**となる．他の例も同じ考えで作れるだろう[注6]．

ところで，得られた「調和函数」をもう少し見る：

$$\left(\frac{1+z}{1-z}\right)^2-\left(\frac{1+\bar{z}}{1-\bar{z}}\right)^2$$

を和と差の積に因数分解して計算すれば

$$4\frac{(z-\bar{z})(1-|z|^2)}{|1-z|^4}.$$

どこかで見覚えのある式だ．定数倍を除けばデルタの微分の Poisson 積分(7)である．そう思って，(7)を見ると，「問題」に対する反例になっていることも一目瞭然だ．デルタの微分に近づく様子を思い浮かべれば，「反例」の感じもよく判る．

5◉……境界値の実体化

前節で，調和函数の境界値が，単純な「数値的」極限ではないことが判った．だからと言って「境界値」とは何かが判ったわけでもない．しかし，上の「反例」の境界値は 0 ではなく，デルタの微分(の定数倍)と解すべきなのも間違いない．前章で見たように，単位開円板 $\mathbb{D}$ 内で調和な函数 g は

$$g(z)=g(re^{2\pi ix})=\sum_{n=-\infty}^{\infty}c_n r^{|n|}e^{2\pi inx}$$

と展開され，収束のための係数の増大度の条件

（B）　任意の $r<1$ に対し，$|c_n|r^{|n|}$ は有界

が課される．この g の「境界値」とは，$r=1$ として得られる「形式的 Fourier 級数」

$$(11) \qquad f(x) = \sum_{n=-\infty}^{\infty} c_n e^{2\pi inx}$$

だろう．これが，連続とか，L^1 などの函数の Fourier 級数なら，それを以て「境界値」と看做すのは尤もだし，実際その場合，各々に適した「位相」による収束も示せる．或いは，先ほどのデルタの微分の例のように超函数(distribution)として実体があるなら，解釈はそこまで拡大できる．しかし，調和函数を任意にとると，係数の増大度が示すように，その枠に収まらない．つまり，この「形式的 Fourier 級数」は，distribution より広い数学的対象を捉えているのである．

このような調和函数の「境界値」の「実体化」に二つの方法がある．一つは，発想を逆転して，広い対象を新たな「境界値」として定義する．その際「境界値」とは何かと悩む必要はない．「正しい」定義なら，理論の展開に伴って，境界値にふさわしいことが自ずと明らかになる．これが**佐藤超函数**(hyperfuntion)である．今は調和函数の境界値としたが，正則函数の「境界値の差」とするのが，より「普通」の定義である．それについては次節で述べる．

もう一つは，Schwartz 超函数(distribution)のように，「汎函数」として双対的に「実体化」する方法である．前回，単位円周上の「実解析的」函数の Fourier 係数を，増大度で

（A）　或る $1 < R$ が存在して，$|c_n|R^{|n|}$ は有界

と捉えた．この(A)は，上の(B)と双対的で，数列 a_n が(A)を満たし，数列 b_n が(B)を満たすなら，

$$(12) \qquad \sum_{n=-\infty}^{\infty} a_n b_n$$

は収束する等比級数を優級数にもち，絶対収束することになる．つまり，Fourier 級数を通じて，「調和函数の境界値」は実解析的函数の双対空間と捉えられるのである．

この考え方は Schwartz 超函数に慣れた人には受け容れやすい．ただ，Fourier 級数の場合には，単位円周がコンパクトという特殊事情のため，直接的な双対性が利用できると言える．もちろん「局所的な

構造」を知るのにも，このように考える利点はある．しかし，双対性や増大度だけを手がかりに進むと，正則函数を用いる特権を充分に享受できず，いずれ限界に行き当たる．この特権的な性格の帰結を超函数レベルで詳述する余裕はないので，函数論についての注意という暗示にとどめる．

複素函数論の本質的特徴はいくつもあるが，そのうち最も重要なのは「質が量を統制する」という点である．例えば，単位開円板 $\mathbb{D}$ で正則な函数は，原点中心の冪級数に展開できるが，収束の必要充分条件が，展開係数の増大度として(B)の形((B)の $n \geqq 0$ の方)で「量」的に捉えられる．一方，$\mathbb{D}$ 内で正則というのは，$\mathbb{D}$ のどの点も特異点でない，という局所的性質で，「質」的もしくは幾何的な規定である．量的から質的な規定が出るのは当然だが，その逆が Cauchy の積分公式から得られるのが著しい．例えば，Gelfand の可換ノルム環の理論の要，「Banach 体は複素数体 $\mathbb{C}$ に同型」という定理も，証明はこの複素函数論の本質的利用といえる[注7]．

6◉……佐藤超函数とデルタ

形式的 Fourier 級数(11)を「解析接続」した形式的 Laurent 級数

$$F(z) = \sum_{n=-\infty}^{\infty} c_n z^n$$

を，二つの領域(単位円の内と外)の各々で収束する

$$F_{内}(z) = \sum_{n=0}^{\infty} c_n z^n, \qquad F_{外}(z) = \sum_{n=1}^{\infty} c_{-n} z^{-n}$$

に分けた．この場合 $F(z)$ は形式的に $F_{内}(z)$ と $F_{外}(z)$ の「和」．しかし，いろいろな都合から，単位円の内と外の正則函数の，(境界値の)「差」として佐藤超函数を捉える．例えば，Fourier 級数(11)が連続函数 f から来ている時，内と外の函数は

$$F_{内}(z) = \frac{1}{2\pi i}\int_{|\zeta|=1} \frac{f(\zeta)}{\zeta - z} d\zeta$$

及び

$$F_{外}(z) = \frac{-1}{2\pi i}\int_{|\zeta|=1} \frac{f(\zeta)}{\zeta - z} d\zeta$$

と積分表示され,「外」の符号を逆転しておくのは自然に見える．もっと一般の状況を考える時は，単位円周の近くだけを考えて定式化するのがよいだろう．そこで，単位円周の($\hat{\mathbb{C}}$ 内の)開近傍 U をとり，

$$U_{内} = U \cap \mathbb{D}, \qquad U_{外} = U \cap \mathbb{D}^C$$

と置く．但し $\mathbb{D}^C$ の C は補集合を表わす．ここで $U_{内}$ で正則な $b_{内}(z)$ と $U_{外}$ で正則な $b_{外}(z)$ との組

$$b(z) = [\![b_{内}(z), b_{外}(z)]\!]$$

を以て，一つの佐藤超函数を「代表」させる．「代表」の意味は，U で正則な函数 $c(z)$ に対して，組

$$[\![b_{内}(z)+c(z), b_{外}(z)+c(z)]\!]$$

も同じ超函数を定義するからである．何故そうするかは,「汎函数」としての役割を確認すると納得できる．今，$a(z)$ を単位円周の近傍で正則な函数とする．前節の(12)を踏まえると，$b(z)$ と $a(z)$ は

$$\langle a, b\rangle = \frac{1}{2\pi i}\int_{|\zeta|=1+0} a(\zeta) b_{内}(\zeta^{-1})\frac{d\zeta}{\zeta} - \frac{1}{2\pi i}\int_{|\zeta|=1-0} a(\zeta) b_{外}(\zeta^{-1})\frac{d\zeta}{\zeta}$$

で互いに他の線型汎函数となる．ここで，$|\zeta| = 1\pm 0$ は各々，充分小さい $\varepsilon > 0$ で $|\zeta| = 1\pm\varepsilon$ と定義される円周を正の向きに一周する積分路の代表(もしくはその極限)と解する．Cauchy の積分定理より，積分は充分小さい ε の取り方によらない．もし，$a(z)$ 及び $b(z)$ が(形式的)Laurent 級数

$$a(z) = \sum_{n=-\infty}^{\infty} a_n z^n, \qquad b(z) = \sum_{n=-\infty}^{\infty} b_n z^n$$

で与えられている時，この $\langle a, b\rangle$ は(12)と一致する．

このように $b(z)$ を汎函数と捉える時，それが単位円周を超えて正則に延長できる(つまり，$b(z)$ 自体が単位円周の近傍で正則)なら，上の積分は Cauchy の積分定理によって 0 となる．ということで，内と外の正則函数の組というより，それを U で正則な函数で「割る」(同値関係を入れる)のが適切なのである．定式化はそうだが，実際は U は最大限大きく $\hat{\mathbb{C}}$ としても，超函数(hyperfunction)の実体は変わらない．そして，その場合が，Fourier 級数で扱っていた場合である．その時，内と外に分ける不定性は，定数項にあたる定数函数の分だけはあるが，それは，恰度，全 Riemann 球面で正則な函数に他ならない．

ついでに，$c_z(\xi) = 1/(1-\xi z)$ という Cauchy 核(の一種)を考えると，z が単位円周上になければ，実解析的函数として，超函数 $b(z)$ で「計測」され，それによって，円板の内 ($|z| < 1$) と外 ($|z| > 1$) に於ける Laurent 級数を得ることができる．

佐藤超函数自体については，定義の周辺を眺めたに過ぎないが，それでも Poisson 積分を通じて，普通(実軸上)とは少し違った紹介ができたのではないかと思う．もとより，まとまった解説を目指したわけでないので，あとは，現在いくつも出ている佐藤超函数(一変数・多変数)の入門書にゆだねよう[注8]．

最後に，佐藤超函数としてのデルタについて見ておく．Cauchy の積分公式を眺めれば，単純な極をもつ $1/z$ のような函数が，(定数倍を除き)原点でのデルタだとの解釈は納得がいく．第3節で「点電荷」を用い Poisson 核を説明したのも同じことで，(9)を見ると，湧き出しが動いていくさまは，まさしくデルタそのものが，境界へ近づくのだと納得できる．円周上に到達したデルタは，例えば $1/(1-z)$ で代表されるが，「境界値」の差は，円周上の $z=1$ 以外で 0 となる．それは第2章の注5にある Euler の計算

$$\sum_{n=-\infty}^{\infty} z^n = 0$$

でもある．本当はデルタを表わす，この両辺(Fourier の公式)を周期的に実軸に移せば，Possion の和公式

$$\sum_{n=-\infty}^{\infty} e^{2\pi inx} = \sum_{m=-\infty}^{\infty} \delta(x-m)$$

になる．因みに，Poisson 積分と本質を共有するこの式について，Poisson 自身がどれくらい自覚的だったかちょっと興味がある．これはまた第8章で見た，部分分数展開

$$\pi \cot \pi z = \lim_{N\to\infty} \sum_{|n|\leq N} \frac{1}{z-n}$$

を佐藤超函数として解釈したものと思える．Schwartz 超函数を通じ「普通の函数」の等式が Fourier の公式に読み替えられたのと同様，佐藤超函数の視点から「三角函数としてのデルタ」が鮮やかに浮かび上がってくる．デルタが変幻自在に変容する，この回想を以って締めと

したい．

注

［注1］ 筆者が「円周角不変の定理」に出会ったのは，小学校の時，板倉聖宣『ピタゴラスから電子計算機まで』(国土社，1964)に於いてである．直径(半円弧)に対する円周角が直角だというターレス(Thales)の定理が，証明まで理解できる形で書かれていた．数学的な事実に**驚いた**最初の気がする．この本は，小学生向けとはいえ，名著として記憶されるべきだが，残念なことに「電子計算機」の部分が，どうしても時代遅れとなる．復刊は難しいかもしれない．

［注2］ 函数論の本を参照されたい．例えば，H. カルタン『複素函数論』(岩波書店)，pp. 188-191.

［注3］ 定常な場合，電気と磁気が，特異点以外では，「湧き出しなし」と「渦なし」の条件から，調和函数と結びつき，この双対的な組が正則函数の実部・虚部と看做されることによる．F. Klein "*On Riemann's Theory of Algebraic Functions*" (英訳 = Dover)を参照．そのイメージで H. Weyl『リーマン面』(邦訳 = 岩波書店)を読むと，話は判りやすい．

［注4］ Hua Loo-Keng (華羅庚) "*Harmonic Analysis of Functions of Several Complex Variables in the Classical Domains*" (AMS Transl. Math. Monographs 6)はもともと中国語で，ロシア語を経て，英語に翻訳された．高次元典型領域に対する Poisson 積分に関係した多くの計算が詰まっている．余りに「計算的」なので，M. I. Graev は「編集者の序」(ロシア語版)で Poisson 核の群論的意味を簡潔に補足した．本稿の説明は，これを敷衍したものである．因みに Hua は 1985 年 6 月 12 日，東大に於ける講演直後，心臓発作に襲われ客死した．詳しくは Wang Yuan "*Hua Loo-Keng: A Biography*" (Springer 1999)参照．

［注5］ 図 2(右)を観察するのは面白い．例えば，単位円周上の点 ζ について，

$$|\zeta-\alpha| = |\alpha||\zeta-\bar{\alpha}^{-1}|$$

だから，単位円は α と $\bar{\alpha}^{-1}$ からの距離の比が一定というアポロニウス(Apollonius)の円となる．図 2(左)では「電気力線」が単位円と直交しているので，右の円弧の「力線」も単位円と直交する．図にはないが，「等電位面(線)」である単位円の同心円も，右に写すと，やはりアポロニウスの円で，力線と直交する．

［注6］ 上半面 $\mathbb{H}$ で，正則函数 e^{1/w^2} を考える．境界である実軸上，$w=0$ 以外で連続で実数値をとる．一方，$|e^{1/w^2}| = e^{\mathrm{Re}(1/w^2)}$ であり，$w = u+iv$ として $\mathrm{Re}(1/w^2) = (u^2-v^2)/|w|^4$ だから，上半面から $w=0$ に近づく

時，虚軸を含む頂角が直角(左右 45°)の角領域内からの極限は 0. この函数の虚部は，各点収束より，一様に近い極限でも「境界値」が 0 になる調和函数の例となる.

［注 7］ しかし，このような道筋を「スキャンダル」だと述べたのが，森毅「位相解析入門」(初出『数学の歩み』(1957)，現在『位相のこころ』(ちくま学芸文庫ほか)所収). 著者本人が「若がき」と認めたものだが，一応記録しておく(文庫版 p. 306). ついでに，学会総合講演で佐藤超函数が登場した際，解析汎函数の歴史に触れつつコメントしたのが，森毅「誤解」『数学の歩み』**6**-1 (1958)，3-6.

［注 8］ 日本語で読める原典は『数学』**10** (1958)の論説「超函数の理論」. 筆者が佐藤超函数について知ったのは，次の記事だと記憶する：河合隆裕「δ 函数を“直接に”見た人の話」(『数理科学』特集 = 無限，1970 年 6 月号，ダイヤモンド社，pp. 24-31). 佐藤超函数に関する成書として，森本光生『佐藤超函数入門』(共立出版)，金子晃『超函数入門』(東京大学出版会)，今井功『応用超関数論 I, II』(サイエンス社)などがある. 木村達雄編『佐藤幹夫の数学』(日本評論社)p. 139 あたりに，創始者自身が超函数の「実験」を Fourier 級数で行なった話がある. Fourier 級数が佐藤超函数への導入としても「正統」なものだと確認できる.

索引

G

H

K

L

P

Q

R

S

あ行

か行

さ行

た行

な行

は行

ま行

や行

ら行

わ行

梅田 亨
うめだ・とおる

1955年大阪府豊中市生まれ．現在，京都大大学大学院理学研究科准教授．
理学博士．
専門は，表現論，不変式論，函数解析．
著書に『ゼータの世界』(共著)，『ゼータ研究所だより』(共著)，
『多変数超幾何函数／ゲルファント講義1989』(共編著)日本評論社，
『代数の考え方』放送大学教育振興会，など．

徹底入門　解析学

2017年2月25日　第1版第1刷発行

著者 ——— 梅田 亨
発行者 —— 串崎 浩
発行所 —— 株式会社 日本評論社
〒170-8474　東京都豊島区南大塚3-12-4
電話　03-3987-8621［販売］
03-3987-8599［編集］
印刷所 —— 株式会社 精興社
製本所 —— 株式会社 松岳社
装丁 ——— STUDIO POT（山田信也）

ISBN 978-4-535-78798-8